教育部高等学校电子信息类专业教学指导委员会规划教材
高等学校电子信息类专业系列教材·新形态教材

机器人建模与控制仿真

微课视频版

王斌锐　崔小红　王凌　编著

清華大学出版社
北京

内 容 简 介

本书在介绍机器人发展、系统组成和分类、机器人坐标系、运动学建模方法及动力学建模方法的基础上，着重介绍各种不同类型机器人的模型特性、建模方法、控制器设计及仿真平台与环境。全书共9章，内容涉及机器人的研究现状和发展趋势、机器人运动学、机器人动力学建模方法、气动肌肉机器人、AGV智能搬运机器人、四旋翼飞行机器人、足式移动机器人、工业机器人建模与仿真、工业机器人本体校准技术、机器人仿真平台ADAMS简介和Webots仿真环境介绍等。

本书注重理论与应用的结合，通过多种类型机器人专题的介绍，力求使读者尽快掌握机器人技术及先进控制器的设计和分析方法，了解机器人技术的主要研究方向。本书的突出特色是工业机器人、仿生机器人、飞行机器人等的运动学和动力学建模、运动轨迹控制及其相应的仿真一体化呈现，都是真实案例，可以直接导入个人计算机运行调试。同时本书配套微课视频、教学课件(PPT)、程序代码、习题答案、教学大纲、教学日历等资源，便于读者学习和教师教学。

本书可作为自动化、电气工程及其自动化、机械工程、电子信息工程等专业的本科生和研究生教材，也适合从事机器人研究、开发和应用的有关科技人员学习参考。

图书在版编目(CIP)数据

机器人建模与控制仿真：微课视频版/王斌锐，崔小红，王凌编著. —北京：清华大学出版社，2023.1(2025.1重印)

高等学校电子信息类专业系列教材·新形态教材

ISBN 978-7-302-62558-2

Ⅰ. ①机… Ⅱ. ①王… ②崔… ③王… Ⅲ. ①机器人－系统建模－高等学校－教材 ②机器人－系统仿真－高等学校－教材 Ⅳ. ①TP242

中国国家版本馆CIP数据核字(2023)第015539号

责任编辑：刘 星 李 晔
封面设计：刘 键
责任校对：李建庄
责任印制：沈 露

出版发行：清华大学出版社
网　　址：https://www.tup.com.cn, https://www.wqxuetang.com
地　　址：北京清华大学学研大厦A座　　**邮　　编**：100084
社 总 机：010-83470000　　**邮　　购**：010-62786544
投稿与读者服务：010-62776969，c-service@tup.tsinghua.edu.cn
质量反馈：010-62772015，zhiliang@tup.tsinghua.edu.cn
课件下载：https://www.tup.com.cn，010-83470236
印 装 者：三河市君旺印务有限公司
经　　销：全国新华书店
开　　本：185mm×260mm　　**印　　张**：12.75　　**字　　数**：309千字
版　　次：2023年3月第1版　　**印　　次**：2025年1月第2次印刷
印　　数：1501～2000
定　　价：59.00元

产品编号：097021-01

序

FOREWORD

我国电子信息产业占工业总体比重已经超过10%。电子信息产业在工业经济中的支撑作用凸显,更加促进了信息化和工业化的高层次深度融合。随着移动互联网、云计算、物联网、大数据和石墨烯等新兴产业的爆发式增长,电子信息产业的发展呈现了新的特点,电子信息产业的人才培养面临着新的挑战。

(1) 随着控制、通信、人机交互和网络互联等新兴电子信息技术的不断发展,传统工业设备融合了大量最新的电子信息技术,它们一起构成了庞大而复杂的系统,派生出大量新兴的电子信息技术应用需求。这些"系统级"的应用需求,迫切要求具有系统级设计能力的电子信息技术人才。

(2) 电子信息系统设备的功能越来越复杂,系统的集成度越来越高。因此,要求未来的设计者应该具备更扎实的理论基础知识和更宽广的专业视野。未来电子信息系统的设计越来越要求软件和硬件的协同规划、协同设计和协同调试。

(3) 新兴电子信息技术的发展依赖于半导体产业的不断推动,半导体厂商为设计者提供了越来越丰富的生态资源,系统集成厂商的全方位配合又加速了这种生态资源的进一步完善。半导体厂商和系统集成厂商所建立的这种生态系统,为未来的设计者提供了更加便捷却又必须依赖的设计资源。

教育部2020年颁布了新版《高等学校本科专业目录》,将电子信息类专业进行了整合,为各高校建立系统化的人才培养体系,培养具有扎实理论基础和宽广专业技能的、兼顾"基础"和"系统"的高层次电子信息人才给出了指引。

传统的电子信息学科专业课程体系呈现"自底向上"的特点,这种课程体系偏重对底层元器件的分析与设计,较少涉及系统级的集成与设计。近年来,国内很多高校对电子信息类专业课程体系进行了大力度的改革,这些改革顺应时代潮流,从系统集成的角度,更加科学合理地构建了课程体系。

为了进一步提高普通高校电子信息类专业教育与教学质量,推动教育与教学高质量发展,教育部高等学校电子信息类专业教学指导委员会开展了"高等学校电子信息类专业课程体系"的立项研究工作,并启动了《高等学校电子信息类专业系列教材》(教育部高等学校电子信息类专业教学指导委员会规划教材)的建设工作。其目的是为推进高等教育内涵式发展,提高教学水平,满足高等学校对电子信息类专业人才培养、教学改革与课程改革的需要。

本系列教材定位于高等学校电子信息类专业的专业课程,适用于电子信息类的电子信息工程、电子科学与技术、通信工程、微电子科学与工程、光电信息科学与工程、信息工程及其相近专业。经过编审委员会与众多高校多次沟通,初步拟定分批次建设约100门核心课程教材。本系列教材将力求在保证基础的前提下,突出技术的先进性和科学的前沿性,体现创新教学和工程实践教学;将重视系统集成思想在教学中的体现,鼓励推陈出新,采用"自顶向下"的方法编写教材;将注重反映优秀的教学改革成果,推广优秀的教学经验与理念。

为了保证本系列教材的科学性、系统性及编写质量,本系列教材设立顾问委员会及编审委员会。顾问委员会由教指委高级顾问、特约高级顾问和国家级教学名师担任,编审委员会由教育部高等学校电子信息类专业教学指导委员会委员和一线教学名师组成。同时,清华大学出版社为本系列教材配置优秀的编辑团队,力求高水准出版。本系列教材的建设,不仅有众多高校教师参与,也有大量知名的电子信息类企业支持。在此,谨向参与本系列教材策划、组织、编写与出版的广大教师、企业代表及出版人员致以诚挚的感谢,并殷切希望本系列教材在我国高等学校电子信息类专业人才培养与课程体系建设中发挥切实的作用。

吕志伟 教授

前言

PREFACE

随着计算机技术和人工智能技术的飞速发展，机器人在功能和技术上都有了很大的提高。机器人应用已在工业检测、航空航天、环境探测、军事侦察、公安防暴等领域受到了广泛的重视，并取得了众多成就。当前，在控制科学与工程、人工智能、仿生学等新兴学科的推动下，机器人正在向着更高、更深层次发展。

机器人建模与仿真是针对性和实践性很强，同时需要坚实的理论基础的学科。本书紧扣读者需求，采用循序渐进的叙述方式，深入浅出地论述了机器人系统的分类、组成、运动学建模方法、动力学建模方法以及不同类型机器人系统的特性及建模方法，仿真应用实例、控制解决方案，详细介绍了工业机器人本体校准技术、机器人仿真平台 ADAMS 简介和 Webots 仿真环境介绍等相关技术及其发展前沿；此外，本书还分享了大量的程序代码并附有详细的注解，录制了微课视频，有助于读者加深对机器人建模与仿真相关原理的理解和快速入门。

本书根据编者多年从事机器人建模方法教学、科研的经验，详细介绍了气动肌肉机器人、AGV 智能搬运机器人、四旋翼飞行机器人、足式移动机器人、工业机器人等建模方法和仿真实验。

本书特色

- 运动学和动力学建模、运动轨迹控制及其相应的仿真一体化呈现，基于真实案例，可以直接导入个人计算机运行调试，使读者体会到“学以致用”和从实践中学习的乐趣。
- 通过对建模方法的讲解和仿真实验解析，不但可以加深读者对相关理论的理解，而且可以有效地提高读者的机器人建模与仿真能力。
- 本书所提供的建模与仿真方法、经验技巧可为读者在其他控制系统建模与仿真领域提供借鉴。

配套资源

- 教学课件(PPT)、程序代码、习题答案、教学大纲、教学日历等，可以扫描下方二维码下载，也可以到清华大学出版社网站本书页面下载。

配套资源

- 微课视频（20 集，共 84 分钟），可扫描本书各章节中对应位置的二维码观看。

致谢

感谢崔小红对本书撰写工作做出的极大贡献，她在资料整理与文字编排上注入了极大精力，并且编写和校对了本书中所有的程序示例代码。如果没有她的全心投入，本书将很难顺利完成。感谢王凌对机器人校准部分做出的贡献，这部分是本书内容中与中国计量大学学科特色紧密结合的部分。感谢金英连、王丽娜、秦菲菲、周坤、马小龙等对本书中的插图和文字进行的精心编辑和修改，使得本书的内容更加清晰形象、概念的解释更加具体明确。感谢研究团队中的硕士研究生任杰、王涛、王帅、叶可、薛晶勇、钱丰、王悠草等在本书编写过程中提供的支持和帮助。

感谢浙江省高等教育学会课题（KT2022123）、浙江省普通本科高校“十四五”教学改革项目（jg20220265）和研究生课程建设项目（2020YJSKC18）的立项资助。

限于编著者的水平和经验，加之时间比较仓促，疏漏或者错误之处在所难免，敬请读者批评指正，联系邮箱见配套资源。

王斌锐

2023 年 1 月

微课视频清单

序　号	视 频 名 称	时长/min	书 中 位 置
1	机器人运动学概述	2	第 2 章章首
2	机器人坐标系的建立	2	2.2.1 节节首
3	D-H 坐标系建立	4	2.2.2 节节首
4	机械臂逆运动学	5	2.2.4 节节首
5	动力学建模概述	4	2.3 节节首
6	拉格朗日建模法(1)	3	2.3.2 节节首
7	拉格朗日建模法(2)	4	2.3.2 节节首
8	动力学建模举例	5	2.3.3 节节首
9	气动肌肉机器人概述	5	第 3 章章首
10	气动肌肉机械腿建模	3	3.2.2 节节首
11	机械腿自适应反步算法	4	3.2.3 节节首
12	四旋翼飞行机器人概述	3	第 5 章章首
13	四旋翼飞行器动力学建模	4	5.1 节节首
14	抗干扰反步滑模控制	4	5.3 节节首
15	工业机器人本体校准概述(1)	3	8.1 节节首
16	工业机器人本体校准概述(2)	7	8.1 节节首
17	本体校准数学建模和编程(1)	6	8.2 节节首
18	本体校准数学建模和编程(2)	8	8.2 节节首
19	本体校准测量设备介绍(1)	4	8.3 节节首
20	本体校准测量设备介绍(2)	4	8.3 节节首

目录

CONTENTS

配套资源

第1章 绪论

CHAPTER 1

1.1 机器人发展史

1.1.1 机器人的由来与定义

人类长期以来都存在一个愿望，即创造出一种像人一样的机器或者"人造人"，以便能够代替人进行工作，特别是进行具有危险性的或者是比较枯燥乏味的工作。只有当机器人的目的是让人类工人从无聊、不愉快、危险或过于精确的工作中解脱出来时，它才有意义，这是"机器人"出现的思想基础。

机器人的概念在人类的想象中已经存在3000多年了。例如东汉时期，科学家张衡发明的指南车(见图1.1)可以说是在世界上最早的机器人之一。三国时期，蜀汉丞相诸葛亮发明了能替代人运输物资的机器"木牛流马"，它可在羊肠小道上行走如飞运送粮草，控制机关设置于牛舌上，类似于现代的机器人——步行机。

图1.1 指南车(左)和木牛流马(右)

1920年，捷克剧作家卡雷尔·凯培克在幻想情节剧《罗萨姆的万能机器人》(*Rossum's Universal Robots*)中，第一次提出了名词"机器人"。捷克文Robota译为"劳役、苦工"，英文Robot解读为"机器人"。1950年，美国科学幻想小说巨匠阿西摩夫在小说《我是机器人》中，提出了著名的"机器人三定律"(Three Laws of Robotics)。

(1) 机器人不得伤害人类，或袖手旁观让人类受到伤害。

(2) 在不违反第一定律的情况下，机器人必须服从人类给予的任何命令。

(3) 在不违反第一定律及第二定律的情况下，机器人必须尽力保护自己。

目前各国关于机器人的定义各不相同。它的定义还因公众对机器人的想象以及科学幻想小说、电影、电视和网络对机器人形状的描绘(它们与目前市场上供应的多数机器人大不相同)而变得更为困难。国际上关于机器人的定义主要有如下几种。

(1) 美国机器协会(RIA)的定义：机器人是“一种用于移动各种材料、零件、工具或专用装置的、通过程序动作来执行各种任务，并具有编程能力的多功能操作机(manipulator)”。

(2) 日本工业机器人协会的定义：一种装备有记忆装置和末端执行装置的能够完成各种移动作业来代替人类劳动的通用机器。

(3) 美国国家标准局(NBS)的定义：机器人是一种能够进行编程并在自动控制下执行某种操作和移动作业任务的机械装备。

(4) 国际标准化组织(ISO)的定义：机器人是一种自动的、位置可控的、具有编程能力的多功能操作机，这种操作机具有几个轴，能够借助可编程操作来处理各种材料、零件、工具和专用装置，以执行各种任务。

(5) 中国机器人定义：机器人像人或人的上肢，并能模仿人的动作；具有智力或感觉与识别能力；是人造的机器或机械电子装置。

因此，如果不刻意追求严格定义，则可以认为机器人是一种具有拟人功能的、可编程的自动化机械电子装置。

1.1.2 机器人的发展

20 世纪 60 年代，美国的几所知名大学与企业有组织地从基础和应用两方面推进了机器人的开发研究，开启了包含机器人设计、制造和使用法的研究——机器人学(Robotics)。因此，机器人学(对机器人及其设计、制造、使用法的研究)初次登场。

1962 年，美国万能自动化公司(Unimation)的第一台机器人 Unimate 在美国通用汽车公司投入使用，标志着第一代机器人的诞生(见图 1.2)。

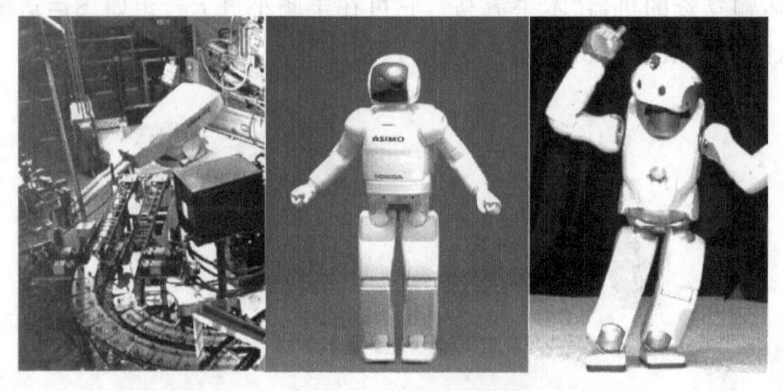

图 1.2 Unimate(左)、ASIMO(中)、QRIO(右)

1969 年，日本早稻田大学加藤一郎实验室研发出第一台以双脚走路的机器人。加藤一郎长期致力于研究仿人机器人(Humanoid Robot)，被誉为“仿人机器人之父”。日本专家一向以研发仿人机器人和娱乐机器人的技术见长，后来进一步催生出本田公司的 ASIMO 和索尼公司的 QRIO(见图 1.2)。

1978 年，美国 Unimation 公司推出通用工业机器人 PUMA，这标志着工业机器人技术已经完全成熟。

随着计算机技术和人工智能技术的飞速发展，机器人在功能和技术层次上有了很大的提高，移动机器人以及机器人的视觉和触觉等技术就是典型的代表。20 世纪 80 年代，将具有感觉、思考、决策和动作能力的系统称为智能机器人。这一概念不但指导了机器人技术的研究和应用，而且赋予了机器人技术向深广发展的巨大空间，水下机器人、空间机器人、空中机器人、地面机器人、微小型机器人等各种用途的机器人相继问世，许多梦想成为现实。

2002 年丹麦 iRobot 公司推出了吸尘器机器人 Roomba，它能避开障碍，自动设计行进路线，还能在电量不足时，自动驶向充电座，如图 1.3 所示。

2006 年 6 月，微软公司推出机器人工作室(Microsoft Robotics Studio)，如图 1.4 所示。机器人模块化和平台统一化的趋势越来越明显，比尔·盖茨预言，家用机器人很快将席卷全球。

图 1.3 家用机器人 Roomba

图 1.4 微软机器人工作室

20 世纪 70 年代末随着国内科学的大发展，我国对机器人的研究开始起步。

1981—1985 年是我国第六个五年计划阶段，该阶段国内很多大学和研究所购买国外的机器人产品，建立了许多的机器人研究室，并将机器人技术的开发正式纳入第七个五年计划。在 1986—1990 年的第七个五年计划阶段，我国开始在国家计划中支持机器人技术的研究与开发，各大学和研究所开始研究各种机器人相关技术，开发了一些工业机器人原型。

《国家高技术研究发展计划纲要》(863 计划)总共包括 7 个领域，智能机器人是自动化领域的两个分支之一。“863 计划”支持的研究开发项目有基础研究、关键技术、原型开发、工程应用和相关期刊创办。

2002 年中国启动了“蛟龙号”的研制工作，下潜深度已经突破了 7000m。中国的足球机器人队伍从 1997 年成立以来，多次在世界大赛上摘得了桂冠。

2015 年 5 月，国务院发布《中国制造 2025》，部署全面推进实施制造强国战略。这是中国实施制造强国战略第一个十年的行动纲领。2016 年 4 月，工业和信息化部、国家发展改革委、财政部等三部委联合印发了《机器人产业发展规划(2016—2020 年)》，为“十三五”期间中国机器人产业发展描绘了清晰的蓝图。

国际机器人联合会 IFR 及行业媒体的调查数据显示，2018 年我国工业机器人销量占全球总销量的 36%，超过北美、日本、韩国占比之和，达到 15.64 万台，同比增速 13.40%。数据显示，2016—2020 年，中国机器人产业规模快速增长，2020 年营业收入首次突破 1000 亿元，工业机器人产量达 21.2 万套。

2022 年，工业和信息化部等 15 部门联合印发《“十四五”机器人产业发展规划》，提出从技术突破、拓展应用、打造生态等多个维度推动机器人产业高质量发展。专家表示，机器人产业是衡量一个国家科技创新和高端制造业水平的重要标志，也是实现智能制造的关键载体。在《“十四五”机器人产业发展规划》指导下，到2025年，中国有望成为全球机器人技术创新策源地、高端制造集聚地和集成应用新高地。

1.1.3 现代机器人大事件简介

20世纪70年代以来，机器人偿还期（payback period）理论促进了机器人产业的投资，机器人产业在全世界迅速发展，应用范围遍及工业、科技和国防的各个领域，机器人学（Robotics）学科走上了发展的快车道。

现代机器人学技术发展迅速，并开始了向智能化（intellectual）方向的发展。本节选取几组机器人发展的事件简单介绍现代机器人学科的发展进程。

（1）2008年3月，美国政府发布了一段名为Big Dog的军用机器人的视频，Big Dog机器人如图1.5所示，它具有惊人的机动性和适应性。最新的Big Dog可以爬上35°的斜坡，携带超过40kg的装备，约占其体重的30%。它不仅可沿着一条简单的路线移动，也可通过遥控器移动。

（2）2014年6月，软银集团对外展示了人形机器人Pepper，并称其为“全球首台具有人类感情的机器人”，如图1.6所示。Pepper机器人可以综合考虑周围环境，并积极主动地做出反应。机器人配备了语音识别技术、呈现优美姿态的关节技术以及可分析表情和声调的情绪识别技术，可与人类进行交流。

图1.5 Big Dog机器人

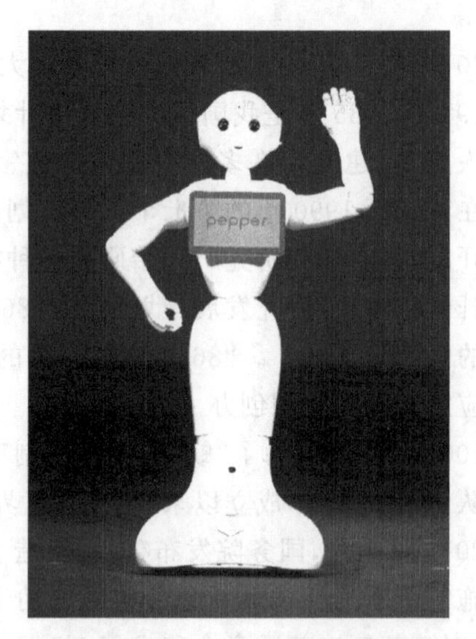

图1.6 Pepper机器人

（3）2017年11月，波士顿动力公司对外展示了其研发的四足机器人Spot Mini，如图1.7所示。其机械臂上搭载了一个摄像头，有助于机械臂准确地找到目标物体，正前方还搭载了一套3D立体摄像头，这可以帮助它更好地观察前方的障碍物情况。Spot Mini在进行类似于攀爬台阶等活动时，表现尤为出色。

（4）2018年10月12日，美国波士顿动力公司研发了人形机器人Atlas，如图1.8所示。

波士顿动力公司发布的视频中，Atlas 已经掌握了跑酷这项极限运动，轻巧地跑步前进，连贯地跳过了一段木材障碍物，紧接着在高低不同的 3 个箱体上完成“三连跳”。这 3 次跳跃均由单脚完成，步高约 40cm，中间没有停顿，展现了良好的身体协调性。

图 1.7 Spot Mini 机器人

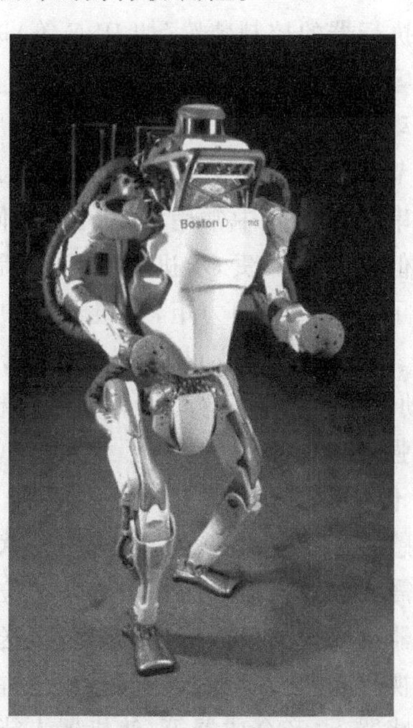

图 1.8 Atlas 人形机器人

1.2 机器人系统的组成和分类

1.2.1 机器人的组成部件

在运动学上，机器人手臂是由连接关节的连杆组成的运动链。如图 1.9 所示，是由机械臂、末端执行器、驱动器和传感器等部分构成的一个机器人系统，下面对各部分的机构进行简要介绍。

1. 机械臂

机械臂属于机器人的主体，由机器人的连杆、关节等结构组成。其中，构成机器人的刚体称为连杆。机器人手臂或者连杆是一种刚性元件，它可以有与其他所有连杆相关的相对运动。两个连杆在关节处通过接触而连接，在关节处它们的相对运动可以用同一坐标表示。典型的关节要么是旋转的，要么是平移的。

2. 末端执行器

这部分连接到机械臂的最后一个关节，机械臂一般用来抓取物件并与其他机构连接，或执行所需的任务。机器人制造商一般不设计或销售末端执行器。在

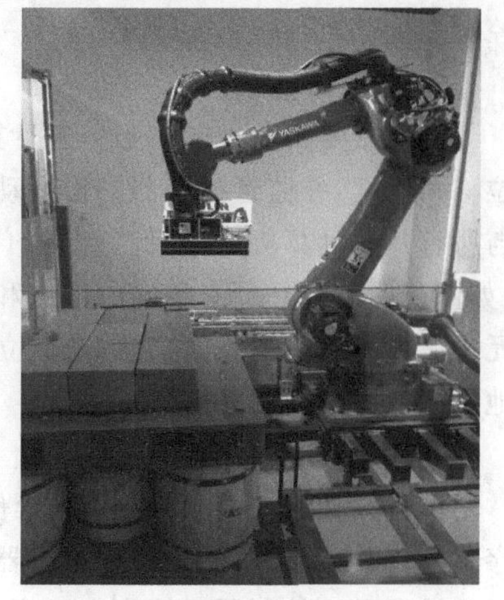

图 1.9 机器人的机械臂及其末端执行器

大多数情况下，他们提供的只是一个简单的夹具。一般来说，机器人的手有连接专门为某一目的设计的特殊末端执行器的接口，末端执行器可能是一个焊枪、一个喷漆枪或一个涂胶装置等。在大多数情况下，末端执行器的动作要么由机器人的控制器直接控制，要么由控制器与末端执行器的控制装置（如 PLC 等）进行控制。

3. 驱动器

驱动器是由控制器控制的机械臂“肌肉”。控制器向驱动器发送信号从而移动机器人的关节和连杆。常见的驱动器有伺服电机、步进电机、气动执行机构和液压执行机构等。在串联机器人中常用的电机包括伺服电机、步进电机和直流电机。其中伺服电机控制精确但是价格昂贵，步进电机可以提供大力矩，直流电机被广泛使用于个人兴趣开发中。为了获得较大的力矩，在机器人中电机常和减速器连接形成直接的执行机构驱动结构运动。使用电机驱动机器人中的执行机构和驱动力之间的传动链短，所以其结构简单、传动精度高、占用空间小。随着电机技术的发展，如今的电机易于控制、运动灵活，且通用性强。

4. 传感器

传感器用于收集关于机器人内部状态的信息或与外部环境通信。与人类一样，机器人控制器需要知道机器人的每个连杆的位置，才能知道机器人的位置配置。集成到机器人中的传感器将每个关节或链接的信息发送到控制器，控制器决定机器人的当前构型状态。就像人有视觉、触觉、听觉、味觉和语言功能一样，机器人配备了外部传感设备，比如视觉系统、触觉传感器、语音合成器等，使机器人能够与外部世界交流。

5. 控制器

控制器与人的小脑非常相似，虽然它没有大脑的力量，但它仍然控制着人的动作。机器人控制器从计算机（系统的大脑）接收数据，控制执行器的运动，并与传感器反馈信息一起协调机器人的动作。假设为了让机器人从盒子里拿起一个零件，它的第一个关节必须是 35°。如果关节还没有达到这个期望值，控制器就会向执行器发送继续运动的信号，并通过连接在关节上的反馈传感器（电位器、编码器等）测量关节角度的变化。当关节达到期望值时，信号停止。在更复杂的机器人中，机器人施加的速度和力也由控制器控制。

6. 处理器

处理器是机器人的大脑。它计算机器人关节的运动，求解为到达预期目标的各关节的位移和速度，并监督控制器的协调动作和传感器。处理器通常是一台计算机，它的工作原理与所有其他计算机一样，但它是专门用于这一目的的。它需要操作系统、程序和外部设备（如监视器），并且具有相同的限制和功能。在一些系统中，控制器和处理器被集成到一个单元中。在另一些情况下，它们是独立的单元，虽然控制器是由制造商提供的，但处理器不是，他们期望用户提供处理器。

7. 软件系统

机器人使用 3 组软件程序：操作处理器的操作系统、机器人软件和面向应用程序的程序集合。其中，机器人软件根据机器人的运动学方程计算每个关节的必要运动，计算结果信息将被发送到控制器。而面向应用程序的例程和程序是为使用机器人或其外部设备执行特定任务而开发的，例如装配、机器装载、材料处理和视觉例程。

1.2.2　机器人的分类

根据不同的分类标准，机器人的分类方法很多。本节将介绍几种常用分类。

1. 按机械臂的几何结构来分类

机器人机械臂的机械配置形式多种多样。最常见的结构形式是用其坐标特性来描述的。这些坐标结构包括笛卡儿坐标结构、柱面坐标结构、极坐标结构、球面坐标结构和关节式球面坐标结构等，其中，柱面、球面和关节式球面坐标结构机器人较为常见。

1）柱面坐标机器人

如图 1.10 所示，柱面坐标机器人主要由垂直柱子、水平手臂（或机械臂）和底座构成。水平机械臂装在垂直柱子上，能自由伸缩，并可沿垂直柱子上下运动。垂直柱子安装在底座上，并与水平机械臂一起（作为一个部件）能在底座上移动。因此，这种机器人的工作包迹（区间）形成了一段圆柱面，从而被称为柱面坐标机器人。

2）球面坐标机器人

如图 1.11 所示，球面坐标机器人类似于坦克的炮塔。其机械臂能够作里外伸缩移动，在垂直平面上摆动以及绕底座在水平面上转动。因此，这种机器人的工作包迹形成球面的一部分，从而被称为球面坐标机器人。

3）关节式球面坐标机器人

如图 1.12 所示，这种机器人主要由底座（或躯干）、上臂和前臂构成，其中上臂和底座通过肩关节连接，前臂和上臂通过肘关节连接。在水平平面上的旋转运动，既可由肩关节进行，也可以绕底座旋转来实现。因此，这种机器人的工作包迹形成球面的大部分，称为关节式球面机器人。

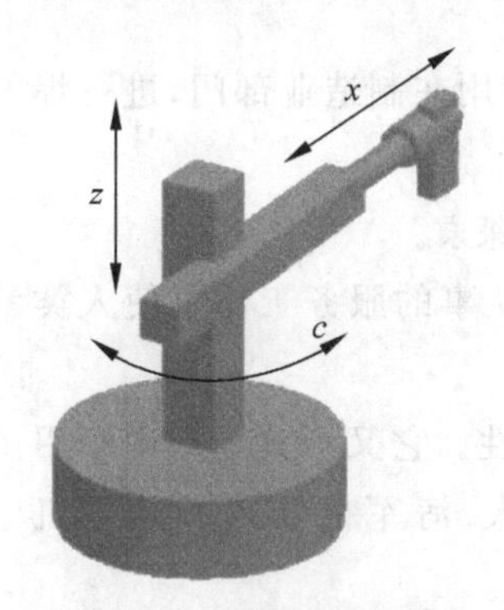

图 1.10　柱面坐标机器人

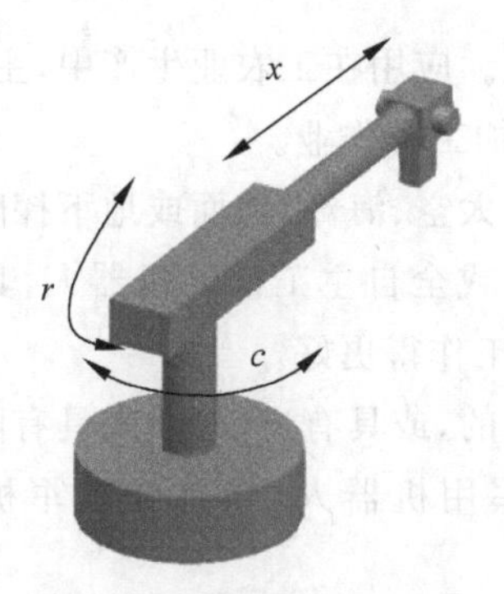

图 1.11　球面坐标机器人

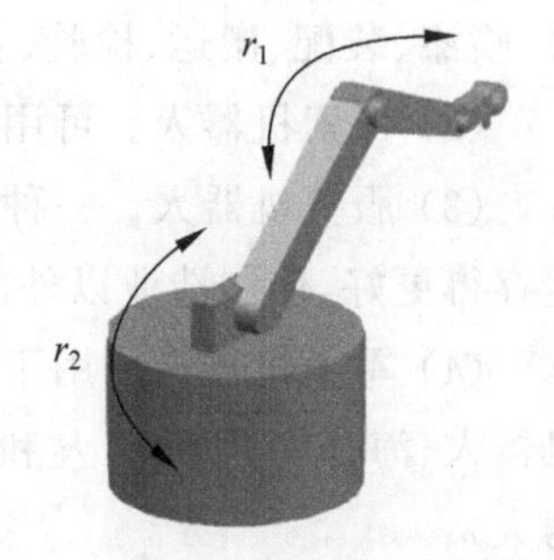

图 1.12　关节式球面坐标机器人

2. 按机器人的控制方式分类

按照控制方式可将机器人分为非伺服机器人和伺服控制机器人。

1）非伺服机器人（non-servo robots）

非伺服机器人工作能力比较有限，它们往往涉及称作“终点”“抓放”“开关”式机器人，尤其是“有限顺序”机器人。这种机器人按照预先编好的程序顺序进行工作，使用终端限位开关、制动器、插销板和定序器来控制机器人机械臂的运动。插销板用来预先规定机器人的工作顺序，而且往往是可调的。定序器是一种定序开关或步进装置，它能够按照预定的正确顺序接通驱动装置的能源。驱动装置接通能源后,就带动机器人的手臂、腕部和抓手等装置运动。当它们移动到由终端限位开关所规定的位置时,限位开关切换工作状态,给定序器送去一个"工作任务(或规定运动)已完成"的信号,并使终端制动器动作,切断驱动能源,使机械臂停止运动。

2) 伺服控制机器人(servo-controlled robots)

伺服控制机器人比非伺服机器人有更强的工作能力,因而价格较贵,而且在某些情况下不如简单的机器人可靠。伺服系统的被控制量(即输出)可为机器人端部执行装置(或工具)的位置、速度、加速度和力等。通过反馈传感器取得的反馈信号与来自给定装置(如给定电位器)的综合信号,用比较器加以比较后,得到误差信号,经过放大后用以激发机器人的驱动装置,进而带动末端执行装置以一定规律运动,到达规定的位置或速度等。因此,伺服控制机器人往往采用反馈控制系统。

3. 按机器人的智能程度分类

(1) 一般机器人。不具有智能,只具有一般编程能力和操作功能。

(2) 智能机器人。具有不同程度的智能,又可分为:

① 传感型机器人。具有利用传感信息(包括视觉、听觉、触觉、接近觉、力觉和红外、超声及激光等)进行传感信息处理、实现控制与操作的能力。

② 交互型机器人。机器人通过计算机系统与操作员或程序员进行人-机对话,实现对机器人的控制与操作。

③ 自主型机器人。在设计制作之后,机器人无须人的干预,能够在各种环境下自动完成各项拟人任务。

4. 按机器人的用途分类

(1) 工业机器人或产业机器人。应用在工农业生产中,主要应用在制造业部门,进行焊接、喷漆、装配、搬运、检验、农产品加工等作业。

(2) 探索机器人。可用于进行太空、海洋、地面或地下探险和探索。

(3) 服务机器人。一种半自主或全自主工作的机器人,其所从事的服务工作可使人类生存得更好,使制造业以外的设备工作得更好。

(4) 军事机器人。用于军事目的,或具有进攻性,或具有防御性。它又可分为空中军用机器人、海洋军用机器人和地面军用机器人(简称为空军机器人、海军机器人和陆军机器人)。

5. 按机器人移动性分类

(1) 固定式机器人:固定在某个底座上,整台机器人(或机械臂)不能移动,只能移动各个关节。

(2) 移动机器人:整个机器人可沿某个方向或任意方向移动。这种机器人又可分为轮式机器人、履带式机器人和步行机器人,其中后者又有单足、双足、四足、六足和八足行走机器人之分。

1.3　机器人的系统建模与仿真

机器人运动学建模包含建立正运动学和逆运动学方程，其中，正运动学方程是建立关节变量与末端执行器位置和方向之间的函数关系。逆运动学问题则是由给定的末端执行器位置和方向，确定相对应的关节变量。这一问题的求解具有重要的意义，其目的是将分配给末端执行器在操作空间的运动，变换为相应的关节空间的运动，使得期望的运动能够得到执行。

在解决了上述问题后又会遇到速度和加速分析的问题。这些问题对于末端执行器的平滑运动控制以及对机器人手部的运动分析变得非常重要。机器人的动力学建模，主要研究如何建立一组描述机器人动力学行为的方程，即对由驱动器施加在关节处的扭矩和力产生的机器人的运动方式进行研究。动力学建模具有重要的意义：

(1) 动力学模型可以用来建立合适的控制策略。一个复杂的控制器需要应用实际的动力学模型来达到机器人在高速操作下的最佳性能。有些控制方案直接依赖于动力学模型来计算实现预期轨迹所需的驱动扭矩和力。

(2) 动力学模型可用于机器人系统进行计算机仿真。可以通过检查模型在各种操作条件下的行为来预测实际机器人系统建成后的行为。

(3) 机器人动力学分析提供了连杆、轴承、执行机构设计和尺寸规划过程中所需的所有关节的反作用力和转矩。

本书将以机器人的运动学建模和动力学建模为基础，针对机器人的控制和仿真展开详细论述，并应用机器人工具箱和MATLAB编程实现机器人运动学的可视化仿真，直观地反映机器人各关节变量与末端位姿矩阵之间的关系，并且验证所求正反解的正确性。机器人工具箱可以用于移动机器人、机械臂的仿真计算工作，特别是机械臂的正、逆运动学/动力学运算、轨迹规划等。用SolidWorks建立机器人的三维模型，比较直观地反映出机器人工作运动过程，并且输出末端位置的角速度和角加速度。借助上述仿真平台，对机器人工作原理进行模拟操作，并能够用图形的方式展现出来，更易于理解，进而为机器人的设计和应用提供技术支撑。

习题

1.1　什么是机器人？

1.2　机器人的组成部分有哪些？

1.3　机器人可以按照哪几种类型分类？

1.4　柱面、球面和关节球面坐标机器人分别有哪些应用场景？

1.5　列举当前世界较大的机器人制造厂商及其特色型号机器人。

1.6　上网查找一下机器人建模有哪些仿真软件工具。

第2章 系统建模方法

CHAPTER 2

视频讲解

机器人是一种复杂的机电一体化产品，其机构的控制要与机器人本体相结合。在机器人系统中，机器人本体一般是一个机械臂，是实现机械运动和操作的部分，其执行机构主要是用来保证刚体在复杂空间内运动。在机器人运动学中，不仅涉及机械臂本身，很大一部分的内容是研究通过建立空间坐标系来描述刚体的位置和方位，以及各物体间与机械臂的位姿关系。通过机器人运动学可研究机器人的工作空间与关节空间之间的射影关系或机器人的运动学模型，而机器人动力学研究的是机器人运动与关节力之间关系的方法。

因此，需要找到一种可以描述刚体位移、速度、加速度和动力学问题的简便而有效的数学方法。数学描述方法并不是唯一的，需要在实际问题中有切实的解决方法。本章通过矩阵法来描述机器人的运动学和动力学问题。这种数学描述通常是以 4×4 矩阵变换三维空间点的齐次坐标（包括平移、旋转）为基础的，将运动、变换和映射与矩阵运算相互关联起来。研究机器人的运动，不仅涉及机械臂本身，而且涉及各物体间以及物体与机械臂的关系。本章将要讨论的齐次坐标及其变换就是用来描述这些关系的。

本章将首先介绍机器人运动的空间描述方法，通过齐次坐标及其变换将运动、变换和映射与矩阵运算相互关联起来；其次，介绍运动学建模方法；最后，介绍常用的机器人动力学建模方法，包括牛顿-欧拉法和拉格朗日法，并通过机器人动力学建模实例说明建模具体步骤。

2.1 机器人坐标系

2.1.1 刚体的位姿描述

1. 位置描述

如图 2.1 所示，在空间直角坐标系$\{A\}$中，空间内任一点 P 的位置可用 3×1 矩阵的三维向量描述，即 P 的位置可通过位置向量${}^{A}\boldsymbol{P}$ 表示如下

$$
{}^{A}\boldsymbol{P}=\begin{bmatrix}P_x\\P_y\\P_z\end{bmatrix} \tag{2.1}
$$

其中，P_x、P_y、P_z 分别是点 P 在坐标系$\{A\}$中的 3 个坐标分量，${}^{A}\boldsymbol{P}$ 的上标 A 表示参考坐标系$\{A\}$。

建立一个空间直角坐标系$\{A\}$，以 3×1 矩阵的三维向量来描述该空间内任一点 P 的

位置,即位置向量${}^{A}\boldsymbol{P}$,如图 2.1 所示。

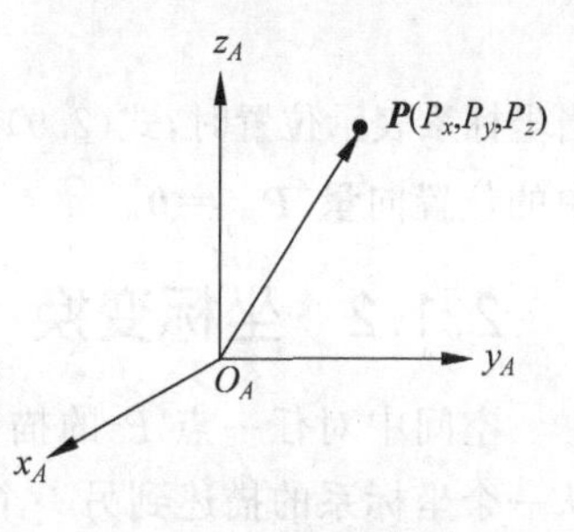

图 2.1 位置向量表示

2. 姿态描述

在研究机器人的运动时,不仅仅要表示出空间某一点的位置坐标,更需要表示其运动的姿态(也称为方位)。为了描述空间某刚体 B 的姿态,有必要设置一个与刚体固接的直角坐标系$\{B\}$,从而可选用坐标系$\{B\}$主轴方向的 3 个单位主向量 $\boldsymbol{x}_B$、$\boldsymbol{y}_B$、$\boldsymbol{z}_B$ 相对于参考空间坐标系$\{A\}$的方向余弦组成的 3×3 矩阵${}_{B}^{A}\boldsymbol{R}$,来表示刚体 B 相对于空间坐标系$\{A\}$的方位。

$$
{}_{B}^{A}\boldsymbol{R}=\begin{bmatrix} r_{11} & r_{12} & r_{13} \\ r_{21} & r_{22} & r_{23} \\ r_{31} & r_{32} & r_{33} \end{bmatrix}=[{}^{A}\boldsymbol{x}_B \quad {}^{A}\boldsymbol{y}_B \quad {}^{A}\boldsymbol{z}_B] \tag{2.2}
$$

其中,${}_{B}^{A}\boldsymbol{R}$ 称为旋转矩阵,上标 A 表示参考坐标系$\{A\}$,下标表示被描述的坐标系$\{B\}$。${}_{B}^{A}\boldsymbol{R}$ 总共有 9 个元素,其中只有 3 个是独立的。因为${}_{B}^{A}\boldsymbol{R}$ 中${}^{A}\boldsymbol{x}_B$、${}^{A}\boldsymbol{y}_B$、${}^{A}\boldsymbol{z}_B$ 这 3 个列向量都是单位主向量,且两两相互正交,故${}_{B}^{A}\boldsymbol{R}$ 的 9 个元素中满足 6 个正交条件。

$$
{}^{A}\boldsymbol{x}_B \cdot {}^{A}\boldsymbol{x}_B={}^{A}\boldsymbol{y}_B \cdot {}^{A}\boldsymbol{y}_B={}^{A}\boldsymbol{z}_B \cdot {}^{A}\boldsymbol{z}_B=1 \tag{2.3}
$$

$$
{}^{A}\boldsymbol{x}_B \cdot {}^{A}\boldsymbol{y}_B={}^{A}\boldsymbol{y}_B \cdot {}^{A}\boldsymbol{z}_B={}^{A}\boldsymbol{z}_B \cdot {}^{A}\boldsymbol{x}_B=0 \tag{2.4}
$$

由式(2.3)和式(2.4)可知,旋转矩阵${}_{B}^{A}\boldsymbol{R}$ 是正交的,并且满足如下性质:

$$
{}_{B}^{A}\boldsymbol{R}^{-1}={}_{B}^{A}\boldsymbol{R}^{\mathrm{T}},\ |{}_{B}^{A}\boldsymbol{R}|=1 \tag{2.5}
$$

式中,上标-1表示矩阵的逆;上标 T 表示矩阵的转置;$|\cdot|$为行列式的符号。

确定物体的初始点 A_0,A_0 相对于原点 O 绕 x、y 或 z 轴旋转 θ 后,可得到物体旋转后的位置,其旋转矩阵分别为

$$
\boldsymbol{R}(x,\theta)=\begin{bmatrix} 1 & 0 & 0 \\ 0 & \cos\theta & -\sin\theta \\ 0 & \sin\theta & \cos\theta \end{bmatrix} \tag{2.6}
$$

$$
\boldsymbol{R}(y,\theta)=\begin{bmatrix} \cos\theta & 0 & \sin\theta \\ 0 & 1 & 0 \\ -\sin\theta & 0 & \cos\theta \end{bmatrix} \tag{2.7}
$$

$$
\boldsymbol{R}(z,\theta)=\begin{bmatrix} \cos\theta & -\sin\theta & 0 \\ \sin\theta & \cos\theta & 0 \\ 0 & 0 & 1 \end{bmatrix} \tag{2.8}
$$

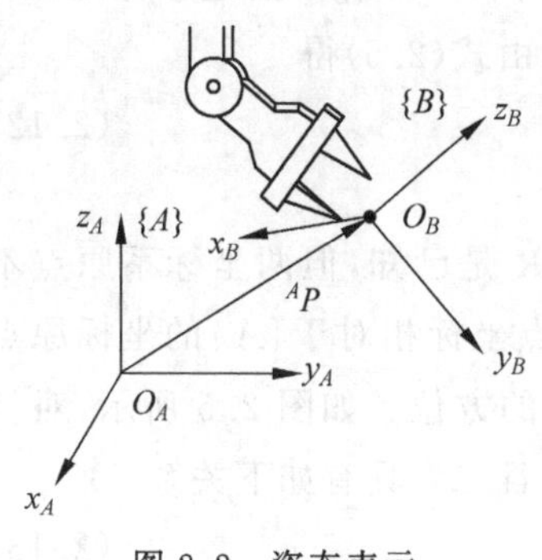

图 2.2 姿态表示

3. 位姿描述

如图 2.2 所示,空间某一刚体 B 与坐标系$\{B\}$固接,并相对于参考坐标系$\{A\}$运动。

为了完全描述刚体 B 在空间坐标系内的位置和姿态,一般情况下,可以将刚体 B 和某一坐标系$\{B\}$相固接。坐标系$\{B\}$的坐标原点一般选在物体的特征点上,如质心等。所以刚体的位姿,可以采用相对坐标系$\{A\}$、坐标系$\{B\}$的原点位置和坐标轴的姿态,分别通过位置向量和旋转矩阵来描述。即

$$\{B\}=\{{}_A^B\boldsymbol{R}\quad {}^A\boldsymbol{P}_{B_0}\}\tag{2.9}$$

当坐标系表示位置时,式(2.9)中的旋转矩阵${}_A^B\boldsymbol{R}$即为单位矩阵;当坐标系表示方位时,式(2.9)中的位置向量${}^A\boldsymbol{P}_{B_0}=\boldsymbol{0}$。

2.1.2 坐标变换

空间中对任一点P的描述基于不同的参考坐标系而有所差异。本节将分析任一点P从一个坐标系的描述到另一个坐标系的描述关系。

1. 平移坐标变换

若坐标系$\{B\}$与$\{A\}$具有相同的方位,但$\{B\}$的坐标原点与$\{A\}$的原点不重合。用位置向量${}^A\boldsymbol{P}_{B_0}$描述其相对于$\{A\}$的位置,将${}^A\boldsymbol{P}_{B_0}$称为$\{B\}$相对于$\{A\}$的平移向量,如图2.3所示。若点P在坐标系$\{B\}$中的位置为${}^B\boldsymbol{P}$,那么它相对于坐标系$\{A\}$的位置向量${}^A\boldsymbol{P}$可由向量相加得出,即

$${}^A\boldsymbol{P}={}^B\boldsymbol{P}+{}^A\boldsymbol{P}_{B_0}\tag{2.10}$$

该式称为坐标平移,也称平移映射。

2. 旋转坐标变换

如果坐标系$\{B\}$相对于坐标系$\{A\}$的姿态描述${}_B^A\boldsymbol{R}$是已知,且有共同的坐标原点,但方位不同,那么位于坐标系$\{B\}$下的点P可以被转化为坐标系$\{A\}$下的坐标,如图2.4所示。同一点P在两个坐标系$\{A\}$和$\{B\}$中描述${}^A\boldsymbol{P}$和${}^B\boldsymbol{P}$具有以下变换关系

$${}^A\boldsymbol{P}={}_B^A\boldsymbol{R}\,{}^B\boldsymbol{P}\tag{2.11}$$

该式称为坐标旋转,也叫旋转映射。

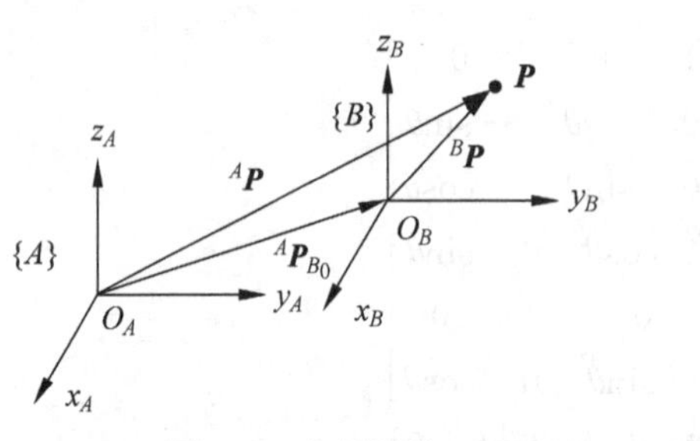

图2.3 坐标平移

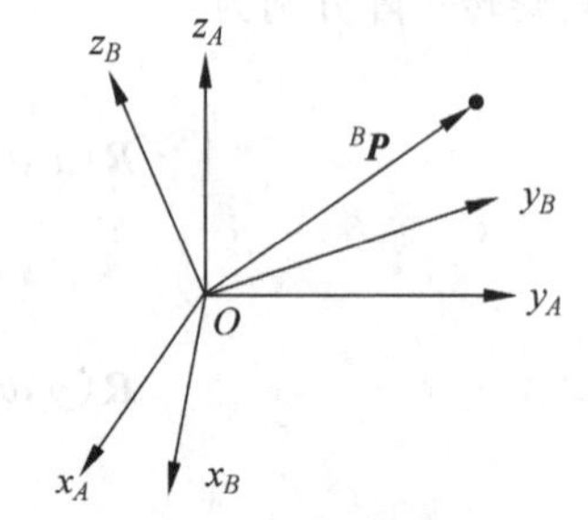

图2.4 坐标旋转

可以用旋转矩阵${}_A^B\boldsymbol{R}$描述坐标系$\{A\}$相对于$\{B\}$的方位。同样可用${}_B^A\boldsymbol{R}$描述坐标系$\{B\}$相对于$\{A\}$的方位。由于${}_B^A\boldsymbol{R}$和${}_A^B\boldsymbol{R}$都为正交矩阵,二者互逆。由式(2.5)得

$${}_A^B\boldsymbol{R}={}_B^A\boldsymbol{R}^{-1}={}_B^A\boldsymbol{R}^{\mathrm{T}}\tag{2.12}$$

3. 复合坐标变换

若以上两种情形都不满足,$\{B\}$相对于$\{A\}$的姿态描述${}_B^A\boldsymbol{R}$是已知,但两坐标系原点不重合,且方位也不同。可以用位置向量${}^A\boldsymbol{P}_{B_0}$来描述$\{B\}$的原点坐标相对于$\{A\}$的坐标原点的位置;以旋转矩阵${}_B^A\boldsymbol{R}$来描述坐标系$\{B\}$相对于坐标系$\{A\}$的方位。如图2.5所示,对任一点P于坐标系$\{A\}$和坐标系$\{B\}$分别通过${}^A\boldsymbol{P}$和${}^B\boldsymbol{P}$来描述,且二者具有如下关系

$${}^A\boldsymbol{P}={}^A\boldsymbol{P}_{B_0}+{}_B^A\boldsymbol{R}\,{}^B\boldsymbol{P}\tag{2.13}$$

该式可看成坐标平移与坐标旋转组合的复合变换，也叫复合映射。

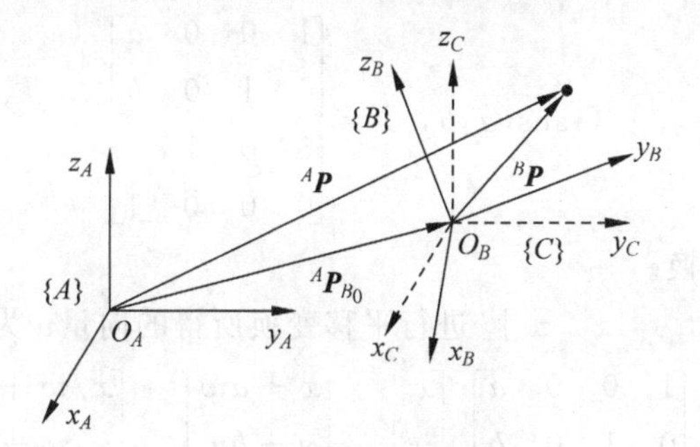

图 2.5　复合变换

可在三维空间中确定一个过渡坐标系$\{C\}$且平行于坐标系$\{A\}$，此时可得两坐标系$\{B\}$和$\{C\}$的原点重合，两坐标系$\{A\}$和$\{C\}$的方位相同。

由式(2.11)可得过渡坐标系的变换

$$^C\boldsymbol{P}={}^C_B\boldsymbol{R}\,{}^B\boldsymbol{P}={}^A_B\boldsymbol{R}\,{}^B\boldsymbol{P} \tag{2.14}$$

由式(2.10)可得复合变换

$$^A\boldsymbol{P}={}^C\boldsymbol{P}+{}^A\boldsymbol{P}_{B_0}={}^A\boldsymbol{P}_{B_0}+{}^A_B\boldsymbol{R}\,{}^B\boldsymbol{P} \tag{2.15}$$

2.1.3　齐次坐标变换

1. 齐次变换

已知直角坐标系中的某点坐标，则该点在另一直角坐标系中的坐标可通过矩阵的形式表示刚体的运动，从而可以使刚体运动的叠加简化为矩阵相乘的形式。

在复合变换式(2.13)中，点$^B\boldsymbol{P}$是非齐次的，但可将其等价表示为齐次变换的形式

$$\begin{bmatrix}^A\boldsymbol{P}\\1\end{bmatrix}=\begin{bmatrix}^A_B\boldsymbol{R} & ^A\boldsymbol{P}_{B_0}\\0 & 1\end{bmatrix}\begin{bmatrix}^B\boldsymbol{P}\\1\end{bmatrix} \tag{2.16}$$

其矩阵形式为

$$^A\boldsymbol{P}={}^A_B\boldsymbol{T}\,{}^B\boldsymbol{P} \tag{2.17}$$

式中，三维空间的位置向量$^A\boldsymbol{P}$和$^B\boldsymbol{P}$由4×1的列向量表示，称为点的齐次坐标。所以，齐次变换就是刚体运动的矩阵表示。与式(2.13)不同的是，该式添加了第4个元素1。

齐次变换矩阵$^A_B\boldsymbol{T}$为4×4的方形矩阵，是由平移变换和旋转变换二者组合的复合变换。其矩阵形式为

$$^A_B\boldsymbol{T}=\begin{bmatrix}^A_B\boldsymbol{R} & ^A\boldsymbol{P}_{B_0}\\0 & 1\end{bmatrix} \tag{2.18}$$

实际上，式(2.17)也可表达为

$$^A\boldsymbol{P}={}^A\boldsymbol{P}_{B_0}+{}^A_B\boldsymbol{R}\,{}^B\boldsymbol{P} \tag{2.19}$$

在应用中，位置向量$^A\boldsymbol{P}$和$^B\boldsymbol{P}$选取的是3×1的直角坐标还是4×1的齐次坐标，取决于与之相乘的矩阵阶数。

2. 平移齐次坐标变换

通过向量$a\boldsymbol{i}+b\boldsymbol{j}+c\boldsymbol{k}$来描述空间某点，$\boldsymbol{i}$、$\boldsymbol{j}$、$\boldsymbol{k}$分别为$x$、$y$、$z$轴上的单位向量。该点可

用平移齐次交换表示为

$$\mathrm{Trans}(a,b,c)=\begin{bmatrix}1&0&0&a\\0&1&0&b\\0&0&1&c\\0&0&0&1\end{bmatrix} \tag{2.20}$$

其中，Trans 表示平移变换。

对已知向量 $\boldsymbol{u}=[x\quad y\quad z\quad w]^{\mathrm{T}}$ 进行平移变换所得的向量 $\boldsymbol{v}$ 为

$$\boldsymbol{v}=\begin{bmatrix}1&0&0&a\\0&1&0&b\\0&0&1&c\\0&0&0&1\end{bmatrix}\begin{bmatrix}x\\y\\z\\w\end{bmatrix}=\begin{bmatrix}x+aw\\y+bw\\z+cw\\w\end{bmatrix}=\begin{bmatrix}x/w+a\\y/w+b\\z/w+c\\1\end{bmatrix} \tag{2.21}$$

因此，向量 $\boldsymbol{v}$ 的变换是 $(x/w)\boldsymbol{i}+(y/w)\boldsymbol{j}+(z/w)\boldsymbol{k}$ 与 $a\boldsymbol{i}+b\boldsymbol{j}+c\boldsymbol{k}$ 之和。

3. 旋转齐次坐标变换

x、y、z 轴以转角为 θ 的旋转变换分别为

$$\mathrm{Rot}(x,\theta)=\begin{bmatrix}1&0&0&0\\0&\cos\theta&-\sin\theta&0\\0&\sin\theta&\cos\theta&0\\0&0&0&1\end{bmatrix} \tag{2.22}$$

$$\mathrm{Rot}(y,\theta)=\begin{bmatrix}\cos\theta&0&\sin\theta&0\\0&1&0&0\\-\sin\theta&0&\cos\theta&0\\0&0&0&1\end{bmatrix} \tag{2.23}$$

$$\mathrm{Rot}(z,\theta)=\begin{bmatrix}\cos\theta&-\sin\theta&0&0\\\sin\theta&\cos\theta&0&0\\0&0&1&0\\0&0&0&1\end{bmatrix} \tag{2.24}$$

其中，Rot 表示旋转变换。

2.1.4 齐次变换矩阵的逆

给定坐标系 $\{A\}$，$\{B\}$ 和 $\{C\}$，若已知 $\{B\}$ 相对 $\{A\}$ 的描述为 ${}_B^A\boldsymbol{T}$，$\{C\}$ 相对 $\{B\}$ 的描述为 ${}_C^B\boldsymbol{T}$，则

$${}^B\boldsymbol{P}={}_C^B\boldsymbol{T}\,{}^C\boldsymbol{P} \tag{2.25}$$

$${}^A\boldsymbol{P}={}_B^A\boldsymbol{T}\,{}^B\boldsymbol{P}={}_B^A\boldsymbol{T}\,{}_C^B\boldsymbol{T}\,{}^C\boldsymbol{P} \tag{2.26}$$

定义复合变换为

$${}_C^A\boldsymbol{T}={}_B^A\boldsymbol{T}\,{}_C^B\boldsymbol{T}=\begin{bmatrix}{}_B^A\boldsymbol{R}&{}^A\boldsymbol{P}_{B_0}\\0&1\end{bmatrix}\begin{bmatrix}{}_C^B\boldsymbol{R}&{}^B\boldsymbol{P}_{C_0}\\0&1\end{bmatrix}=\begin{bmatrix}{}_B^A\boldsymbol{R}\,{}_C^B\boldsymbol{R}&{}_B^A\boldsymbol{R}\,{}^B\boldsymbol{P}_{C_0}+{}^A\boldsymbol{P}_{B_0}\\0&1\end{bmatrix} \tag{2.27}$$

从坐标系 $\{B\}$ 相对坐标系 $\{A\}$ 的描述，求得 $\{A\}$ 相对于 $\{B\}$ 的描述 ${}_A^B\boldsymbol{T}$，是齐次变换求逆问题。一种是对 ${}_B^A\boldsymbol{T}$ 直接求逆运算，即 ${}_A^B\boldsymbol{T}={}_B^A\boldsymbol{T}^{-1}$；另一种是运用齐次变换矩阵的性质，先化

简再求逆，以下就是对该种方法的讨论。

对于给定的${}_{B}^{A}\boldsymbol{T}$求解${}_{A}^{B}\boldsymbol{T}$，就等价于通过给定的位置向量${}^{A}\boldsymbol{P}_{B_0}$和旋转矩阵${}_{B}^{A}\boldsymbol{R}$，求解$\{A\}$相对$\{B\}$的描述的位置向量${}^{B}\boldsymbol{P}_{A_0}$和旋转矩阵${}_{A}^{B}\boldsymbol{R}$。由旋转矩阵的正交特性可得

$$ {}_{A}^{B}\boldsymbol{R} = {}_{B}^{A}\boldsymbol{R}^{-1} = {}_{B}^{A}\boldsymbol{R}^{\mathrm{T}} \tag{2.28} $$

由式(2.13)得原点${}^{A}\boldsymbol{P}_{B_0}$在坐标系$\{B\}$中的描述

$$ {}^{B}({}^{A}\boldsymbol{P}_{B_0}) = {}^{B}\boldsymbol{P}_{A_0} + {}_{A}^{B}\boldsymbol{R}\,{}^{A}\boldsymbol{P}_{B_0} \tag{2.29} $$

其中，${}^{B}({}^{A}\boldsymbol{P}_{B_0})$表示坐标系$\{B\}$的原点相对于$\{B\}$的描述，为零向量。则

$$ {}^{B}\boldsymbol{P}_{A_0} = -{}_{A}^{B}\boldsymbol{R}\,{}^{A}\boldsymbol{P}_{B_0} = -{}_{B}^{A}\boldsymbol{R}^{\mathrm{T}}\,{}^{A}\boldsymbol{P}_{B_0} \tag{2.30} $$

综上所述，可得到${}_{B}^{A}\boldsymbol{T}$的逆${}_{A}^{B}\boldsymbol{T}$为

$$ {}_{A}^{B}\boldsymbol{T} = \begin{bmatrix} {}_{B}^{A}\boldsymbol{R}^{\mathrm{T}} & -{}_{B}^{A}\boldsymbol{R}^{\mathrm{T}}\,{}^{A}\boldsymbol{P}_{B_0} \\ 0 & 1 \end{bmatrix} \tag{2.31} $$

如图2.6(a)所示，在描述机械手操作时，必须要建立机械手各连杆之间、机械手与周围环境之间的运动关系。因此，有必要规定各种坐标系来描述机械手与环境的相对位姿关系，例如，${}_{S}^{B}\boldsymbol{T}$表示工作站系$\{S\}$相对于基坐标系$\{B\}$的位姿；${}_{G}^{S}\boldsymbol{T}$表示目标系$\{G\}$相对于工作站系$\{S\}$的位姿；${}_{T}^{B}\boldsymbol{T}$表示工具系$\{T\}$相对于基坐标系$\{B\}$的位姿。

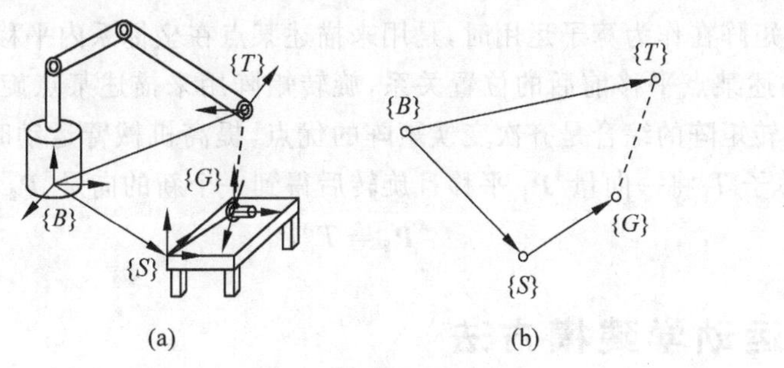

图2.6　位姿关系及有向变换图

如图2.6(b)所示，机械手操作时，工具系$\{T\}$相对于目标系$\{G\}$的位姿${}_{T}^{G}\boldsymbol{T}$直接关系着操作效果。所以，基坐标系$\{B\}$的描述可用如下变换矩阵的乘积表示：

$$ {}_{T}^{B}\boldsymbol{T} = {}_{S}^{B}\boldsymbol{T}\,{}_{G}^{S}\boldsymbol{T}\,{}_{T}^{G}\boldsymbol{T} \tag{2.32} $$

2.1.5　运动算子

在式(2.17)中，齐次变换${}_{B}^{A}\boldsymbol{T}$表示某点在坐标系$\{B\}$相对坐标系$\{A\}$中描述的映射。在本节中，齐次变换还可以用来作为点的运动算子。

1. 平移算子

因为平移描述的是空间中的一个点沿着一个已知的向量方向移动一定距离，表示为${}^{A}\boldsymbol{P}$，则平移前${}^{A}\boldsymbol{P}_1$和平移后${}^{A}\boldsymbol{P}_2$的位置向量关系表示为

$$ {}^{A}\boldsymbol{P}_2 = {}^{A}\boldsymbol{P}_1 + {}^{A}\boldsymbol{P} \tag{2.33} $$

上面关系式的算子形式为

$$ {}^{A}\boldsymbol{P}_2 = \mathrm{Trans}({}^{A}\boldsymbol{Q})\,{}^{A}\boldsymbol{P}_1 \tag{2.34} $$

平移向量${}^{A}\boldsymbol{Q}$既表示大小也表示方向。因此，对空间中一点实际平移的描述仅与一个坐标

系有关。

2. 旋转算子

坐标系$\{A\}$中，分别用$^{A}\boldsymbol{P}_1$和$^{A}\boldsymbol{P}_2$表示旋转前后的位置，二者关系有两种表示方法。

1）旋转矩阵 $\boldsymbol{R}$

用 R 作为旋转算子，将一个向量用$^{A}\boldsymbol{P}_1$旋转 R 后变换为一个新的向量$^{A}\boldsymbol{P}_2$，关系式为

$$^{A}\boldsymbol{P}_2 = R\,^{A}\boldsymbol{P}_1 \tag{2.35}$$

2）齐次变换 $\mathrm{Rot}(K,\theta)$

用 $\mathrm{Rot}(K,\theta)$作为旋转算子，表示绕 K 轴旋转 θ 角度。如绕 Z 轴旋转 θ 的齐次变换算子为

$$\mathrm{Rot}(Z,\theta) = \begin{bmatrix} \cos\theta & -\sin\theta & 0 & 0 \\ \sin\theta & \cos\theta & 0 & 0 \\ 0 & 0 & 1 & 0 \\ 0 & 0 & 0 & 1 \end{bmatrix} \tag{2.36}$$

上面关系式的算子也可写成如下形式：

$$^{A}\boldsymbol{P}_2 = \mathrm{Rot}(K,\theta)\,^{A}\boldsymbol{P}_1 \tag{2.37}$$

3）变换算子

齐次变换矩阵在作为算子运用时，是用来描述某点在坐标系内平移或者旋转的情况，位置向量用来描述某点平移前后的位置关系，旋转矩阵用来描述某点旋转前后的位置关系。位置向量和旋转矩阵的综合是齐次变换矩阵的优点，提高机械臂运动时位姿的准确性。坐标系$\{A\}$中，算子 T 将一向量$^{A}\boldsymbol{P}_1$平移且旋转后得到一个新的向量$^{A}\boldsymbol{P}_2$，其关系式为

$$^{A}\boldsymbol{P}_2 = T\,^{A}\boldsymbol{P}_1 \tag{2.38}$$

2.2 运动学建模方法

机器人运动学是从几何的角度研究机器人的位置、速度、加速度以及位置变量的各种高阶导数特性，在不考虑外力或力矩作用的情况下，描述机器人的运动。本节研究串联机器人运动的两类基本问题，即正向运动学和逆向运动学。其中，正向运动学是解决机器人运动方程的表示问题，它根据已知连杆几何参数和关节变量，求机器人末端执行器的位置和姿态。逆向运动学是解决机器人运动方程的求解问题，是根据给定机器人末端执行器的期望位置和姿态，求取机器人能够达到预期位姿的关节变量。

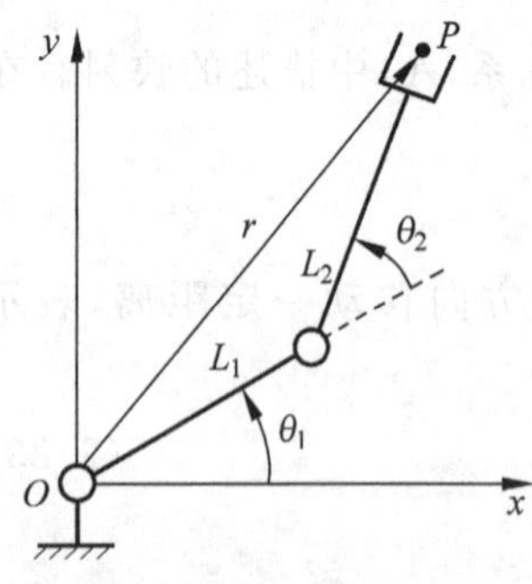

图 2.7　2 自由度机械臂的连杆机构

以工业机器人为例，该机器人一般以关节坐标直接编制程序，其操作由控制器指挥，并且关节每个位置的参数是预先设置好的。当机器人执行指令操作时，控制器发出设置好的位置数据，使机器人按照预定的位置做序列运动。

如图 2.7 所示，机械臂机构简图是由 2 个连杆和 2 个关节构成，其中有 2 个自由度。O 为基座，大臂的长度为 L_1，小臂的长度为 L_2，P 为手爪位置，r 为手爪到基座的距离。大臂 L_1 绕着基座旋转的角度为 θ_1，小臂 L_2 绕着基座旋转的角度为 θ_2。连杆长度 L_1 和 L_2 为常量，关节角 θ_1 和 θ_2 为关节变

量。末端夹持器 P 与关节变量 θ_1 和 θ_2 的关系称为运动学(Kinematics)。

2.2.1 连杆描述和关节变量

1. 连杆与关节

在机器人运动学中,连杆是具有一定运动学功能的刚性杆,是运动的最小单元。连杆机构是由若干个已知的有相对运动的构件连接而成,又称为低副机构。根据构件之间的相对运动,连杆机构可分为平面连杆机构和空间连杆机构;根据构件的数目分为单杆机构和多杆机构;根据连杆机构的自由度,自由度为1的机构为单自由度连杆机构,自由度大于1的机构为多自由度连杆机构。根据连杆机构的运动链的开闭合,分为开链连杆机构和闭链连杆机构。

将机器人机械臂视为一系列连杆,它们由关节连接而成。对于具有 n 个自由度的关节,通常将其看成由 n 个单自由度以及 $n-1$ 个连杆顺序连接而成。

连杆的命名从固定基座以0开始到机械臂自由末端为 n 结束。如图2.8所示的开式运动机构的机械臂,位于连杆 $i-1$ 和连杆 i 的关节以关节 i 命名,将坐标系 $O_i-x_iy_iz_i$ 依附到连杆 i,使用一个 4×4 的齐次变换矩阵描述坐标系 $O_i-x_iy_iz_i$ 相对于前坐标系 $O_{i-1}-x_{i-1}y_{i-1}z_{i-1}$ 的位姿,末端执行器的位姿可由基座坐标系到最后坐标系的连续变换得到。

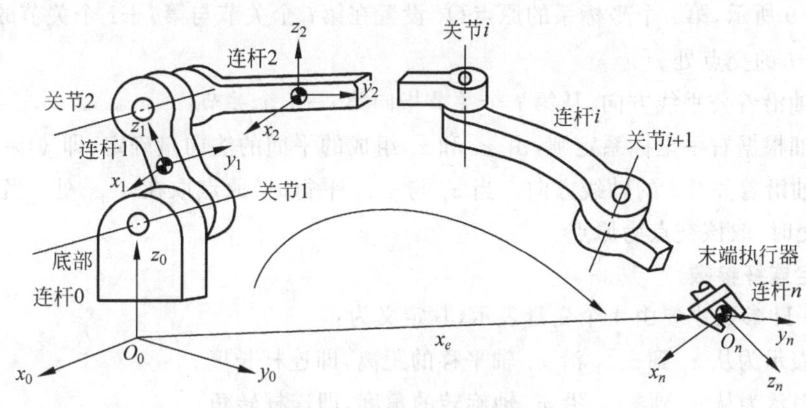

图2.8 机械手的连杆与关节

2. 连杆连接的描述

每两个相邻的连杆之间通过关节连接,并且有一个共同的关节轴线。其中,连杆长度是连杆上两条关节轴线的公垂线长度,记为 a_{i-1},若两条关节轴线平行,二连杆轴线的距离即为二连杆距离;垂直于 a_{i-1} 的平面内两轴投影的夹角称之为连杆转角,记为 α_{i-1}。

图2.9表示二连杆连接关系,相邻连杆连接的常数主要有连杆偏置和关节角。a_{i-1} 是关节轴 $i-1$ 和关节轴 i 的公垂线长度。两条公垂线相对距离称为连杆偏置,记为 d_i;连杆 $i-1$ 公垂线和连杆 i 公垂线的夹角称为关节角(或连杆夹角),记为 θ_i。如果关节 i 是平移关节,关节角 θ_i 为定值,连杆偏置 d_i 为关节变量;如果关节 i 是旋转关节,连杆偏置 d_i 为定值,关节角 θ_i 为关节变量。

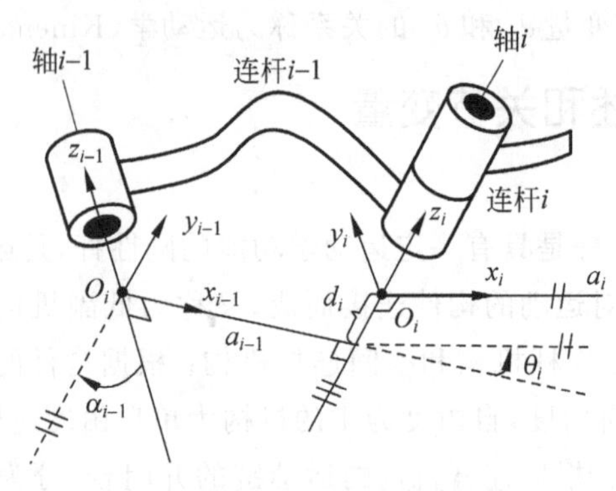

图 2.9　二连杆连接关系

视频讲解

2.2.2　D-H 坐标系建模

针对机器人的运动学建模，应用最广泛的建模方法是 1995 年 Denavit 和 Hartenberg 提出的 D-H 坐标系建模方法。为了应用数学方法描述各连杆之间的相对运动以及位姿关系，在每个连杆上固接一个空间坐标系。固定基座固接的坐标系称为基坐标系，连杆 1 固接的坐标系称为坐标系{1}，连杆 i 固接的坐标系称为坐标系{i}。

1. 连杆 i 的坐标系

如图 2.9 所示，第 i 个坐标系的原点 O_i 设置在第 i 个关节与第 $i+1$ 个关节的公共垂线和关节轴线 i 的交点处。

- x_i 轴沿着公垂线方向，从第 i 个关节指向第 $i+1$ 个关节。
- y_i 轴根据右手坐标系定则，由 x_i 和 z_i 组成的平面的法向量确定，即 $y_i = z_i \times x_i$。
- z_i 轴沿着关节 i 的轴线方向。当 z_i 与 z_{i+1} 平行时，原点取在 d_{i+1} 处；当 z_i 与 z_{i+1} 相交时，取该交点为原点。

2. 设定连杆参数

标准 D-H 参数主要由 4 个变量表示，其定义为：

- a_i 表示为从 z_i 到 z_{i+1} 沿 x_i 轴平移的距离，即连杆长度；
- α_i 表示为从 z_i 到 z_{i+1} 沿 x_i 轴旋转的角度，即连杆转角；
- d_i 表示为从 x_{i-1} 到 x_i 沿 z_i 轴的平移距离，即二连杆距离；
- θ_i 表示为从 x_{i-1} 到 x_i 沿 z_i 轴旋转的角度，即二连杆夹角。

α_i、a_i、d_i 和θ_i 这 4 个参数中，$a_i \geqslant 0$，其他 3 个值皆有正负，因为 α_i 和θ_i 分别围绕x_i 和 z_i 轴旋转定义，它们的正负就根据判定旋转向量方向的右手法则来确定。d_i 为沿着 z_i 轴，由 x_{i-1} 垂足到 x_i 垂足的距离，移动距离与 z_i 正向一致时取正。

3. 连杆坐标系的建立

在给定的机械臂中，可以按照如下步骤依此建立所有连杆坐标系（以建立连杆坐标系{i}为例）：

(1) 找出所有关节并画出其关节轴线；

(2) 找出相邻两关节轴 i 和$i+1$ 的公垂线 a_i，以该公垂线 a_i 与关节轴 i 的交点作为连杆坐标系{i}的原点；

(3) 规定 z_i 轴与关节轴 i 重合；

(4) 规定 x_i 轴沿着公垂线方向，由关节轴 i 指向关节轴 $i+1$。如果两关节轴相交，则规定 x_i 轴为 z_i 和 z_{i+1} 构成平面的法向量；

(5) 根据右手坐标系定则确定 y_i；

(6) 首端连杆的关节变量为 0 时，规定坐标系{0}和{1}重合。对于末端坐标系{n}，原点和 x_n 的方向可以任意选取。

2.2.3 机械臂正运动学

1. 连杆变换矩阵

对全部的连杆规定坐标系之后，就能按照如下的顺序分别通过两个旋转和两个平移来建立相邻连杆坐标系 $i-1$ 和 i 之间的相对关系。如图 2.10 所示，在关节轴 i 中，a_i 为连杆长度，θ_i 为关节角，d_i 为关节偏移，α_i 为连杆转角。

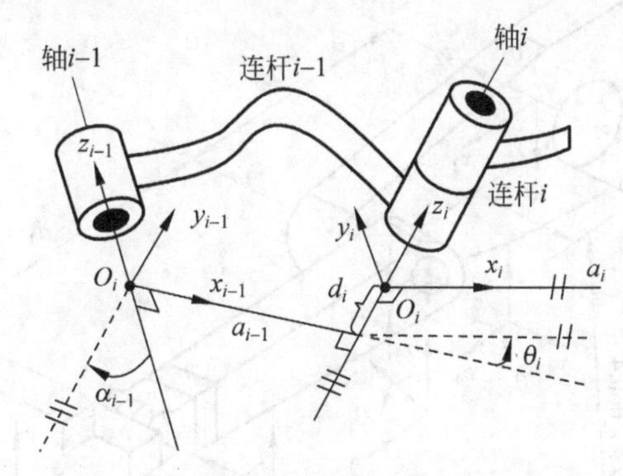

图 2.10　通用链式机器人的 D-H 坐标系

关节 $i-1$ 之前和关节 i 之后可以连接其他关节，当关节自由度增加时，计算方法与之类同。相邻二连杆的变换可以看成是坐标系{i}相对于{$i-1$}通过以下 4 个子变换得到的：

(1) 绕 x_{i-1} 轴旋转 α_{i-1}，使 z_{i-1} 轴和 z_i 轴共线；

(2) 沿 x_{i-1} 平移 a_{i-1}，使坐标系{$i-1$}和坐标系{i}的坐标原点重合；

(3) 绕 z_i 旋转 θ_i，使 x_i 和 x_{i+1} 共面；

(4) 沿 z_i 平移 d_i，使 x_i 和 x_{i+1} 共线。

上述连杆 i 对连杆 $i-1$ 相对位置的齐次变换矩阵可以表示为

$$
\begin{aligned}
{}^{i-1}_{i}\boldsymbol{T} &= \mathrm{Rot}(x,\alpha_{i-1})\mathrm{Trans}(a_{i-1},0,0)\mathrm{Rot}(z,\theta_i)\mathrm{Trans}(0,0,d_i) \\
&= \begin{bmatrix} \cos\theta_i & -\sin\theta_i & 0 & a_{i-1} \\ \sin\theta_i\cos\alpha_{i-1} & \cos\theta_i\cos\alpha_{i-1} & -\sin\alpha_{i-1} & -d_i\sin\alpha_{i-1} \\ \sin\theta_i\sin\alpha_{i-1} & \cos\theta_i\sin\alpha_{i-1} & \cos\alpha_{i-1} & d_i\cos\alpha_{i-1} \\ 0 & 0 & 0 & 1 \end{bmatrix}
\end{aligned} \tag{2.39}
$$

当规定机器人各连杆的坐标系后，就能表达出各个连杆的常量参数 a_{i-1}、α_{i-1}、θ_i 和 d_i。其中，3 个参数的值是固定的，只有一个改变的称为关节变量。连杆变化矩阵如式(2.39)所示。对于平移关节 i，d_i 为关节变量；对于旋转关节 i，θ_i 为关节变量。为简化应用的过程，用 q_i 表示第 i 个变量，特规定，对于转动关节 $q_i=\theta_i$；对于移动关节 $q_i=d_i$。

2. 运动学方程的建立

式(2.39)的连杆变换矩阵,将各个连杆变换矩阵${}^{i-1}_{i}\boldsymbol{T}(i=0,1,\cdots,n)$相乘,即可得到末端连杆坐标系$\{i\}$相对于首端连杆坐标系$\{0\}$的变换矩阵

$$
{}^{0}_{n}\boldsymbol{T}={}^{0}_{1}\boldsymbol{T}(\theta_1){}^{1}_{2}\boldsymbol{T}(\theta_2)\cdots{}^{i-1}_{i}\boldsymbol{T}(\theta_i)\cdots{}^{n-1}_{n}\boldsymbol{T}(\theta_n) \tag{2.40}
$$

在给定的机械臂中,其运动学方程的建立步骤如下:

(1) 根据每个关节的类型确定该变量 q_i;

(2) 为每个连杆分配笛卡儿空间坐标系,包括基坐标系$\{0\}$和末端坐标系$\{n\}$;

(3) 定义连杆之间的变换矩阵${}^{i-1}_{i}\boldsymbol{T}$;

(4) 计算末端坐标系$\{n\}$到基坐标系$\{0\}$的变换矩阵。

【例 2.1】 PUMA560 属于关节式机器人,6 个关节都是转动关节。前 3 个关节确定手腕参考点的位置,后 3 个关节确定手腕的方位。各连杆坐标系如图 2.11 所示。

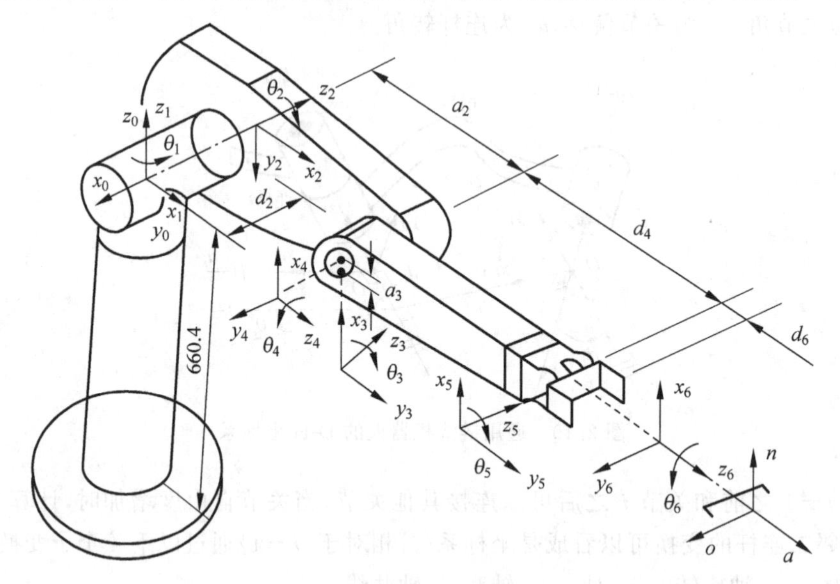

(a) PUMA560机器人结构简图

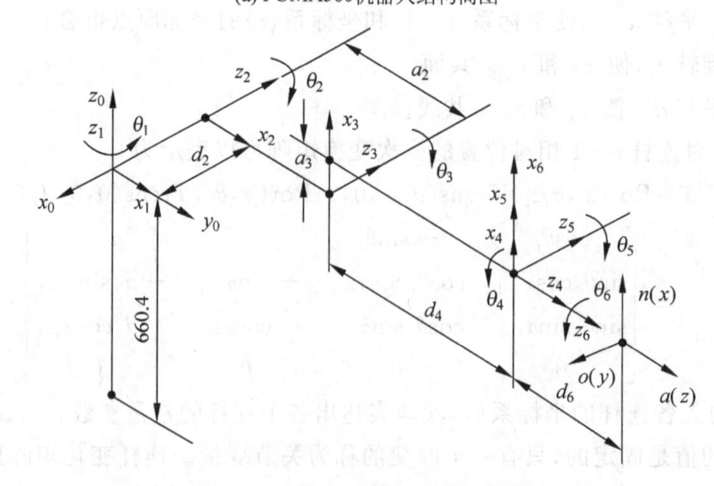

(b) PUMA560机器人坐标系的建立

图 2.11 PUMA560 机器人的连杆坐标系

根据连杆变换通式(2.39)以及如表 2.1 所示的连杆参数,可求得各连杆变换矩阵如下(其中 s_i 表示 $\sin\theta_i$,c_i 表示 $\cos\theta_i$):

$$
{}_1^0\boldsymbol{T}(\theta_1)=\begin{bmatrix} c_1 & -s_1 & 0 & 0\\ s_1 & c_1 & 0 & 0\\ 0 & 0 & 1 & 0\\ 0 & 0 & 0 & 1\end{bmatrix}\qquad
{}_2^1\boldsymbol{T}(\theta_2)=\begin{bmatrix} c_2 & -s_2 & 0 & 0\\ 0 & 0 & 1 & d_2\\ -s_2 & -c_2 & 0 & 0\\ 0 & 0 & 0 & 1\end{bmatrix}
$$

$$
{}_3^2\boldsymbol{T}(\theta_3)=\begin{bmatrix} c_3 & -s_3 & 0 & a_2\\ s_3 & c_3 & 0 & 0\\ 0 & 0 & 1 & 0\\ 0 & 0 & 0 & 1\end{bmatrix}\qquad
{}_4^3\boldsymbol{T}(\theta_4)=\begin{bmatrix} c_4 & -s_4 & 0 & a_3\\ 0 & 0 & 1 & d_4\\ -s_4 & -c_4 & 0 & 0\\ 0 & 0 & 0 & 1\end{bmatrix} \tag{2.41}
$$

$$
{}_5^4\boldsymbol{T}(\theta_5)=\begin{bmatrix} c_5 & -s_5 & 0 & 0\\ 0 & 0 & -1 & 0\\ s_5 & c_5 & 0 & 0\\ 0 & 0 & 0 & 1\end{bmatrix}\qquad
{}_6^5\boldsymbol{T}(\theta_6)=\begin{bmatrix} c_6 & s_6 & 0 & 0\\ 0 & 0 & 1 & 0\\ -s_6 & -c_6 & 0 & 0\\ 0 & 0 & 0 & 1\end{bmatrix}
$$

表 2.1 PUMA560 机器人的连杆参数

连杆	α_{i-1}	a_{i-1}	d_i	θ_i
1	0°	0	0	θ_1
2	−90°	0	d_2	θ_2
3	0°	a_2	0	θ_3
4	−90°	a_3	d_4	θ_4
5	90°	0	0	θ_5
6	−90°	0	0	θ_6

各连杆变换矩阵相乘,可得到机械臂变换矩阵的 $\boldsymbol{T}$ 矩阵

$$
{}_6^0\boldsymbol{T}={}_1^0\boldsymbol{T}(\theta_1){}_2^1\boldsymbol{T}(\theta_2){}_3^2\boldsymbol{T}(\theta_3){}_4^3\boldsymbol{T}(\theta_4){}_5^4\boldsymbol{T}(\theta_5){}_6^5\boldsymbol{T}(\theta_6) \tag{2.42}
$$

即为关节变量 $\theta_1,\theta_2,\theta_3,\theta_4,\theta_5,\theta_6$ 的函数。

要求解此运动方程,需先计算某些中间结果。可求得机械臂的正运动学方程为

$$
{}_6^0\boldsymbol{T}={}_1^0\boldsymbol{T}(\theta_1){}_2^1\boldsymbol{T}(\theta_2){}_3^2\boldsymbol{T}(\theta_3){}_4^3\boldsymbol{T}(\theta_4){}_5^4\boldsymbol{T}(\theta_5){}_6^5\boldsymbol{T}(\theta_6)
=\begin{bmatrix} n_x & o_x & a_x & p_x\\ n_y & o_y & a_y & p_y\\ n_z & o_z & a_z & p_z\\ 0 & 0 & 0 & 1\end{bmatrix} \tag{2.43}
$$

其中,

$$
\begin{aligned}
n_x&=c_1[c_{23}(c_4c_5c_6-s_4s_6)-s_{23}s_5c_6]+s_1(c_5c_6+c_4s_6)\\
n_y&=s_1[c_{23}(c_4c_5c_6-s_4s_6)-s_{23}s_5c_6]+c_1(c_5c_6+c_4s_6)\\
n_z&=-s_{23}(c_4c_5c_6-s_4s_6)-c_{23}s_5c_6\\
o_x&=c_1[c_{23}(-c_4c_5s_6-s_4c_6)+s_{23}s_5s_6]+s_1(c_4c_6-s_4c_5s_6)\\
o_y&=s_1[c_{23}(-c_4c_5s_6-s_4c_6)+s_{23}s_5s_6]-(c_4c_6-s_4c_5c_6)
\end{aligned}
$$

$$o_z = -s_{23}(-c_4c_5s_6 - s_4c_6) + c_{23}s_5c_6$$
$$a_x = -c_1(c_{23}c_4s_5 + s_{23}c_5) - c_1s_4s_5$$
$$a_y = -s_1(c_{23}c_4s_5 + s_{23}c_5) + c_1s_4s_5$$
$$a_z = s_{23}c_4s_5 - c_{23}c_5$$
$$p_x = c_1(a_2c_2 + a_3c_{23} - d_4s_{23}) + d_2s_1$$
$$p_y = s_1(a_2c_2 + a_3c_{23} - d_4s_{23}) - d_2c_1$$
$$p_z = -a_1s_{23} - a_2s_2 - d_4c_{23}$$

视频讲解

2.2.4 机械臂逆运动学

2.2.3 节建立了 6 自由度机器人的运动学方程,对于自由度为 n 的机器人,其运动学方程可用如下形式表示

$$\begin{bmatrix} n_x & o_x & a_x & p_x \\ n_y & o_y & a_y & p_y \\ n_z & o_z & a_z & p_z \\ 0 & 0 & 0 & 1 \end{bmatrix} = {}^0_1\boldsymbol{T}(q_1){}^1_2\boldsymbol{T}(q_2)\cdots{}^{n-1}_{n}\boldsymbol{T}(q_n) \tag{2.44}$$

式(2.44)左边表示为末端连杆 n 相对于首端连杆 0(基坐标系{0})的位置和姿态。由给定机器人的各关节变量 q_i,即可分别得到机器人变换矩阵的各个参数。通过给定机器人的各关节变量求解末端执行器的位姿,称为正向运动学;反之,已知机器人末端的位置和姿态,计算出机器人对应位置的全部关节变量,称为逆向运动学。由于逆向运动学问题的复杂性和不唯一性,无法建立通用的解析算法。

在工程应用中,逆向运动学是实现控制机器人运动和操作的基础。对正向运动学方程的求解是相对容易且唯一的;然而逆向运动学一般而言是复杂的,具有多重解,也可能无解。逆向运动学问题实质上是非线性超越方程组的求解问题,下面采用反变换法求解逆向运动学的相关问题。

以 PUMA560 型机器人为例,求解例 2.1 中的推导的运动学方程。需要注意的是,以下解法并非适合所有机器人的逆运动学求解,一般而言,该求解方法较为常用。已知${}^0_6\boldsymbol{T} = \begin{bmatrix} n_x & o_x & a_x & p_x \\ n_y & o_y & a_y & p_y \\ n_z & o_z & a_z & p_z \\ 0 & 0 & 0 & 1 \end{bmatrix}$,求解转角 $\theta_1, \theta_2, \cdots, \theta_6$。

PUMA560 运动学方程为:

$${}^0_6\boldsymbol{T} = {}^0_1\boldsymbol{T}(\theta_1){}^1_2\boldsymbol{T}(\theta_2){}^2_3\boldsymbol{T}(\theta_3){}^3_4\boldsymbol{T}(\theta_4){}^4_5\boldsymbol{T}(\theta_5){}^5_6\boldsymbol{T}(\theta_6) \tag{2.45}$$

若给定末端连杆的位姿(n, o, a 和 p 均已知),则求关节变量 $\theta_1, \theta_2, \cdots, \theta_6$ 的值称为运动学反解。用未知的连杆逆变换左乘方程两边,把关节变量分离出来,从而求得 $\theta_1, \theta_2, \cdots, \theta_6$ 的解。具体步骤如下。

1. 求 $\boldsymbol{\theta_1}$

用逆变换${}^0_1\boldsymbol{T}^{-1}(\theta_1)$左乘式(2.45)两边

$${}^0_1\boldsymbol{T}^{-1}(\theta_1){}^0_6\boldsymbol{T} = {}^1_2\boldsymbol{T}(\theta_2){}^2_3\boldsymbol{T}(\theta_3){}^3_4\boldsymbol{T}(\theta_4){}^4_5\boldsymbol{T}(\theta_5){}^5_6\boldsymbol{T}(\theta_6) \tag{2.46}$$

令式(2.46)两端的元素(2,4)对应相等

$$-s_1p_x+c_1p_y=d_2 \tag{2.47}$$

利用三角代换($\rho=\sqrt{p_x^2+p_y^2}$),取

$$p_x=\rho\cos\phi,\quad p_y=\rho\sin\phi \tag{2.48}$$

将式(2.48)代入式(2.47)中,得到θ_1

$$\sin(\phi-\theta_1)=d_2/\rho;\ \cos(\phi-\theta_1)=\pm\sqrt{1-(d_2/\rho)^2} \tag{2.49}$$

$$\phi-\theta_1=\arctan2[d_2/\rho,\pm\sqrt{1-(d_2/\rho)^2}] \tag{2.50}$$

$$\theta_1=\arctan2(p_y,p_x)-\arctan2(d_2,\pm\sqrt{p_x^2+p_y^2-d_2^2}) \tag{2.51}$$

由式(2.51)可知,θ_1 有两个解。

2. 求 $\boldsymbol{\theta_3}$

选定θ_1 其中的一个解之后,再令方程式(2.46)两端的元素(1,4)和(3,4)分别对应相等,可得到

$$\begin{aligned}p_xc_1+p_ys_1&=a_3c_{23}-s_{23}d_4+c_2a_2\\-p_z&=a_3s_{23}+c_{23}d_4+s_2a_2\end{aligned} \tag{2.52}$$

整理两式并对两边平方,平方值相加可得

$$(p_xc_1+p_ys_1-a_3c_{23})^2=(-s_{23}d_4+c_2a_2)^2 \tag{2.53}$$

$$(p_z+a_3s_{23})^2=(c_{23}d_4+s_2a_2)^2 \tag{2.54}$$

$$a_3c_3-s_3=k \tag{2.55}$$

其中,$k=\dfrac{p_x^2+p_y^2+p_z^2-a_2^2-a_3^2-d_2^2-d_4^2}{2a_2}$。

在这个方程中,除s_{23} 和c_{23} 外,每个变量都是已知的,s_{23} 和c_{23} 将在后面求出。可得到θ_3 为

$$\theta_3=\arctan2(a_3,d_4)-\arctan(k,\pm\sqrt{a_3^2+d_4^2-k^2})$$

3. 求 $\boldsymbol{\theta_2}$

为得到θ_2,在方程式(2.43)两边左乘${}_3^0\boldsymbol{T}$ 的逆,可得

$${}_3^0\boldsymbol{T}^{-1}\times\begin{bmatrix}n_x&o_x&a_x&p_x\\n_y&o_y&a_y&p_y\\n_z&o_z&a_z&p_z\\0&0&0&1\end{bmatrix}={}_4^3\boldsymbol{T}(\theta_4){}_5^4\boldsymbol{T}(\theta_5){}_6^5\boldsymbol{T}(\theta_6) \tag{2.56}$$

即有

$$\begin{bmatrix}c_1c_{23}&s_1c_{23}&-s_{23}&-a_2c_3\\-c_1s_{23}&-s_1s_{23}&-c_{23}&a_2s_3\\-s_1&c_1&0&-d_2\\0&0&0&1\end{bmatrix}\begin{bmatrix}n_x&o_x&a_x&p_x\\n_y&o_y&a_y&p_y\\n_z&o_z&a_z&p_z\\0&0&0&1\end{bmatrix}={}_6^3\boldsymbol{T} \tag{2.57}$$

其中

$${}_6^3\boldsymbol{T}={}_4^3\boldsymbol{T}{}_5^4\boldsymbol{T}{}_6^5\boldsymbol{T}=\begin{bmatrix}c_4c_5c_6-s_4s_6&-c_4c_5s_6-s_4c_6&-c_4s_5&a_3\\s_5c_6&-s_5s_6&c_5&d_4\\-s_4c_5c_6-c_4s_6&s_4c_5s_6-c_4c_6&s_4s_5&0\\0&0&0&1\end{bmatrix}$$

令矩阵方程(2.57)两边元素(1,4)和(2,4)分别对应相等,可得到

$$\begin{cases} c_1 c_{23} p_x + s_1 c_{23} p_y - s_{23} p_z - a_2 c_3 = a_3 \\ -c_1 s_{23} p_x - s_1 s_{23} p_y - c_{23} p_z + a_2 s_3 = d_4 \end{cases} \tag{2.58}$$

可以得到 s_{23} 和 c_{23}

$$\begin{cases} s_{23} = \dfrac{(-a_3 - a_2 c_3) p_z + (c_1 p_x + s_1 p_y)(a_2 s_3 - d_4)}{p_z^2 + (c_1 p_x + s_1 p_y)^2} \\ c_{23} = \dfrac{(-d_4 + a_2 c_3) p_z - (c_1 p_x + s_1 p_y)(-a_2 s_3 - a_3)}{p_z^2 + (c_1 p_x + s_1 p_y)^2} \end{cases} \tag{2.59}$$

$$\begin{aligned} \theta_{23} = \theta_2 + \theta_3 = \operatorname{arctan2}[&-(a_3 + a_2 c_3) p_z + (c_1 p_x + s_1 p_y)(a_2 s_3 - d_4), \\ &(-d_4 + a_2 c_3) p_z + (c_1 p_x + s_1 p_y)(a_2 s_3 + a_3)] \end{aligned} \tag{2.60}$$

根据前面得到的 θ_1 和 θ_3 的 4 种可能组合解,则 θ_2 的解也会有 4 种可能,即

$$\theta_2 = \theta_{23} - \theta_3 \tag{2.61}$$

4. 求 θ_4

由于式(2.57)的左边全为已知,令两边元素(1,3)和(3,3)分别对应相等,可得

$$\begin{aligned} c_1 c_{23} a_x + s_1 c_{23} a_y - s_{23} a_z &= -c_4 s_5 \\ -s_1 a_x + c_1 a_y &= s_4 s_5 \end{aligned} \tag{2.62}$$

只要 s_5 非零,即可得到 θ_4 为

$$\theta_4 = \operatorname{arctan2}(-s_1 a_x + c_1 a_y, -c_1 c_{23} a_x - s_1 c_{23} a_y + s_{23} a_z) \tag{2.63}$$

若 $s_5=0$ 时,机械臂处于奇异位置。此时关节轴 4 和轴 6 重合,只需要得到 θ_4 和 θ_6 的和或差即可。

5. 求 θ_5

由上一步得到的 θ_4 的值,将式(2.57)两端左乘${}^0_4\boldsymbol{T}^{-1}(\theta_1,\theta_2,\theta_3,\theta_4)$的逆,得到

$${}^0_4\boldsymbol{T}^{-1}(\theta_1,\theta_2,\theta_3,\theta_4)\,{}^0_6\boldsymbol{T} = {}^4_5\boldsymbol{T}(\theta_5)\,{}^5_6\boldsymbol{T}(\theta_6) \tag{2.64}$$

因为已经求得 $\theta_1,\theta_2,\theta_3$ 和 θ_4 的解,所以${}^0_4\boldsymbol{T}^{-1}(\theta_1,\theta_2,\theta_3,\theta_4)$为

$$\begin{bmatrix} c_1 c_{23} c_4 + s_1 s_4 & s_1 c_{23} c_4 - c_1 s_4 & -s_{23} c_4 & -a_2 c_3 c_4 + d_2 s_4 - a_3 c_4 \\ -c_1 c_{23} s_4 + s_1 c_4 & -s_1 c_{23} s_4 - c_1 c_4 & s_{23} s_4 & c_3 s_4 + d_2 c_4 - a_3 s_4 \\ -c_1 s_{23} & -s_1 s_{23} & -c_{23} & a_2 s_3 - d_4 \\ 0 & 0 & 0 & 1 \end{bmatrix} \tag{2.65}$$

其中,

$${}^4_6\boldsymbol{T} = {}^4_5\boldsymbol{T}(\theta_5)\,{}^5_6\boldsymbol{T}(\theta_6) = \begin{bmatrix} c_5 c_6 & -c_5 s_6 & -s_5 & 0 \\ s_6 & c_6 & 0 & 0 \\ s_5 c_6 & -s_5 s_6 & c_5 & 0 \\ 0 & 0 & 0 & 1 \end{bmatrix}$$

根据式(2.64)中左右两边矩阵的(1,3)和(3,3)分别对应相等,可得

$$\begin{aligned} (c_1 c_{23} c_4 + s_1 s_4) a_x + (s_1 c_{23} c_4 - c_1 s_4) a_y - s_{23} c_4 a_z &= -s_5 \\ -c_1 s_{23} a_x - s_1 s_{23} a_y - c_{23} a_z &= c_5 \end{aligned} \tag{2.66}$$

可以得到 θ_5 的解为

$$\theta_5 = \arctan 2(s_5, c_5) \tag{2.67}$$

6. 求 $\boldsymbol{\theta_6}$

对矩阵${}_6^0\boldsymbol{T}$的两端左乘${}_5^0\boldsymbol{T}^{-1}(\theta_1, \theta_2, \theta_3, \theta_4, \theta_5)$的逆，计算可得

$${}_5^0\boldsymbol{T}^{-1}(\theta_1, \theta_2, \theta_3, \theta_4, \theta_5)\,{}_6^0\boldsymbol{T} = {}_6^5\boldsymbol{T}(\theta_6) \tag{2.68}$$

将式(2.68)的两边元素(1,1)和(3,1)分别对应相等，可得到

$$[(c_1c_{23}c_4 + s_1s_4)c_5 - c_1s_{23}s_5]n_x + [(s_1c_{23}c_4 - c_1s_4)c_5 - s_1s_{23}s_5]n_y - (s_{23}c_4c_5 + c_{23}s_5)n_z = c_6$$

$$(-c_1c_{23}s_4 + s_1c_4)n_x - (s_1c_{23}s_4 + c_1c_4)n_y + s_{23}s_4n_z = s_6 \tag{2.69}$$

得到 θ_6 的解为

$$\theta_6 = \arctan 2(s_6, c_6) \tag{2.70}$$

由于前面计算得到 θ_1 和 θ_3 均有两种解，因此方程可能有 4 组解。

图 2.12 为 PUMA560 型机器人到达同一目标点位姿的 4 种可能解。若臂腕关节经过翻转即可得到对称的另外 4 种解，表示如下：

$$\begin{cases} \theta_4' = \theta_4 + 180^\circ \\ \theta_5' = -\theta_5 \\ \theta_6' = \theta_6 + 180^\circ \end{cases} \tag{2.71}$$

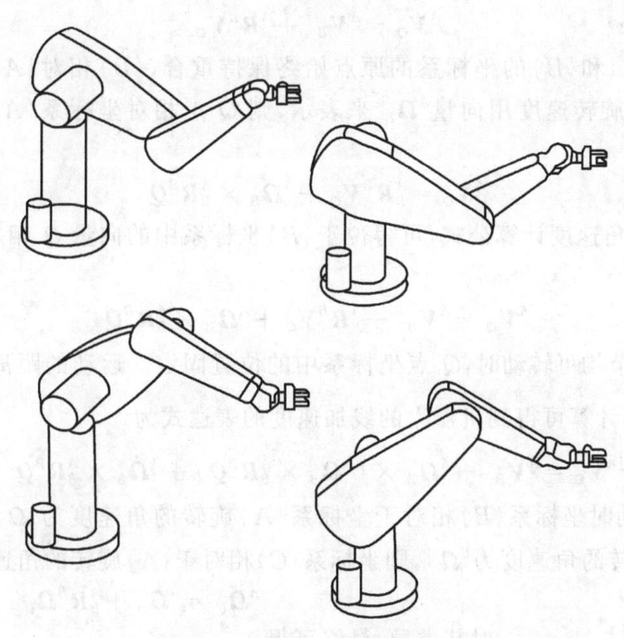

图 2.12　PUMA560 的 4 种解

PUMA560 的运动反解可能存在 8 种解。由于结构的限制，各关节变量不能在全部的空间范围内运动，所以有些解不能实现。在机器人存在多种解的情况下，应选取最满意的解，以满足机器人的工作要求。

视频讲解

2.3 动力学建模方法

2.3.1 牛顿-欧拉法建立机器人动力学方程

通常确定机器人的动力学方程有多种方法，依据动力学原理的方法可分为向量力学方法和分析力学方法。比较常用的方法有：牛顿-欧拉法（Newton-Euler）、拉格朗日法（Lagrange）、凯恩法（Kane）、变分原理（Variational Principle）以及虚功原理（Principle of Virtual Work）。通过上述不同方法推导可得到机器人的动力学方程，虽然求解过程不同，但最终表示的结果却相同。

如图 2.13 所示，存在两个相互独立的坐标系$\{A\}$和$\{B\}$，坐标系$\{B\}$固连在刚体上，描述 Q^B 相对于坐标系$\{A\}$的运动，假设坐标系$\{A\}$是固定的。

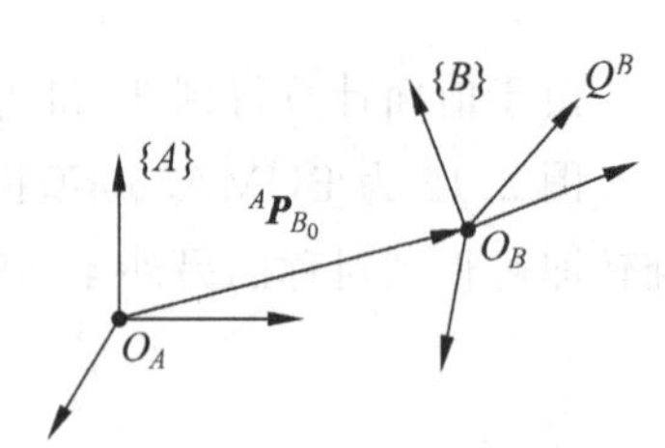

图 2.13 相互独立的机体坐标系

因此，坐标系$\{A\}$和$\{B\}$的相对方位保持一定的前提下，坐标系$\{B\}$相对于坐标系$\{A\}$的位置可以用位置向量${}^A\boldsymbol{P}_{B_0}$和旋转矩阵${}^A_B\boldsymbol{R}$ 来描述。假定旋转矩阵${}^A_B\boldsymbol{R}$ 不随时间变化，则 Q 点坐标系$\{A\}$中的线速度可以表示为

$$ {}^A\boldsymbol{V}_Q = {}^A\boldsymbol{V}_{B_0} + {}^A_B\boldsymbol{R}\,{}^B\boldsymbol{V}_Q \tag{2.72}$$

假定坐标系$\{A\}$和$\{B\}$的坐标系的原点始终保持重合，$\{B\}$相对$\{A\}$的方向随时间变化，$\{B\}$相对$\{A\}$的旋转速度用向量${}^A\boldsymbol{\Omega}_B$ 来表示，则 Q 点相对坐标系$\{A\}$的角速度可以表示为

$$ {}^A\boldsymbol{V}_Q = {}^A_B\boldsymbol{R}\,{}^B\boldsymbol{V}_Q + {}^A\boldsymbol{\Omega}_B \times {}^A_B\boldsymbol{R}\,{}^B\boldsymbol{Q} \tag{2.73}$$

联立线速度与角速度计算公式，可得位于$\{B\}$坐标系中的向量 $\boldsymbol{Q}$ 相对于坐标系$\{A\}$的速度公式可表示为

$$ {}^A\boldsymbol{V}_Q = {}^A\boldsymbol{V}_{B_0} + {}^A_B\boldsymbol{R}\,{}^B\boldsymbol{V}_Q + {}^A\boldsymbol{\Omega}_B \times {}^A_B\boldsymbol{R}\,{}^B\boldsymbol{Q} \tag{2.74}$$

当机器人的关节均可转动时，Q 点坐标系中的位置固定。运动的距离为常量，即${}^B\boldsymbol{V}_Q = {}^B\dot{\boldsymbol{V}}_Q = \boldsymbol{0}$。经过推导计算可得到机器人的线加速度的表达式为

$$ {}^A\dot{\boldsymbol{V}}_Q = {}^A\dot{\boldsymbol{V}}_{B_0} + {}^A\boldsymbol{\Omega}_B \times ({}^A\boldsymbol{\Omega}_B \times {}^A_B\boldsymbol{R}\,{}^B\boldsymbol{Q}) + {}^A\dot{\boldsymbol{\Omega}}_B \times {}^A_B\boldsymbol{R}\,{}^B\boldsymbol{Q} \tag{2.75}$$

同上假设，关节转动时坐标系$\{B\}$相对于坐标系$\{A\}$旋转的角速度为${}^A\boldsymbol{\Omega}_B$，而坐标系$\{C\}$相对于坐标系$\{B\}$旋转的角速度为${}^B\boldsymbol{\Omega}_C$，则坐标系$\{C\}$相对于$\{A\}$旋转的角速度为

$$ {}^A\boldsymbol{\Omega}_C = {}^A\boldsymbol{\Omega}_B + {}^A_B\boldsymbol{R}\,{}^B\boldsymbol{\Omega}_C \tag{2.76}$$

对其求导，最终可得

$$ {}^A\dot{\boldsymbol{\Omega}}_C = {}^A\dot{\boldsymbol{\Omega}}_B + {}^A_B\boldsymbol{R}\,{}^B\dot{\boldsymbol{\Omega}}_C + {}^A\boldsymbol{\Omega}_B \times {}^A_B\boldsymbol{R}\,{}^B\boldsymbol{\Omega}_C \tag{2.77}$$

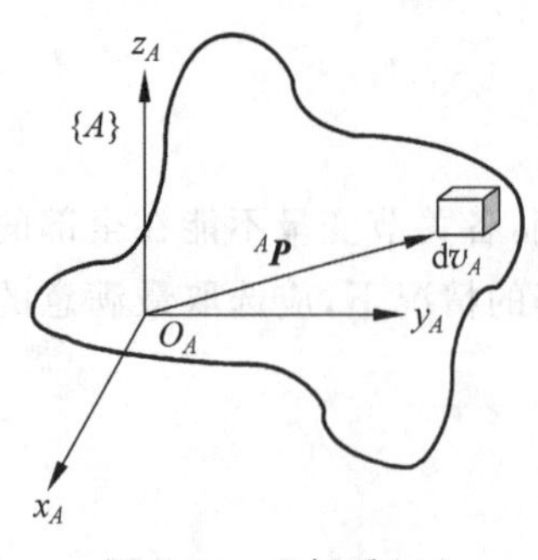

图 2.14 坐标系$\{A\}$

分析机器人刚体的质量分布，对于转动关节机械臂（定轴转动），在一个刚体绕任意轴作旋转运动的时候，用惯性张量表示机器人刚体的质量分布。如图 2.14 所示，在刚体上建立一个坐标系$\{A\}$，则坐标系$\{A\}$中的惯性张量可表示为一个三维的矩阵

$$\boldsymbol{I}^A=\begin{bmatrix} I_{xx} & -I_{xy} & -I_{xz} \\ -I_{xy} & I_{yy} & -I_{yz} \\ -I_{xz} & -I_{yz} & I_{zz} \end{bmatrix} \tag{2.78}$$

其中，

$$I_{xx}=\iiint_V (y^2+z^2)\rho \mathrm{d}v,\quad I_{xy}=\iiint_V xy\rho \mathrm{d}v$$

$$I_{yy}=\iiint_V (x^2+z^2)\rho \mathrm{d}v,\quad I_{xz}=\iiint_V xz\rho \mathrm{d}v$$

$$I_{zz}=\iiint_V (x^2+y^2)\rho \mathrm{d}v,\quad I_{yz}=\iiint_V yz\rho \mathrm{d}v$$

如图 2.15 所示，假设$\{C\}$是以刚体质心为原点的坐标系，$\{A\}$为任意平移后的坐标系，可使用平行移轴定理，实现惯性张量在坐标系间的转变，质心坐标系$\{C\}$中的惯性张量可以表示为

$$\boldsymbol{I}^C=\boldsymbol{I}^A-m(\boldsymbol{P}_C^{\mathrm{T}}\boldsymbol{P}_C\boldsymbol{I}_3-\boldsymbol{P}_C\boldsymbol{P}_C^{\mathrm{T}}) \tag{2.79}$$

式中，$\boldsymbol{P}_C=(x_C,y_C,z_C)^{\mathrm{T}}$ 表示刚体质心在坐标系$\{A\}$中的位置，$\boldsymbol{I}_3$为 3×3 的单位矩阵。

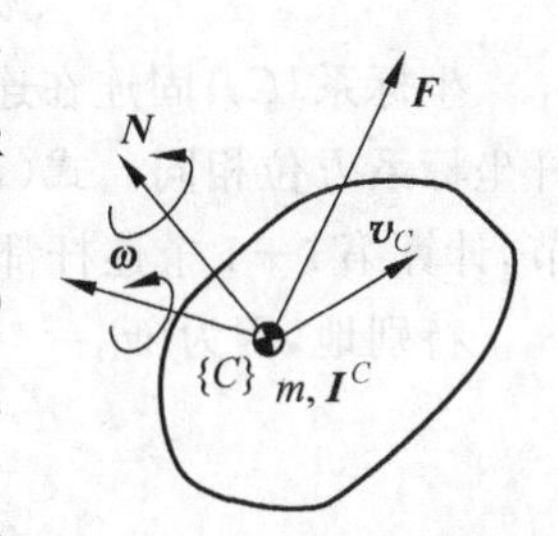

图 2.15　推导参照图例

连杆运动所需的力是与连杆期望加速度以及连杆质量分布相关的函数，牛顿方程和描述旋转运动的欧拉方程描述了力、惯量和加速度之间的关系，因此使用牛顿-欧拉法递推动力学方程。

牛顿方程是描述移动物体与加速度之间的关系，若刚体质心所受到的一个 $\boldsymbol{F}$ 的作用力，则刚体的加速度可表示为

$$\boldsymbol{F}=m\dot{\boldsymbol{v}}_C \tag{2.80}$$

欧拉方程描述了转动物体的力矩与角速度、角加速度的关系，如下：

$$\boldsymbol{N}=\boldsymbol{I}^C\dot{\boldsymbol{w}}+\boldsymbol{w}\times\boldsymbol{I}^C\boldsymbol{w} \tag{2.81}$$

式中，m 为刚体质量；$\boldsymbol{F}$ 为作用于质心的作用力；$\boldsymbol{v}_C$ 为线性速度；$\boldsymbol{I}$ 为惯性张量；$\boldsymbol{N}$ 为作用于刚体的力矩；$\boldsymbol{w}$ 为角速度。

由关节运动计算关节力矩的牛顿-欧拉迭代算法由两部分构成：第一个部分是对每个连杆应用牛顿-欧拉方程，从连杆 1 到连杆 n 向外迭代计算连杆的速度和加速度，为外推部分；第二个部分是从连杆 n 到连杆 1 向内迭代计算连杆之间的相互作用力和力矩以及关节力矩，为内推部分。

为了计算作用在连杆上的惯性力，每一个连杆的角速度、线加速度和角加速度都需要进行计算。因此可使用迭代法计算，从连杆 1 到连杆 2，再一直向外迭代到连杆 n。

角速度在连杆中的"传递"公式如下

$$^{i+1}\boldsymbol{w}_{i+1}={}^{i+1}_{i}\boldsymbol{R}\,{}^{i}\boldsymbol{w}_i+\dot{\boldsymbol{\theta}}_{i+1}\,{}^{i+1}\hat{\boldsymbol{Z}}_{i+1} \tag{2.82}$$

其中，${}^{i}\boldsymbol{w}_i$ 为连杆 i 在连杆坐标系$\{i\}$中的角速度，$\dot{\boldsymbol{\theta}}_{i+1}$ 为关节 $i+1$ 的转动速度，${}^{i+1}\hat{\boldsymbol{Z}}_{i+1}$ 为连杆坐标系$\{i+1\}$中 Z 轴的向量表达。

由式(2.82)可得连杆之间的角加速度变换的方程如下

$$^{i+1}\dot{\boldsymbol{w}}_{i+1}={}^{i+1}_{i}\boldsymbol{R}\,{}^{i}\dot{\boldsymbol{w}}_i+{}^{i+1}_{i}\boldsymbol{R}\,{}^{i}\boldsymbol{w}_i\times\dot{\boldsymbol{\theta}}_{i+1}\,{}^{i+1}\hat{\boldsymbol{Z}}_{i+1}+\ddot{\boldsymbol{\theta}}_{i+1}\,{}^{i+1}\hat{\boldsymbol{Z}}_{i+1} \tag{2.83}$$

当第 $i+1$ 个关节是移动关节时，可将式(2.83)简化如下

$$^{i+1}\dot{\boldsymbol{w}}_{i+1}={}_{i}^{i+1}\boldsymbol{R}\,{}^{i}\boldsymbol{w}_{i} \tag{2.84}$$

基于式(2.75)推导可得每一个连杆坐标系原点的线加速度如下

$$^{i+1}\dot{\boldsymbol{v}}_{i+1}={}_{i}^{i+1}\boldsymbol{R}({}^{i}\dot{\boldsymbol{w}}_{i}\times{}^{i}\boldsymbol{P}_{i+1}+{}^{i}\boldsymbol{w}_{i}\times({}^{i}\boldsymbol{w}_{i}\times{}^{i}\boldsymbol{P}_{i+1})+{}^{i}\dot{\boldsymbol{v}}_{i}) \tag{2.85}$$

其中，${}^{i}\boldsymbol{P}_{i+1}$ 为坐标系$\{i+1\}$的原点在坐标系$\{i\}$的任意位置。

当第 $i+1$ 个关节是移动关节时，可将式(2.85)简化如下

$$\begin{aligned}^{i+1}\dot{\boldsymbol{v}}_{i+1}=&{}_{i}^{i+1}\boldsymbol{R}({}^{i}\dot{\boldsymbol{w}}_{i}\times{}^{i}\boldsymbol{P}_{i+1}+{}^{i}\boldsymbol{w}_{i}\times({}^{i}\boldsymbol{w}_{i}\times{}^{i}\boldsymbol{P}_{i+1})\\&+{}^{i}\dot{\boldsymbol{v}}_{i})+2\,{}^{i+1}\boldsymbol{w}_{i+1}+\dot{\boldsymbol{d}}_{i+1}{}^{i+1}\hat{\boldsymbol{Z}}_{i+1}+\ddot{\boldsymbol{d}}_{i+1}{}^{i+1}\hat{\boldsymbol{Z}}_{i+1}\end{aligned} \tag{2.86}$$

同理，基于式(2.75)推导可得每一个连杆质心的线加速度如下

$$^{i}\dot{\boldsymbol{v}}_{C_i}={}^{i}\dot{\boldsymbol{w}}_{i}\times{}^{i}\boldsymbol{P}_{C_i}+{}^{i}\boldsymbol{w}_{i}\times({}^{i}\boldsymbol{w}_{i}\times{}^{i}\boldsymbol{P}_{C_i})+{}^{i}\dot{\boldsymbol{v}}_{i} \tag{2.87}$$

坐标系$\{C_i\}$固连在连杆 i 上，坐标系的原点位于连杆质心，且各个坐标系的方位与原连杆坐标系方位相同。式(2.87)与关节的运动类型无关，无论对于移动式关节或者旋转式关节，计算第 $i+1$ 个连杆都是可行的。

特别地，因为${}^{0}\boldsymbol{w}_{O}={}^{0}\dot{\boldsymbol{w}}_{O}=\boldsymbol{0}$，所以第一个连杆的方程非常简单。

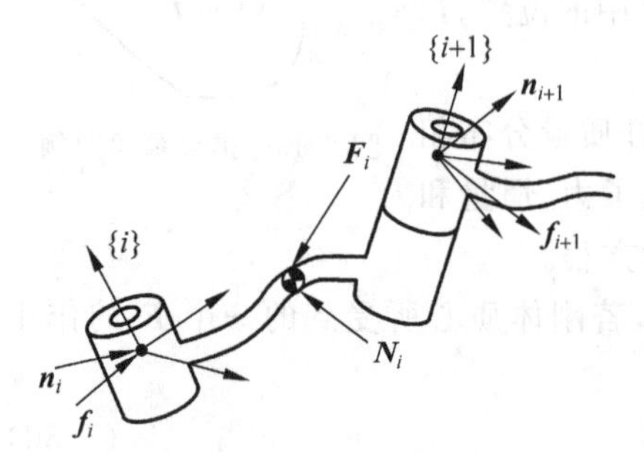

图 2.16 操作臂连杆的力平衡(含惯性力)

力和力矩的向内迭代法计算出作用在每个连杆上的力和力矩之后，需要计算关节力矩，它们是实际施加在连杆上的力和力矩。根据典型连杆在无重力状态下的受力情况(见图 2.16)，列出力平衡方程和力矩平衡方程。每个连杆都受到相邻连杆的作用力和力矩以及附加的惯性力和力矩。

首先定义一些特殊符号来表示相邻连杆的作用力和力矩，连杆 $i-1$ 作用在连杆 i 上的力用 $\boldsymbol{f}_i$ 表示，连杆 $i-1$ 作用在连杆 i 上的力矩用 $\boldsymbol{n}_i$ 表示。

将作用在连杆 i 上的力相加，可得到如下力平衡方程

$$^{i}\boldsymbol{F}_{i}={}^{i}\boldsymbol{f}_{i}-{}_{i+1}^{i}\boldsymbol{R}\,{}^{i+1}\boldsymbol{f}_{i+1} \tag{2.88}$$

将所有作用在质心上的力矩相加，并且令它们的和为零，可得到力矩平衡方程如下

$$^{i}\boldsymbol{N}_{i}={}^{i}\boldsymbol{n}_{i}-{}^{i}\boldsymbol{n}_{i+1}+(-{}^{i}\boldsymbol{P}_{c_i})\times{}^{i}\boldsymbol{f}_{i}-({}^{i}\boldsymbol{P}_{i+1}-{}^{i}\boldsymbol{P}_{c_i})^{i}\boldsymbol{f}_{i+1} \tag{2.89}$$

利用力平衡方程以及附加旋转矩阵的办法，可将式(2.89)改写成为

$$^{i}\boldsymbol{N}_{i}={}^{i}\boldsymbol{n}_{i}-{}_{i+1}^{i}\boldsymbol{R}\,{}^{i+1}\boldsymbol{n}_{i+1}-{}^{i}\boldsymbol{P}_{c_i}\times{}^{i}\boldsymbol{F}_{i}-{}^{i}\boldsymbol{P}_{i+1}\times{}_{i+1}^{i}\boldsymbol{R}\,{}^{i+1}\boldsymbol{f}_{i+1} \tag{2.90}$$

最后重新排列力和力矩方程，形成相邻连杆从高序号向低序号排列的迭代关系如下

$$^{i}\boldsymbol{f}_{i}={}_{i+1}^{i}\boldsymbol{R}\,{}^{i+1}\boldsymbol{f}_{i+1}+{}^{i}\boldsymbol{F}_{i} \tag{2.91}$$

$$^{i}\boldsymbol{n}_{i}={}^{i}\boldsymbol{N}_{i}+{}_{i+1}^{i}\boldsymbol{R}\,{}^{i+1}\boldsymbol{n}_{i+1}+{}^{i}\boldsymbol{P}_{c_i}\times{}^{i}\boldsymbol{F}_{i}+{}^{i}\boldsymbol{P}_{i+1}\times{}_{i+1}^{i}\boldsymbol{R}\,{}^{i+1}\boldsymbol{f}_{i+1} \tag{2.92}$$

应用这些方程依次对连杆进行求解，从连杆 n 开始向内一直迭代到机械臂基座。

故求解关节力和力矩如下

$$\boldsymbol{f}_{i}={}^{i}\boldsymbol{f}_{i}^{\mathrm{T}}\cdot{}^{i}\hat{\boldsymbol{Z}}_{i} \tag{2.93}$$

$$\boldsymbol{\tau}_{i}={}^{i}\boldsymbol{n}_{i}^{\mathrm{T}}\,{}^{i}\hat{\boldsymbol{Z}}_{i} \tag{2.94}$$

综上所述，本节应用牛顿-欧拉递推的方法，通过机器人的运动轨迹中的位姿、速度和加速度求解了机器人的期望驱动力矩。

2.3.2 拉格朗日法建立机器人动力学方程

视频讲解

1. 状态空间方程

对机器人动力学方程进一步归纳和简化，可得机器人动力学方程的状态空间方程形式。以6关节（均是转动关节）机器人为例，当忽略相关摩擦力因素时，机器人的状态空间动力学方程可表示为：

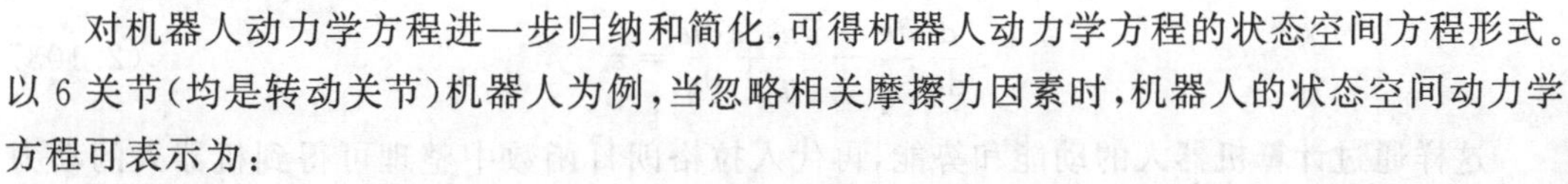

视频讲解

$$\boldsymbol{\tau}=\boldsymbol{M}(\boldsymbol{q})\ddot{\boldsymbol{q}}+\boldsymbol{V}(\boldsymbol{q},\dot{\boldsymbol{q}})+\boldsymbol{G}(\boldsymbol{q}) \tag{2.95}$$

其中，$\boldsymbol{M}(\boldsymbol{q})$为机器人的质量惯性矩阵，该矩阵是一个6×6的角对称矩阵，质量惯性矩阵的元素取决于机器人关节角$\boldsymbol{q}(\theta_1,\theta_2,\theta_3,\theta_4,\theta_5,\theta_6)$；$\boldsymbol{V}(\boldsymbol{q},\dot{\boldsymbol{q}})$为6×1的离心力和科里奥利力（科氏力）向量，该项与机器人关节角$\boldsymbol{q}$和关节角速度$\dot{\boldsymbol{q}}$相关；$\boldsymbol{G}(\boldsymbol{q})$为机器人重力项，为6×1向量，与机器人各关节的关节角$\boldsymbol{q}$有关。

由于式(2.95)中的离心力和科氏力矩阵$\boldsymbol{V}(\boldsymbol{q},\dot{\boldsymbol{q}})$分别取决于机器臂各关节连杆的位置和速度，所以将这个方程式称为状态空间方程。

2. 拉格朗日法

拉格朗日法是基于能量的角度来分析机器人的动力学，对于同一个机器人，两者得到的动力学方程都是相同的。利用拉格朗日方法来推导出机器人的动力学模型会相对简单且有一定的规律性。

(1) 从分析动能开始能量分析。对于机器人的第i个连杆，其动能可以表示为

$$k_i=\frac{1}{2}m_i\boldsymbol{v}_{C_i}^{\mathrm{T}}\boldsymbol{v}_{C_i}+\frac{1}{2}{}^{i}\boldsymbol{\omega}_i^{\mathrm{T}}\,{}^{C_i}\boldsymbol{I}_i\,{}^{i}\boldsymbol{\omega}_i \tag{2.96}$$

式中，等号右侧的两项分别代表由连杆的线速度（质心处）引起的动能和由连杆的角速度（质心处）引起的动能。整个机器臂的动能是所有连杆的动能之和，可以表示为

$$k=\sum_{i=1}^{n}k_i \tag{2.97}$$

而机器人的动能又能和之前的惯性矩阵$\boldsymbol{M}(\boldsymbol{q})$建立等式，对于六关节的机器人，6个连杆的动能可以由6×6矩阵$\boldsymbol{M}(\boldsymbol{q})$与关节角速度$\dot{\boldsymbol{q}}$建立关系式表示为

$$k(\boldsymbol{q},\dot{\boldsymbol{q}})=\frac{1}{2}\dot{\boldsymbol{q}}^{\mathrm{T}}\boldsymbol{M}(\boldsymbol{q})\dot{\boldsymbol{q}} \tag{2.98}$$

因为物体的总动能总是为正值，所以惯性矩阵$\boldsymbol{M}(\boldsymbol{q})$为正定矩阵。

(2) 研究机器人的势能。对于机器人的第i个连杆，其势能可以表示为

$$u_i=-m_i\,{}^{0}\boldsymbol{g}^{\mathrm{T}\,0}\boldsymbol{P}_{C_i}+u_{\mathrm{ref}i} \tag{2.99}$$

式中，${}^{0}\boldsymbol{g}$是3×1的重力加速度向量，${}^{0}\boldsymbol{P}_{C_i}$则是第$i$个连杆的质心的相对位置向量，而为了使势能最小为0，取常数为$u_{\mathrm{ref}i}$。则整个机器臂的势能是所有连杆的势能之和，可以表示为

$$u=\sum_{i=1}^{n}u_i \tag{2.100}$$

(3) 得到动能和势能后，可进一步推导计算得到拉格朗日函数，即

$$L(\boldsymbol{q},\dot{\boldsymbol{q}})=k(\boldsymbol{q},\dot{\boldsymbol{q}})-u(\boldsymbol{q}) \tag{2.101}$$

通过拉格朗日函数得到机器人的驱动力矩

$$\frac{\mathrm{d}}{\mathrm{d}t}\frac{\partial L}{\partial \dot{\boldsymbol{q}}}-\frac{\partial L}{\partial \boldsymbol{q}}=\boldsymbol{\tau} \tag{2.102}$$

对于机械臂,方程式也可以表示为

$$\frac{\mathrm{d}}{\mathrm{d}t}\frac{\partial k}{\partial \dot{\boldsymbol{q}}}-\frac{\partial k}{\partial \boldsymbol{q}}+\frac{\partial u}{\partial \boldsymbol{q}}=\boldsymbol{\tau} \tag{2.103}$$

这样通过计算机器人的动能和势能,再代入拉格朗日函数中整理可得到机器人的动力学方程,这就是由拉格朗日法推导机器人的动力学过程。

视频讲解

2.3.3 机器人动力学建模举例

【例 2.2】 二连杆机械臂的拉格朗日法动力学建模。

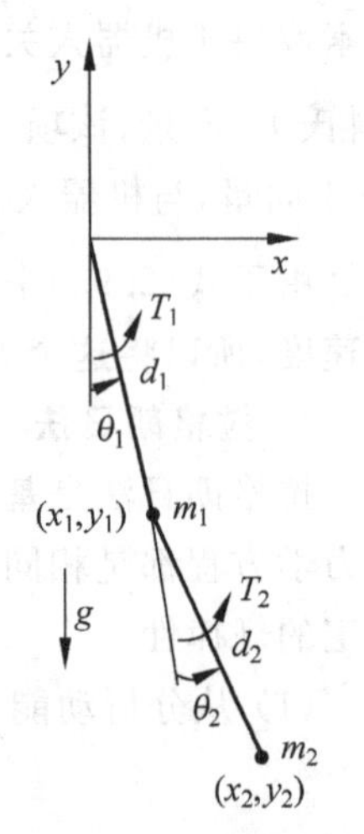

图 2.17 二连杆机械臂模型

图 2.17 为一二连杆机械臂,m_1 和 m_2 代表连杆 1 和连杆 2 的质量,特别地,以末端点的质量表示;d_1 和 d_2 分别为二连杆的长度;θ_1 和 θ_2 为广义坐标;g 为重力加速度。

以连杆 1 的旋转点为零势能点,则连杆 1 的动能 K_1 和位能 P_1 为

$$K_1=\frac{1}{2}m_1d_1^2\dot{\theta}_1^2$$

$$P_1=-m_1gd_1\cos\theta_1$$

再求连杆 2 的动能 K_2 和位能 P_2

$$K_2=\frac{1}{2}m_2v_2^2$$

$$P_2=-mgy_2$$

式中,

$$v_2^2=\dot{x}_2^2+\dot{y}_2^2$$

$$x_2=d_1\sin\theta_1+d_2\sin(\theta_1+\theta_2)$$

$$y_2=-d_1\cos\theta_1-d_2\cos(\theta_1+\theta_2)$$

$$\dot{x}_2=d_1\cos\theta_1\dot{\theta}_1+d_2\cos(\theta_1+\theta_2)(\dot{\theta}_1+\dot{\theta}_2)$$

$$\dot{y}_2=d_1\sin\theta_1\dot{\theta}_1+d_2\sin(\theta_1+\theta_2)(\dot{\theta}_1+\dot{\theta}_2)$$

这样二连杆的总动能和总位能分别为

$$K=K_1+K_2=\frac{1}{2}(m_1+m_2)d_1^2\dot{\theta}_1^2+\frac{1}{2}m_2d_2^2(\dot{\theta}_1+\dot{\theta}_2)^2+m_2d_1d_2\cos\theta_2(\dot{\theta}_1^2+\dot{\theta}_1\dot{\theta}_2)$$

$$P=P_1+P_2=-(m_1+m_2)gd_1\cos\theta_1-m_2gd_2\cos(\theta_1+\theta_2)$$

构建拉格朗日函数得

$$\begin{aligned}L&=K-P\\&=\frac{1}{2}(m_1+m_2)d_1^2\dot{\theta}_1^2+\frac{1}{2}m_2d_2^2(\dot{\theta}_1+\dot{\theta}_2+2\dot{\theta}_1\dot{\theta}_2)^2+m_2d_1d_2\cos\theta_2(\dot{\theta}_1^2+\dot{\theta}_1\dot{\theta}_2)+\\&\quad(m_1+m_2)gd_1\cos\theta_1+m_2gd_2\cos(\theta_1+\theta_2)\end{aligned}$$

对 L 求偏导数和导数

$$\frac{\partial L}{\partial \theta_1}=-(m_1+m_2)gd_1\sin\theta_1-m_2gd_2\sin(\theta_1+\theta_2)$$

$$\frac{\partial L}{\partial \theta_2}=-m_2d_1d_2\sin\theta_2(\dot{\theta}_1^2+\dot{\theta}_1\dot{\theta}_2)-m_2gd_2\sin(\theta_1+\theta_2)$$

$$\frac{\partial L}{\partial \dot{\theta}_1}=(m_1+m_2)d_1^2\dot{\theta}_1+m_2d_2^2\dot{\theta}_1+m_2d_2^2\dot{\theta}_2+2m_2d_1d_2\cos\theta_2\dot{\theta}_1+m_2d_1d_2\cos\theta_2\dot{\theta}_2$$

$$\frac{\partial L}{\partial \dot{\theta}_2}=m_2d_2^2\dot{\theta}_1+m_2d_2^2\dot{\theta}_2+m_2d_1d_2\cos\theta_2\dot{\theta}_1$$

以及

$$\frac{\mathrm{d}}{\mathrm{d}t}\frac{\partial L}{\partial \dot{\theta}_1}=[(m_1+m_2)d_1^2+m_2d_2^2+2m_2d_1d_2\cos\theta_2]\ddot{\theta}_1+$$

$$(m_2d_2^2+m_2d_1d_2\cos\theta_2)\ddot{\theta}_2-2m_2d_1d_2\sin\theta_2\dot{\theta}_1\dot{\theta}_2-m_2d_1d_2\sin\theta_2\dot{\theta}_2^2$$

$$\frac{\mathrm{d}}{\mathrm{d}t}\frac{\partial L}{\partial \dot{\theta}_2}=m_2d_2^2\ddot{\theta}_1+m_2d_2^2\ddot{\theta}_2+m_2d_1d_2\cos\theta_2\ddot{\theta}_1-m_2d_1d_2\sin\theta_2\dot{\theta}_1\dot{\theta}_2$$

把相应的导数和偏导数代入到拉格朗日方程中可得到力矩 T_1 和 T_2 的动力学方程式

$$T_1=\frac{\mathrm{d}}{\mathrm{d}t}\frac{\partial L}{\partial \dot{\theta}_1}-\frac{\partial L}{\partial \theta_1}$$

$$=[(m_1+m_2)d_1^2+m_2d_2^2+2m_2d_1d_2\cos\theta_2]\ddot{\theta}_1+(m_2d_2^2+m_2d_1d_2\cos\theta_2)\ddot{\theta}_2-$$

$$2m_2d_1d_2\sin\theta_2\dot{\theta}_1\dot{\theta}_2-m_2d_1d_2\sin\theta_2\dot{\theta}_2^2+(m_1+m_2)gd_1\sin\theta_1+m_2gd_2\sin(\theta_1+\theta_2)$$

$$T_2=\frac{\mathrm{d}}{\mathrm{d}t}\frac{\partial L}{\partial \dot{\theta}_2}-\frac{\partial L}{\partial \theta_2}$$

$$=(m_2d_2^2+m_2d_1d_2\cos\theta_2)\ddot{\theta}_1+m_2d_2^2\ddot{\theta}_2+m_2d_1d_2\sin\theta_2\dot{\theta}_1^2+m_2gd_2\sin(\theta_1+\theta_2)$$

该式的一般形式和矩阵形式如下

$$T_1=D_{11}\ddot{\theta}_1+D_{12}\ddot{\theta}_2+D_{111}\dot{\theta}_1^2+D_{122}\dot{\theta}_2^2+D_{112}\dot{\theta}_1\dot{\theta}_2+D_{121}\dot{\theta}_2\dot{\theta}_1+D_1$$

$$T_2=D_{21}\ddot{\theta}_1+D_{22}\ddot{\theta}_2+D_{211}\dot{\theta}_1^2+D_{222}\dot{\theta}_2^2+D_{212}\dot{\theta}_1\dot{\theta}_2+D_{221}\dot{\theta}_2\dot{\theta}_1+D_2$$

$$\begin{bmatrix}T_1\\T_2\end{bmatrix}=\begin{bmatrix}D_{11}&D_{12}\\D_{21}&D_{22}\end{bmatrix}\begin{bmatrix}\ddot{\theta}_1\\\ddot{\theta}_2\end{bmatrix}+\begin{bmatrix}D_{111}&D_{122}\\D_{211}&D_{222}\end{bmatrix}\begin{bmatrix}\dot{\theta}_1^2\\\dot{\theta}_2^2\end{bmatrix}+\begin{bmatrix}D_{112}&D_{121}\\D_{212}&D_{221}\end{bmatrix}\begin{bmatrix}\dot{\theta}_1\dot{\theta}_2\\\dot{\theta}_2\dot{\theta}_1\end{bmatrix}+\begin{bmatrix}D_1\\D_2\end{bmatrix}$$

式中，D_{ii} 代表关节 i 的有效惯量，因为关节 i 的加速度 $\ddot{\theta}_i$，将在关节 i 上产生一个等于 $D_{ii}\ddot{\theta}_i$ 的惯性力；D_{ij} 称为关节 i、j 间的耦合惯量，因为关节 i、j 的加速度 $\ddot{\theta}_i$ 和 $\ddot{\theta}_j$ 将在关节 i 或 j 上分别产生一个等于 $D_{ij}\ddot{\theta}_i$ 或 $D_{ij}\ddot{\theta}_j$ 的惯性力；$D_{ijk}\dot{\theta}_j^2$ 项是由关节 j 的速度 $\dot{\theta}_j$ 在关节 i 上产生的向心力；$(D_{ijk}\dot{\theta}_j\dot{\theta}_k+D_{ikj}\dot{\theta}_k\dot{\theta}_j)$ 项是由关节 j 和 k 的速度 $\dot{\theta}_j$ 和 $\dot{\theta}_k$ 引起的作用于关节 i 的科氏力；D_i 表示关节 i 处的重力。

由上述计算可得到本系统的参数如下：

有效惯量为

$$D_{11}=(m_1+m_2)d_1^2+m_2d_2^2+2m_2d_1d_2\cos\theta_2$$

$$D_{22}=m_2d_2^2$$

耦合惯量为

$$D_{12}=m_2d_2^2+m_2d_1d_2\cos\theta_2$$

向心加速度系数为

$$\begin{aligned}D_{111}&=0\\D_{122}&=-m_2d_1d_2\sin\theta_2\\D_{211}&=m_2d_1d_2\sin\theta_2\\D_{222}&=0\end{aligned}$$

科氏力加速度系数为

$$\begin{aligned}D_{112}&=D_{121}=-m_2d_1d_2\sin\theta_2\\D_{212}&=D_{221}=0\end{aligned}$$

重力项为

$$\begin{aligned}D_1&=(m_1+m_2)gd_1\sin\theta_1+m_2gd_2\sin(\theta_1+\theta_2)\\D_2&=m_2gd_2\sin(\theta_1+\theta_2)\end{aligned}$$

【例 2.3】 二连杆机械臂的牛顿-欧拉法动力学建模。

首先，建立二连杆机械臂的基坐标系与连杆坐标系，如图 2.18 所示。这里省略各连杆的质心坐标系以简化视图效果。

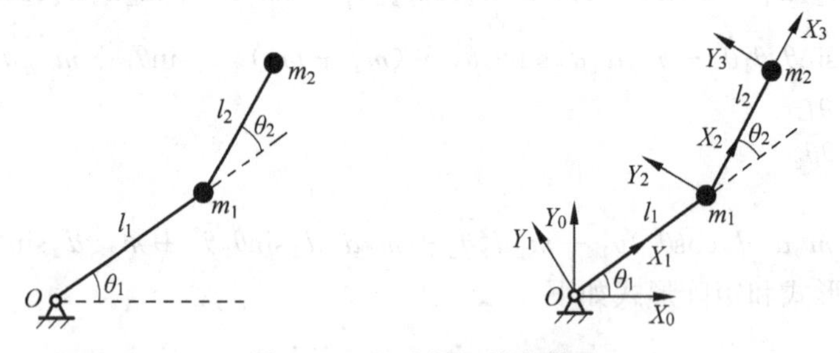

图 2.18 二连杆机械臂模型

然后，依据建立的各坐标系确定牛顿递推公式中的运动学和动力学参数。

两连杆质心在各自连杆坐标系中的位置向量为：

$${}^1\boldsymbol{P}_{C_1}=l_1X_1,\quad {}^2\boldsymbol{P}_{C_2}=l_2X_2$$

由于各连杆的质量集中于一点，因此各连杆相对于质心坐标系的惯性张量为：

$${}^{C_1}\boldsymbol{I}_1=0,\quad {}^{C_2}\boldsymbol{I}_2=0$$

由于二连杆是在自由空间中运动，所以它的末端受力为 0，即：

$${}^3\boldsymbol{f}_3=0,\quad {}^3\boldsymbol{n}_3=0$$

由于基座是静止的，所以：

$$\boldsymbol{\omega}_0=0,\quad \dot{\boldsymbol{\omega}}_0=0$$

这里考虑各连杆的重力作用，所以基座的线加速度为：

$${}^0\dot{\boldsymbol{v}}_0=gY_0$$

相邻两连杆之间的转换矩阵为：

$$ {}^{i+1}_{i}\boldsymbol{R}=\begin{bmatrix} c_{i+1} & -s_{i+1} & 0 \\ s_{i+1} & c_{i+1} & 0 \\ 0 & 0 & 1 \end{bmatrix},\quad {}^{i}_{i+1}\boldsymbol{R}=\begin{bmatrix} c_{i+1} & s_{i+1} & 0 \\ -s_{i+1} & c_{i+1} & 0 \\ 0 & 0 & 1 \end{bmatrix} $$

下面根据递推的牛顿-欧拉动力学公式分布计算：

(1) 外推计算各连杆的角速度、角加速度、线加速度、惯性力和惯性转矩。

连杆 1 的角速度、角加速度、线加速度、惯性力和惯性转矩计算如下：

$$ {}^{1}\boldsymbol{\omega}_1=\dot{\theta}_1\cdot{}^{1}\boldsymbol{Z}_1=\begin{bmatrix} 0 \\ 0 \\ \dot{\theta}_1 \end{bmatrix} $$

$$ {}^{1}\dot{\boldsymbol{\omega}}_1=\ddot{\theta}_1\cdot{}^{1}\boldsymbol{Z}_1=\begin{bmatrix} 0 \\ 0 \\ \ddot{\theta}_1 \end{bmatrix} $$

$$ {}^{1}\dot{\boldsymbol{v}}_1=\begin{bmatrix} c_1 & s_1 & 0 \\ -s_1 & c_1 & 0 \\ 0 & 0 & 1 \end{bmatrix}\begin{bmatrix} 0 \\ g \\ 0 \end{bmatrix}=\begin{bmatrix} gs_1 \\ gc_1 \\ 0 \end{bmatrix} $$

$$ {}^{1}\dot{\boldsymbol{v}}_{C1}=\begin{bmatrix} gs_1 \\ gc_1 \\ 0 \end{bmatrix}+\begin{bmatrix} 0 \\ 0 \\ \ddot{\theta}_1 \end{bmatrix}\times\begin{bmatrix} l_1 \\ 0 \\ 0 \end{bmatrix}+\begin{bmatrix} 0 \\ 0 \\ \dot{\theta}_1 \end{bmatrix}\times\left(\begin{bmatrix} 0 \\ 0 \\ \dot{\theta}_1 \end{bmatrix}\times\begin{bmatrix} l_1 \\ 0 \\ 0 \end{bmatrix}\right) $$

$$ =\begin{bmatrix} gs_1 \\ gc_1 \\ 0 \end{bmatrix}+\begin{bmatrix} 0 \\ l_1\ddot{\theta}_1 \\ 0 \end{bmatrix}+\begin{bmatrix} -l_1\dot{\theta}_1^2 \\ 0 \\ 0 \end{bmatrix}=\begin{bmatrix} gs_1-l_1\dot{\theta}_1^2 \\ gc_1+l_1\ddot{\theta}_1 \\ 0 \end{bmatrix} $$

$$ {}^{1}\boldsymbol{F}_1=m_1{}^{1}\dot{\boldsymbol{v}}_{C1}=m_1\begin{bmatrix} gs_1-l_1\dot{\theta}_1^2 \\ gc_1+l_1\ddot{\theta}_1 \\ 0 \end{bmatrix} $$

$$ {}^{1}\boldsymbol{N}_1=\begin{bmatrix} 0 \\ 0 \\ 0 \end{bmatrix} $$

连杆 2 的角速度、角加速度、线加速度、惯性力和惯性转矩计算如下：

$$ {}^{2}\boldsymbol{\omega}_2=\begin{bmatrix} 0 \\ 0 \\ \dot{\theta}_1+\dot{\theta}_2 \end{bmatrix} $$

$$ {}^{2}\dot{\boldsymbol{\omega}}_2=\begin{bmatrix} 0 \\ 0 \\ \ddot{\theta}_1+\ddot{\theta}_2 \end{bmatrix} $$

$$
{}^{1}\dot{\boldsymbol{v}}_2=\begin{bmatrix} c_2 & s_2 & 0\\ -s_2 & c_2 & 0\\ 0 & 0 & 1\end{bmatrix}\begin{bmatrix} gs_1-l_1\dot{\theta}_1^2\\ gc_1+l_1\ddot{\theta}_1\\ 0\end{bmatrix}=\begin{bmatrix} gs_{12}-l_1\dot{\theta}_1^2c_2+l_1\ddot{\theta}_1s_2\\ gc_{12}+l_1\dot{\theta}_1^2s_2+l_1\ddot{\theta}_1c_2\\ 0\end{bmatrix}
$$

$$
\begin{aligned}
{}^{1}\dot{\boldsymbol{v}}_{C2}&=\begin{bmatrix} 0\\ l_2(\ddot{\theta}_1+\ddot{\theta}_2)\\ 0\end{bmatrix}+\begin{bmatrix} -l_2(\dot{\theta}_1+\dot{\theta}_2)^2\\ 0\\ 0\end{bmatrix}+\begin{bmatrix} gs_{12}-l_1\dot{\theta}_1^2c_2+l_1\ddot{\theta}_1s_2\\ gc_{12}+l_1\dot{\theta}_1^2s_2+l_1\ddot{\theta}_1c_2\\ 0\end{bmatrix}\\
&=\begin{bmatrix} g\ddot{\theta}_{12}-l_1\dot{\theta}_1^2c_2+l_1\dot{\theta}_1s_2-l_2(\dot{\theta}_1+\dot{\theta}_2)^2\\ gc_{12}+l_1\dot{\theta}_1^2s_2+l_1\ddot{\theta}_1c_2+l_2(\ddot{\theta}_1+\ddot{\theta}_2)\\ 0\end{bmatrix}
\end{aligned}
$$

$$
{}^{2}\boldsymbol{F}_2=m_2^{2}\dot{\boldsymbol{v}}_{C2}=m_2\begin{bmatrix} gs_{12}-l_1\dot{\theta}_1^2c_2+l_1\ddot{\theta}_1s_2-l_2(\dot{\theta}_1+\dot{\theta}_2)^2\\ gc_{12}+l_1\dot{\theta}_1^2s_2+l_1\ddot{\theta}_1c_2+l_2(\ddot{\theta}_1+\ddot{\theta}_2)\\ 0\end{bmatrix}
$$

$$
{}^{2}\boldsymbol{N}_2=\begin{bmatrix}0\\0\\0\end{bmatrix}
$$

(2) 内推计算各连杆所受的力和力矩。

连杆 2 所受的力和力矩为：

$$
{}^{2}\boldsymbol{f}_2={}^{2}\boldsymbol{F}_2
$$

$$
\begin{aligned}
{}^{2}\boldsymbol{n}_2&={}^{2}\boldsymbol{P}_{C_2}\times m_2\begin{bmatrix} gs_{12}-l_1\dot{\theta}_1^2c_2+l_1\ddot{\theta}_1s_2-l_2(\dot{\theta}_1+\dot{\theta}_2)^2\\ gc_{12}+l_1\dot{\theta}_1^2s_2+l_1\ddot{\theta}_1c_2+l_2(\ddot{\theta}_1+\ddot{\theta}_2)\\ 0\end{bmatrix}\\
&=\begin{bmatrix} 0\\ 0\\ m_2gl_2c_{12}+m_2l_1l_2s_2\dot{\theta}_1^2+m_2l_1l_2c_2\ddot{\theta}_1+m_2l_2^2(\ddot{\theta}_1+\ddot{\theta}_2)\end{bmatrix}
\end{aligned}
$$

连杆 1 所受的力和力矩为：

$$
{}^{1}\boldsymbol{f}_1=\begin{bmatrix} c_2 & -s_2 & 0\\ s_2 & c_2 & 0\\ 0 & 0 & 1\end{bmatrix}\begin{bmatrix} m_2l_1s_2\ddot{\theta}_1-m_2l_1c_2\dot{\theta}_1^2+m_2gs_{12}-m_2l_2(\dot{\theta}_1+\dot{\theta}_2)^2\\ m_2l_1c_2\ddot{\theta}_1+m_2l_1s_2\dot{\theta}_1^2+m_2gc_{12}+m_2l_2(\ddot{\theta}_1+\ddot{\theta}_2)\\ 0\end{bmatrix}+\begin{bmatrix} -m_1l_1\dot{\theta}_1^2+m_1gs_1\\ m_1l_1\ddot{\theta}_1+m_1gc_1\\ 0\end{bmatrix}
$$

$$
{}^1\boldsymbol{n}_1=\begin{bmatrix}0\\0\\m_2gl_2c_{12}+m_2l_1l_2s_2\dot{\theta}_1^2+m_2l_1l_2c_2\ddot{\theta}_1+m_2l_2^2(\ddot{\theta}_1+\ddot{\theta}_2)\end{bmatrix}+\begin{bmatrix}0\\0\\m_1l_1^2\ddot{\theta}_1+m_1l_1gc_1\end{bmatrix}+
$$

$$
\begin{bmatrix}0\\0\\m_2l_1^2\ddot{\theta}_1-m_2l_1l_2s_2(\dot{\theta}_1+\dot{\theta}_2)^2+m_2l_1gs_2s_{12}+m_2l_1l_2c_2(\ddot{\theta}_1+\ddot{\theta}_2)+m_2l_1gc_2c_{12}\end{bmatrix}
$$

(3) 因为两个关节都是转动关节，提取关节对应的${}^i\boldsymbol{n}_i$ 向量的 Z 轴分量，得两个关节的驱动力矩分别为：

$$
\begin{aligned}
\tau_1=&m_2l_2^2c_2(\ddot{\theta}_1+\ddot{\theta}_2)+m_2l_1l_2(2\ddot{\theta}_1+\ddot{\theta}_2)+(m_1+m_2)l_1^2\ddot{\theta}_1-m_2l_1l_2s_2\dot{\theta}_2^2-\\
&2m_2l_1l_2s_2\dot{\theta}_1\dot{\theta}_2+m_2l_2gc_{12}+(m_1+m_2)l_1gc_1\\
\tau_2=&m_2l_1l_2c_2\ddot{\theta}_1+m_2l_1l_2s_2\dot{\theta}_1^2+m_2l_2gc_{12}+m_2l_2^2(\ddot{\theta}_1+\ddot{\theta}_2)
\end{aligned}
$$

习题

2.1 什么是位置运动学、正运动学和逆运动学？

2.2 论述机器人运动学、静力学、动力学的关系。

2.3 讨论牛顿-欧拉法和拉格朗日法在动力学建模时各有什么优势。

2.4 求解图 2.19 的 D-H 参数和齐次变换矩阵。

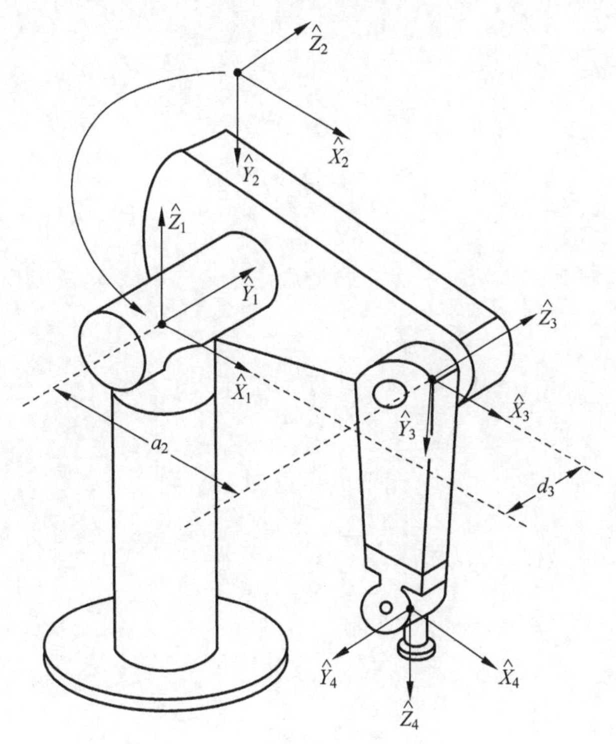

图 2.19 腕关节机械臂

2.5　利用拉格朗日法建立图 2.20 的动力学方程。

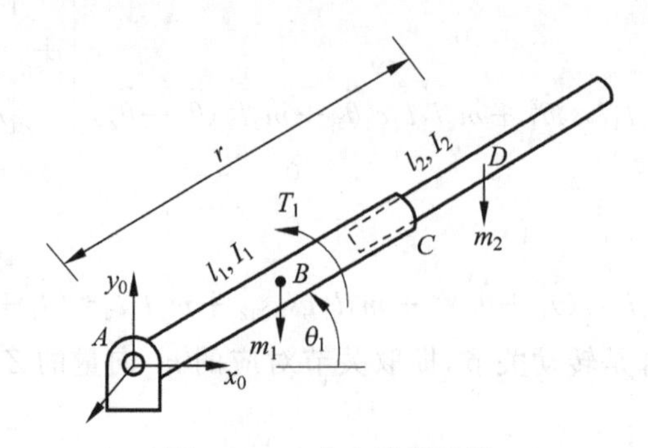

图 2.20　2 自由度机械臂

第3章 气动肌肉机器人

CHAPTER 3

视频讲解

机器人通常有3类驱动方式，分别为液压执行器驱动、气动执行器驱动和电动执行器驱动。其中，电动执行器驱动的方式受电池的影响，可承担的负载比较小；气动执行器由于自身带有的非线性特性，一般控制精度不高；液压执行器在目前由于动力比较强，控制比较容易，得到广泛的应用。

近年来，气动肌肉(Pneumatic Muscle)材料和结构等的不断发展与应用，新型的气动肌肉具有成本小、柔顺性强和高输出质量比的特点。气动人工肌肉结构简单、材料轻便、生物适应性好，在医疗康复、航空航天、水下作业、抢险救灾等领域均具有良好的适应性，可方便地用于驱动机器人完成多项复杂任务，然而由于气动肌肉本身有非常强的非线性、迟滞、蠕变等特性，对其驱动的柔性机器人的精准建模和控制带来了挑战。

虽然气动肌肉的控制有较大的难度，但是气动肌肉作为驱动器在仿生机器人领域、康复机器人领域以及服务机器人领域等都有很广阔的应用前景。本章将着重介绍由气动肌肉驱动的仿人机械腿和肘关节手臂，并对两者进行数学建模，运用不同算法对其进行控制仿真分析。

3.1 气动肌肉模型特性

由于气动肌肉的强非线性，建立理论数学模型具有较大误差，故对其进行实验建模，根据气动肌肉的物理性质以及从气动肌肉的输入输出量将气动肌肉简化为3个单元共同作用的结果，3个单元分别为收缩、弹簧、阻尼。由于气动肌肉结构与气压驱动等关系，气动肌肉一般处于较低的频率下工作。在频率比较低时，3个单元中的阻尼单元比较小，在实验建模的过程中可以忽略不计。如图3.1所示，可以将气动肌肉简化为由收缩力与弹簧所产生的力形成气动肌肉的收缩力和位移。

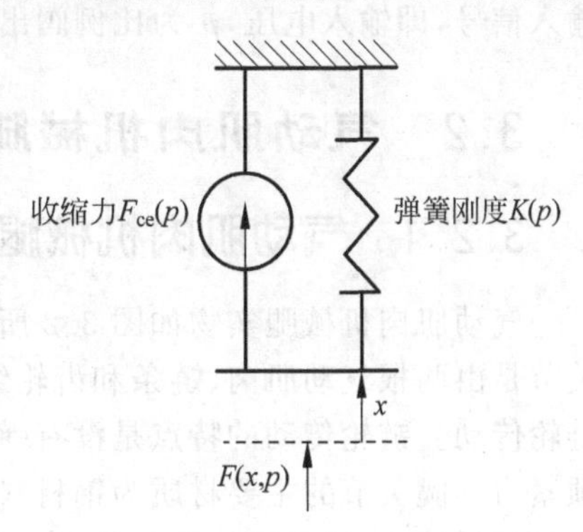

图3.1 气动肌肉简化模型

气动肌肉实验模型可以表示为

$$F(x,p)=F_{ce}(p)-K(p)x \tag{3.1}$$

式中，$F(x,p)$表示气动肌肉的拉力，$F_{ce}(p)$表示收缩单元在气压为p的状态下的收缩力，$K(p)$表示弹簧单元气压为p的状态下的刚性。$F_{ce}(p)$和$K(p)$可以表示为气压p的多项式，在实验建模中可以通过实验参数辨识获得。

整体的实验步骤分为以下几步：

第一步，设定比例调压阀的气压为给定值，给被测气动肌肉充气，并保持给定值。慢慢手动调节减压阀，使负载气动肌肉的气压超过死区，稳定后记录相应的拉力、位移。使用减压阀，使负载气动肌肉提供的拉力在0～800N范围内变化，稳定后记录相应的拉力、位移。

第二步，将比例调压阀的气压以0.005MPa的步长在0.005～0.6MPa范围内变化，每次变化，重复第一步，并记录数据。

第三步，将每组收集的数据拟合成相应气压下，气动肌肉收缩单元的收缩力与位移的关系。然后由此得出气动肌肉的气压与刚度的关系以及气压与收缩力的关系。

实验针对气动肌肉机械腿所用的3种规格的McKibben型气动肌肉进行了建模，所得结果如下：

长度为156mm直径为20mm的气动肌肉实验模型为

$$\begin{cases} F_{ce}(p)=199.33p+222.55, & 0<p\leqslant 6 \\ K(p)=\begin{cases} -21.93p+53.94, & 0<p\leqslant 1.5448 \\ 3.41p+14.80, & 1.5448<p\leqslant 6 \end{cases} \end{cases} \tag{3.2}$$

长度为133mm直径为20mm的气动肌肉实验模型为

$$\begin{cases} F_{ce}(p)=207.76p+391.1424, & 0<p\leqslant 6 \\ K(p)=\begin{cases} -45.48p+120.47, & 0<p\leqslant 2.1155 \\ 6.14p+11.27, & 2.1155<p\leqslant 6 \end{cases} \end{cases} \tag{3.3}$$

长度为185mm直径为20mm的气动肌肉实验模型为

$$\begin{cases} F_{ce}(p)=231.68p+125.88, & 0<p\leqslant 6 \\ K(p)=\begin{cases} -24.22p+67.37, & 0<p\leqslant 2.1456 \\ 5.10p+4.46, & 2.1456<p\leqslant 6 \end{cases} \end{cases} \tag{3.4}$$

下面对比例调压阀进行实验建模，在建模前调整比例阀的量程范围，对调压比例阀进行阶跃实验。为了得出比例调压阀的数学模型，将进行以0.1MPa为步长，变化范围为0.1～0.6MPa的阶跃测试，每组采集数据的周期为10ms。对实验数据进行处理，首先确定各个实验图的曲线特征，可以观察有无拐点、曲率变化、最终趋势等，可以得出调压比例阀的数学模型的结构为一阶惯性环节。

$$T\dot{p}=-p+ku \tag{3.5}$$

式中，$T=0.05\text{s}$为比例调压阀的时间常数，$k=0.833$为比例阀的增益系数，u为比例阀的输入信号，即输入电压，p为比例阀出气口的气压。

3.2 气动肌肉机械腿

3.2.1 气动肌肉机械腿平台

气动肌肉机械腿实物如图3.2所示，主要是由髋关节与膝关节组成，有两个自由度。髋关节是由两根气动肌肉、链条和齿轮组成。气动肌肉的安装方式为拮抗式，其传动的方式为链轮传动。链轮传动的特点是没有弹性滑动、打滑的现象，并且不用皮带传动机制所需要有预紧力。髋关节的主要材质为钢材料，在气动肌肉机械腿实验中可以承受更强的力矩，外框为铝型材结构，易于拆卸与改装。膝关节是由两根气动肌肉与四连杆结构的关节组成。

气动肌肉的安装方式为拮抗式，其传动方式为四连杆传动。四连杆传动的特点是体积

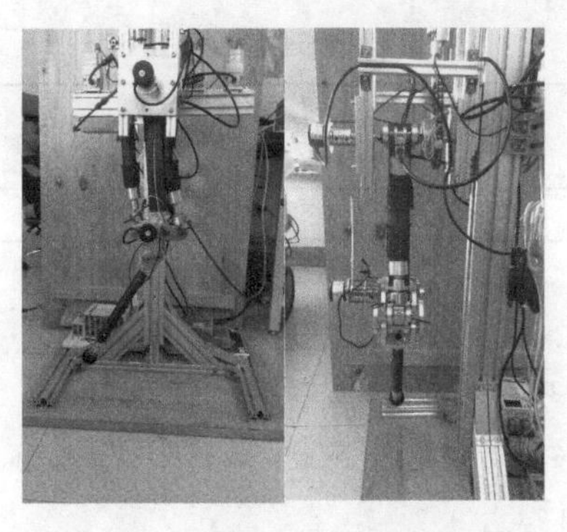

图 3.2 气动肌肉机械腿实物图

小、质量轻、在气动肌肉收缩时可以保证气动肌肉的运动方向，但存在一定的问题，比如建模比较困难、结构比较复杂等。膝关节的主要材质为碳纤维和铝合金。四连杆结构的关节主要是铝合金材质，可以承受比较大的冲击力，并且质量比较小，运动时对于髋关节的影响比较小。大腿与小腿部分为碳纤维材质，可以有效减轻腿的整体质量。

气动肌肉机械腿系统的硬件信号传递如图 3.3 所示，由倍福嵌入式控制器输出控制量，通过模拟量 I/O 模块输出对应的电压。储气罐通过减压阀给比例调压阀供给稳定为 0.55MPa 的气源。比例调压阀接收模拟量模块输出的电压输出相应的气压，控制两对拮抗式气动肌肉收缩。然后由角度传感器和拉力传感器测得信息，传回倍福嵌入式控制器。

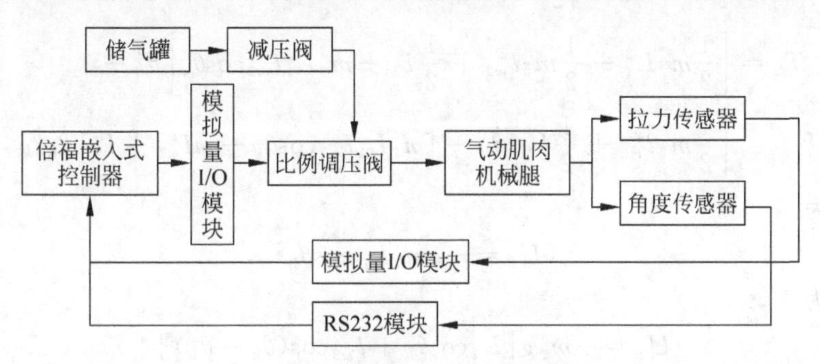

图 3.3 机械腿硬件信号图

3.2.2 气动肌肉机械腿建模

将气动肌肉机械腿简化为悬挂状态的 2 自由度刚体模型。以髋关节为原点，垂直地面方向为 Z 轴方向建立坐标系，如图 3.4 所示。

在图 3.4 中，m_1 和 m_2 分别为大腿和小腿的质量，L_1 和 L_2（如表 3.1 所示）分别为大腿与小腿的长度，l_{m1} 和 l_{m2} 分别为大腿和小腿的质心离髋关节与膝关节质心的距离，θ_h 和 θ_k 分别为髋关节与膝关节转动的角度。下面利用拉格朗日建模方法对其进行建模。

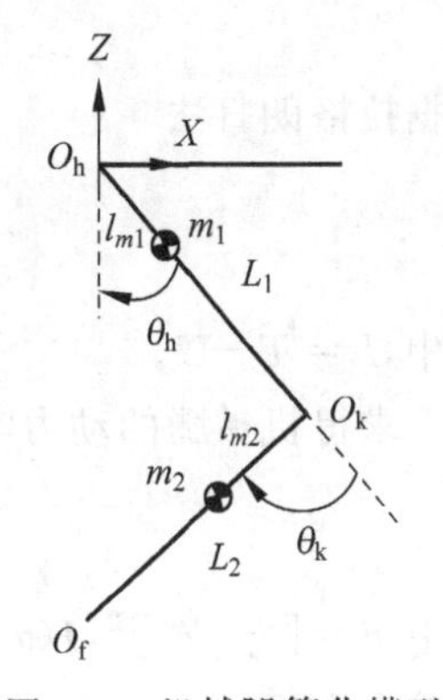

图 3.4 机械腿简化模型

大腿质心的坐标为

$$\begin{cases} x_{m1} = l_{m1}\sin\theta_h \\ z_{m1} = -l_{m1}\cos\theta_h \end{cases} \tag{3.6}$$

表 3.1 物理参数测量值

系数名称	m_1 /kg	m_2 /kg	L_1 /m	L_2 /m	l_{m1} /m	l_{m2} /m	I_1 /(kg·m²)	I_2 /(kg·m²)
数值	2.970	0.540	0.400	0.355	0.124	0.146	0.11175	0.00708

小腿质心的坐标为

$$\begin{cases} x_{m2}=L_1\sin\theta_{\mathrm{h}}-l_{m2}\sin(\theta_{\mathrm{k}}-\theta_{\mathrm{h}}) \\ z_{m2}=-L_1\cos\theta_{\mathrm{h}}-l_{m2}\cos(\theta_{\mathrm{k}}-\theta_{\mathrm{h}}) \end{cases} \tag{3.7}$$

大腿质心的速度为

$$\boldsymbol{v}_{m1}=\begin{bmatrix} l_{m1}\cos\theta_{\mathrm{h}} & 0 \\ l_{m1}\sin\theta_{\mathrm{h}} & 0 \end{bmatrix}\begin{bmatrix} \dot{\theta}_{\mathrm{h}} \\ \dot{\theta}_{\mathrm{k}} \end{bmatrix} \tag{3.8}$$

小腿质心的速度为

$$\boldsymbol{v}_{m2}=\begin{bmatrix} L_1\cos\theta_{\mathrm{h}}+l_{m2}\cos(\theta_{\mathrm{k}}-\theta_{\mathrm{h}}) & -l_{m2}\cos(\theta_{\mathrm{k}}-\theta_{\mathrm{h}}) \\ L_1\sin\theta_{\mathrm{h}}-l_{m2}\sin(\theta_{\mathrm{k}}-\theta_{\mathrm{h}}) & l_{m2}\sin(\theta_{\mathrm{k}}-\theta_{\mathrm{h}}) \end{bmatrix}\begin{bmatrix} \dot{\theta}_{\mathrm{h}} \\ \dot{\theta}_{\mathrm{k}} \end{bmatrix} \tag{3.9}$$

大腿与小腿的动能分别为

$$T_1=\frac{1}{2}m_1l_{m1}^2\dot{\theta}_{\mathrm{h}}^2+\frac{1}{2}I_1\dot{\theta}_{\mathrm{h}}^2 \tag{3.10}$$

$$T_2=\left[\frac{1}{2}m_2L_1^2+\frac{1}{2}m_2l_{m2}^2+\frac{1}{2}I_2+m_2L_1l_{m2}\cos\theta_{\mathrm{k}}\right]\dot{\theta}_{\mathrm{h}}^2+ \left[\frac{1}{2}m_2l_{m2}^2+\frac{1}{2}I_2\right]\dot{\theta}_{\mathrm{k}}^2-[m_2L_1l_{m2}\cos\theta_{\mathrm{k}}+ml_{m2}^2+I_2]\dot{\theta}_{\mathrm{h}}\dot{\theta}_{\mathrm{k}} \tag{3.11}$$

大腿的势能为

$$U_1=-gm_1l_{m1}\cos\theta_{\mathrm{h}} \tag{3.12}$$

小腿的势能为

$$U_2=-m_2g[L_1\cos\theta_{\mathrm{h}}+l_{m2}\cos(\theta_{\mathrm{k}}-\theta_{\mathrm{h}})] \tag{3.13}$$

机械腿的总势能为

$$U=U_1+U_2 \tag{3.14}$$

机械腿的总动能为

$$T=T_1+T_2 \tag{3.15}$$

根据拉格朗日法

$$\tau_i=\frac{\mathrm{d}}{\mathrm{d}t}\left(\frac{\partial L}{\partial\dot{\theta}_i}\right)-\frac{\partial L}{\partial\theta_i}\quad i=\mathrm{h},\mathrm{k} \tag{3.16}$$

式中,$L=T-U$。

求得机械腿的动力学模型为

$$\boldsymbol{I}(\boldsymbol{\theta})\ddot{\boldsymbol{\theta}}+\boldsymbol{C}(\boldsymbol{\theta},\dot{\boldsymbol{\theta}})\dot{\boldsymbol{\theta}}+\boldsymbol{G}(\boldsymbol{\theta})=\boldsymbol{\tau} \tag{3.17}$$

式中,$\boldsymbol{\theta}=[\theta_{\mathrm{h}}\quad\theta_{\mathrm{k}}]^{\mathrm{T}}$,$\boldsymbol{I}(\boldsymbol{\theta})$为惯量矩阵,$\boldsymbol{C}(\boldsymbol{\theta},\dot{\boldsymbol{\theta}})$为加速度矩阵,$\boldsymbol{G}(\boldsymbol{\theta})$为重力项,$\boldsymbol{\tau}=[\tau_{\mathrm{h}}\quad\tau_{\mathrm{k}}]^{\mathrm{T}}$为输入力矩。

惯性矩阵 $\boldsymbol{I}(\boldsymbol{\theta})$ 为

$$\boldsymbol{I}(\boldsymbol{\theta})=\begin{bmatrix} m_1 l_{m1}^2+m_2(L_1^2+l_{m2}+2L_1 l_{m2}\cos\theta_k)+I_1+I_2 & I_2 \\ I_2 & m_2 l_{m2}^2+I_2 \end{bmatrix} \tag{3.18}$$

式中，I_1 和 I_2 分别为大腿与小腿的转动惯量。

加速度矩阵 $\boldsymbol{C}(\boldsymbol{\theta},\dot{\boldsymbol{\theta}})$ 为

$$\boldsymbol{C}(\boldsymbol{\theta},\dot{\boldsymbol{\theta}})=\begin{bmatrix} -\dot{\theta}_k m_2 L_1 l_{m2}\sin\theta_k & -\dot{\theta}_h m_2 L_1 l_{m2}\sin\theta_k \\ 0 & 0 \end{bmatrix} \tag{3.19}$$

重力项 $\boldsymbol{G}(\boldsymbol{\theta})$ 为

$$\boldsymbol{G}(\boldsymbol{\theta})=\begin{bmatrix} gm_1 l_{m1}\sin\theta_h+gm_2 L_1\sin\theta_h+gm_2 l_{m2}\sin(\theta_h-\theta_k) \\ -gm_2 l_{m2}\sin(\theta_h-\theta_k) \end{bmatrix} \tag{3.20}$$

3.2.3 自适应反步算法仿真

将气动肌肉机械腿运动学建模所得的模型(3.17)引入扰动$\boldsymbol{\tau}_d$ 为

$$\boldsymbol{I}(\boldsymbol{\theta})\ddot{\boldsymbol{\theta}}+\boldsymbol{C}(\boldsymbol{\theta},\dot{\boldsymbol{\theta}})\dot{\boldsymbol{\theta}}+\boldsymbol{G}(\boldsymbol{\theta})=\boldsymbol{\tau}+\boldsymbol{\tau}_d \tag{3.21}$$

式中，$\boldsymbol{\tau}$ 表示模型输入的力矩，即系统输入量，$\boldsymbol{\tau}_d$ 为未知扰动，$\boldsymbol{I}(\boldsymbol{\theta})$、$\boldsymbol{G}(\boldsymbol{\theta})$、$\boldsymbol{C}(\boldsymbol{\theta},\dot{\boldsymbol{\theta}})$分别为已知的函数。

为了提高模型的精度，本章对建模误差进行简单的量化，则实际的惯性矩阵和科氏力矩阵为

$$\begin{aligned} \hat{\boldsymbol{I}}(\boldsymbol{\theta}) &= \boldsymbol{I}(\boldsymbol{\theta})+k_1\boldsymbol{I}(\boldsymbol{\theta}) \\ \hat{\boldsymbol{C}}(\boldsymbol{\theta},\dot{\boldsymbol{\theta}}) &= \boldsymbol{C}(\boldsymbol{\theta},\dot{\boldsymbol{\theta}})+k_2\boldsymbol{C}(\boldsymbol{\theta},\dot{\boldsymbol{\theta}}) \end{aligned} \tag{3.22}$$

式中，$\boldsymbol{I}(\boldsymbol{\theta})$、$\boldsymbol{C}(\boldsymbol{\theta},\dot{\boldsymbol{\theta}})$表示真实值。$\hat{\boldsymbol{I}}(\theta)$、$\hat{\boldsymbol{C}}(\boldsymbol{\theta},\dot{\boldsymbol{\theta}})$表示实际的测量值。$k_1$、$k_2$ 表示对测量误差线性建模的系数，其范围为$-1<k_1<1$，$-1<k_2<1$。

然后令 K_m 和 K_c 为

$$\begin{aligned} 1+k_1 &= K_m \\ 1+k_2 &= \frac{1}{K_c} \end{aligned} \tag{3.23}$$

将式(3.23)代入式(3.22)可得

$$\begin{aligned} \boldsymbol{I}(\boldsymbol{\theta}) &= \frac{1}{1+k_1}\hat{\boldsymbol{I}}(\boldsymbol{\theta})=\frac{1}{K_m}\hat{\boldsymbol{I}}(\boldsymbol{\theta}) \\ \boldsymbol{C}(\boldsymbol{\theta},\dot{\boldsymbol{\theta}}) &= \frac{1}{1+k_2}\hat{\boldsymbol{C}}(\boldsymbol{\theta},\dot{\boldsymbol{\theta}})=K_c\hat{\boldsymbol{C}}(\boldsymbol{\theta},\dot{\boldsymbol{\theta}}) \end{aligned} \tag{3.24}$$

此时，气动肌肉机械腿的数学模型可以写成如下形式

$$\frac{1}{K_m}\hat{\boldsymbol{I}}(\boldsymbol{\theta})\ddot{\boldsymbol{\theta}}+K_c\hat{\boldsymbol{C}}(\boldsymbol{\theta},\dot{\boldsymbol{\theta}})\dot{\boldsymbol{\theta}}+\boldsymbol{G}(\boldsymbol{\theta})=\boldsymbol{\tau}+\boldsymbol{\tau}_d \tag{3.25}$$

整理为状态方程的形式

$$\dot{\boldsymbol{x}}_1=\boldsymbol{x}_2$$

$$\dot{\boldsymbol{x}}_2 = K_{\mathrm{m}}\hat{\boldsymbol{I}}(\boldsymbol{\theta})^{-1}(\boldsymbol{\tau}+\boldsymbol{\tau}_{\mathrm{d}}-\boldsymbol{G}(\boldsymbol{\theta})-K_{\mathrm{c}}\hat{\boldsymbol{C}}(\boldsymbol{\theta},\dot{\boldsymbol{\theta}})\boldsymbol{x}_2) \tag{3.26}$$

式中，$\boldsymbol{x}_1=[\theta_{\mathrm{h}},\theta_{\mathrm{k}}]^{\mathrm{T}}$，$\boldsymbol{x}_2=[\dot{\theta}_{\mathrm{h}},\dot{\theta}_{\mathrm{k}}]^{\mathrm{T}}$ 表示系统的状态量，本章所设计的目标是使输出 $\boldsymbol{x}_1$ 跟踪上参考信号 $\boldsymbol{y}_{\mathrm{r}}$。

为了实现设计目标，对气动肌肉机械腿模型进行自适应反步控制器设计，需要满足以下假设。

假设 1：$\boldsymbol{\tau}_{\mathrm{d}}$ 为时变的扰动，并且满足 $K_{\mathrm{m}}\boldsymbol{\tau}_{\mathrm{d}}$ 的 2 范数小于 $\tilde{\tau}$，$\tilde{\tau}$ 为一个正的常数。

假设 2：跟踪的参考信号 $\boldsymbol{y}_{\mathrm{r}}$，参考信号 $\boldsymbol{y}_{\mathrm{r}}$ 的一阶导数和二阶导数都是连续、有界的。

假设 3：未知变量 K_{m} 的符号已知。

在满足以上 3 个假设的基础上，根据气动肌肉的模型设计相应的自适应反步控制器。

第一步，定义坐标变换

$$\begin{aligned}\boldsymbol{z}_1&=\boldsymbol{x}_1-\boldsymbol{y}_{\mathrm{r}}\\ \boldsymbol{z}_2&=\boldsymbol{x}_2-\boldsymbol{\alpha}_1-\dot{\boldsymbol{y}}_{\mathrm{r}}\end{aligned} \tag{3.27}$$

式中，$\boldsymbol{z}_1$ 和 $\boldsymbol{z}_2$ 为定义的误差变量。$\boldsymbol{z}_1$ 表示为实际系统的输出与参考信号之间的差值，即系统的跟踪误差。$\boldsymbol{z}_2$ 表示第一个子系统输入与理想的虚拟输入之间的差值。$\boldsymbol{x}_2$ 作为第一个子系统的控制输入，$\boldsymbol{\alpha}_1$ 表示第一个子系统的虚拟控制律，$\boldsymbol{y}_{\mathrm{r}}$ 和 $\dot{\boldsymbol{y}}_{\mathrm{r}}$ 分别为参考信号和参考信号的一阶导数。

对系统的跟踪误差 $\boldsymbol{z}_1$ 进行求导，并将坐标变换代入其中可得

$$\dot{\boldsymbol{z}}_1=\dot{\boldsymbol{x}}_1-\dot{\boldsymbol{y}}_{\mathrm{r}}=\boldsymbol{z}_2+\boldsymbol{\alpha}_1+\dot{\boldsymbol{y}}_{\mathrm{r}}-\dot{\boldsymbol{y}}_{\mathrm{r}}=\boldsymbol{z}_2+\boldsymbol{\alpha}_1 \tag{3.28}$$

为了确保第一个子系统稳定，设计虚拟控制器$\boldsymbol{\alpha}_1$ 为如下形式

$$\boldsymbol{\alpha}_1=-C_1\boldsymbol{z}_1 \tag{3.29}$$

式中，C_1 为正的任意常数。

验证所设的虚拟控制器是否可以保证第一个子系统稳定，并且完成设计的任务输出 x_1 跟踪上参考信号 $\boldsymbol{y}_{\mathrm{r}}$，设计如下李雅普诺夫函数

$$V_1=\frac{1}{2}\boldsymbol{z}_1^{\mathrm{T}}\boldsymbol{z}_1 \tag{3.30}$$

对所设计的李雅普诺夫函数求导

$$\dot{V}_1=\boldsymbol{z}_1^{\mathrm{T}}\dot{\boldsymbol{z}}_1=\boldsymbol{z}_1^{\mathrm{T}}(\boldsymbol{z}_2+\boldsymbol{\alpha}_1+\dot{\boldsymbol{y}}_r-\dot{\boldsymbol{y}}_r)=\boldsymbol{z}_1^{\mathrm{T}}(\boldsymbol{z}_2+\boldsymbol{\alpha}_1) \tag{3.31}$$

将第一个子系统的虚拟控制律$\boldsymbol{\alpha}_1$ 代入式(3.31)可得

$$\dot{V}_1=\boldsymbol{z}_1^{\mathrm{T}}\boldsymbol{z}_2-\boldsymbol{z}_1^{\mathrm{T}}C_1\boldsymbol{z}_1 \tag{3.32}$$

由此可得，当第二个子系统控制稳定并达到设计目标，即 $\boldsymbol{z}_2=\boldsymbol{0}$ 时，$\dot{V}_1=-\boldsymbol{z}_1^{\mathrm{T}}C_1\boldsymbol{z}_1\leqslant 0$，验证了所设计的虚拟控制律$\boldsymbol{\alpha}_1$ 可以使第一个子系统达到稳定，并且达到设计目标 $\boldsymbol{z}_1\to\boldsymbol{0}$。

第二步，对定义的误差 $\boldsymbol{z}_2$ 进行求导，并将式(3.29)代入

$$\begin{aligned}\dot{\boldsymbol{z}}_2&=\dot{\boldsymbol{x}}_2-\dot{\boldsymbol{\alpha}}_1-\ddot{\boldsymbol{y}}_{\mathrm{r}}\\ &=K_{\mathrm{m}}\hat{\boldsymbol{I}}^{-1}(\boldsymbol{\theta})\boldsymbol{\tau}+K_{\mathrm{m}}\hat{\boldsymbol{I}}^{-1}(\boldsymbol{\theta})\boldsymbol{\tau}_{\mathrm{d}}-K_{\mathrm{m}}\hat{\boldsymbol{I}}^{-1}(\boldsymbol{\theta})\boldsymbol{G}(\boldsymbol{\theta})-K_{\mathrm{m}}\hat{\boldsymbol{I}}^{-1}(\boldsymbol{\theta})K_{\mathrm{c}}\hat{\boldsymbol{C}}(\boldsymbol{\theta},\dot{\boldsymbol{\theta}})\boldsymbol{x}_2+\\ &\quad C_1(\boldsymbol{z}_2+\boldsymbol{\alpha}_1)-\ddot{\boldsymbol{y}}_{\mathrm{r}}\end{aligned} \tag{3.33}$$

在设计控制律与更新率之前，令

$$a=\frac{1}{K_{\mathrm{m}}},\quad b=K_{\mathrm{m}}K_{\mathrm{c}} \tag{3.34}$$

并且

$$\tilde{a}=a-\hat{a},\quad \tilde{b}=b-\hat{b} \tag{3.35}$$

然后对式(3.35)进行求导

$$\dot{\tilde{a}}=-\dot{\hat{a}},\quad \dot{\tilde{b}}=-\dot{\hat{b}} \tag{3.36}$$

为了使系统稳定，设计自适应反步控制的控制律与更新率。

系统控制律

$$\boldsymbol{\tau}=\hat{\boldsymbol{I}}(\boldsymbol{\theta})\hat{a}\bar{\boldsymbol{u}}+\boldsymbol{G}(\boldsymbol{\theta}) \tag{3.37}$$

$$\bar{\boldsymbol{u}}=-\boldsymbol{z}_1-C_2\boldsymbol{z}_2+\hat{b}\hat{\boldsymbol{I}}^{-1}(\boldsymbol{\theta})\hat{\boldsymbol{C}}(\boldsymbol{\theta},\dot{\boldsymbol{\theta}})\boldsymbol{x}_2-C_1(\boldsymbol{z}_2+\boldsymbol{\alpha}_1)+\ddot{y}_{\mathrm{r}}-\boldsymbol{z}_2^{\mathrm{T}}\|\hat{\boldsymbol{I}}^{-1}(\boldsymbol{\theta})\|^2 \tag{3.38}$$

系统更新率

$$\begin{aligned}\dot{\hat{b}}&=-\eta_b\boldsymbol{z}_2^{\mathrm{T}}\hat{\boldsymbol{I}}^{-1}(\boldsymbol{\theta})\hat{\boldsymbol{C}}(\boldsymbol{\theta},\dot{\boldsymbol{\theta}})\boldsymbol{x}_2-\eta_b\sigma_b\hat{b}\\ \dot{\hat{a}}&=-\eta_a\,\mathrm{sign}(K_{\mathrm{m}})\boldsymbol{z}_2^{\mathrm{T}}\bar{\boldsymbol{u}}-\eta_a\sigma_a\hat{a}\end{aligned} \tag{3.39}$$

式中，C_2、η_b、η_a、σ_a、σ_b 为正的常数。

对上述设计的控制律进行稳定性分析。

考虑第二个李雅普诺夫函数为

$$V_2=V_1+\frac{1}{2}\boldsymbol{z}_2^{\mathrm{T}}\boldsymbol{z}_2+\frac{|K_{\mathrm{m}}|}{2\eta_a}\tilde{a}^2+\frac{1}{2\eta_b}\tilde{b}^2 \tag{3.40}$$

在对 V_2 求导前，可以先得

$$\begin{aligned}K_{\mathrm{m}}\hat{\boldsymbol{I}}^{-1}(\boldsymbol{\theta})\tau&=K_{\mathrm{m}}\hat{\boldsymbol{I}}^{-1}(\boldsymbol{\theta})(\hat{\boldsymbol{I}}(\boldsymbol{\theta})\hat{a}\bar{\boldsymbol{u}}+\boldsymbol{G}(\boldsymbol{\theta}))\\&=K_{\mathrm{m}}\hat{\boldsymbol{I}}^{-1}(\boldsymbol{\theta})\hat{\boldsymbol{I}}(\boldsymbol{\theta})\hat{a}\bar{\boldsymbol{u}}+K_{\mathrm{m}}\hat{\boldsymbol{I}}^{-1}(\boldsymbol{\theta})\boldsymbol{G}(\boldsymbol{\theta})\\&=\bar{\boldsymbol{u}}-K_{\mathrm{m}}\tilde{a}\bar{\boldsymbol{u}}+K_{\mathrm{m}}\hat{\boldsymbol{I}}^{-1}(\boldsymbol{\theta})\boldsymbol{G}(\boldsymbol{\theta})\end{aligned} \tag{3.41}$$

对 V_2 进行求导可以得

$$\dot{V}_2=\dot{V}_1+\boldsymbol{z}_2^{\mathrm{T}}\dot{\boldsymbol{z}}_2-\frac{|K_{\mathrm{m}}|}{\eta_a}\tilde{a}\dot{\hat{a}}-\frac{1}{\eta_b}\tilde{b}\dot{\hat{b}} \tag{3.42}$$

将式(3.32)代入得到

$$\begin{aligned}\dot{V}_2=&\boldsymbol{z}_1^{\mathrm{T}}\boldsymbol{z}_2-C_1\boldsymbol{z}_1^{\mathrm{T}}\boldsymbol{z}_1+\\&\boldsymbol{z}_2^{\mathrm{T}}(-\boldsymbol{z}_1-C_2\boldsymbol{z}_2+\tilde{b}\hat{\boldsymbol{I}}^{-1}(\boldsymbol{\theta})\hat{\boldsymbol{C}}(\boldsymbol{\theta},\dot{\boldsymbol{\theta}})\boldsymbol{x}_2-C_1(\boldsymbol{z}_2+\boldsymbol{\alpha}_1)+\ddot{y}_{\mathrm{r}}-\boldsymbol{z}_2^{\mathrm{T}}\|\hat{\boldsymbol{I}}^{-1}(\boldsymbol{\theta})\|^2-\\&K_{\mathrm{m}}\tilde{a}\bar{\boldsymbol{u}}+K_{\mathrm{m}}\hat{\boldsymbol{I}}^{-1}(\boldsymbol{\theta})\boldsymbol{G}(\boldsymbol{\theta})+K_{\mathrm{m}}\hat{\boldsymbol{I}}^{-1}(\boldsymbol{\theta})\boldsymbol{\tau}_{\mathrm{d}}-K_{\mathrm{m}}\hat{\boldsymbol{I}}^{-1}(\boldsymbol{\theta})\boldsymbol{G}(\boldsymbol{\theta})-\\&K_{\mathrm{m}}\hat{\boldsymbol{I}}^{-1}(\boldsymbol{\theta})K_{\mathrm{c}}\hat{\boldsymbol{C}}(\boldsymbol{\theta},\dot{\boldsymbol{\theta}})\boldsymbol{x}_2+C_1(\boldsymbol{z}_2+\boldsymbol{\alpha}_1)-\ddot{\boldsymbol{y}}_{\mathrm{r}})-\frac{|K_{\mathrm{m}}|}{\eta_a}\tilde{a}\dot{\hat{a}}-\frac{1}{\eta_b}\tilde{b}\dot{\hat{b}}\end{aligned} \tag{3.43}$$

$\dot{V}_2$ 整理可以得到

$$\begin{aligned}\dot{V}_2=&-C_1\boldsymbol{z}_1^{\mathrm{T}}\boldsymbol{z}_1-\boldsymbol{z}_2^{\mathrm{T}}C_2\boldsymbol{z}_2-\boldsymbol{z}_2^{\mathrm{T}}\tilde{b}\hat{\boldsymbol{I}}^{-1}(\boldsymbol{\theta})\hat{\boldsymbol{C}}(\boldsymbol{\theta},\dot{\boldsymbol{\theta}})\boldsymbol{x}_2-\boldsymbol{z}_2^{\mathrm{T}}\boldsymbol{z}_2\|\hat{\boldsymbol{I}}^{-1}(\boldsymbol{\theta})\|^2\\&-\boldsymbol{z}_2^{\mathrm{T}}K_{\mathrm{m}}\tilde{a}\bar{\boldsymbol{u}}+\boldsymbol{z}_2^{\mathrm{T}}K_{\mathrm{m}}\hat{\boldsymbol{I}}^{-1}(\boldsymbol{\theta})\boldsymbol{\tau}_{\mathrm{d}}-\frac{|K_{\mathrm{m}}|}{\eta_a}\tilde{a}\dot{\hat{a}}-\frac{1}{\eta_b}\tilde{b}\dot{\hat{b}}\\=&-C_1\boldsymbol{z}_1^{\mathrm{T}}\boldsymbol{z}_1-\boldsymbol{z}_2^{\mathrm{T}}C_2\boldsymbol{z}_2-\frac{1}{\eta_b}\tilde{b}(\dot{\hat{b}}+\eta_b\boldsymbol{z}_2^{\mathrm{T}}\hat{\boldsymbol{I}}^{-1}(\boldsymbol{\theta})\hat{\boldsymbol{C}}(\boldsymbol{\theta},\dot{\boldsymbol{\theta}})\boldsymbol{x}_2)-\\&\frac{|K_{\mathrm{m}}|}{\eta_a}\tilde{a}(\dot{\hat{a}}+\eta_a\cdot\mathrm{sign}(K_{\mathrm{m}})\boldsymbol{z}_2^{\mathrm{T}}\bar{\boldsymbol{u}})-\boldsymbol{z}_2^{\mathrm{T}}\boldsymbol{z}_2\|\hat{\boldsymbol{I}}^{-1}(\boldsymbol{\theta})\|_2+\\&\boldsymbol{z}_2^{\mathrm{T}}K_{\mathrm{m}}\hat{\boldsymbol{I}}^{-1}(\boldsymbol{\theta})\boldsymbol{\tau}_{\mathrm{d}}\end{aligned}\tag{3.44}$$

代入控制律式(3.37)、式(3.38)与更新率式(3.39)得

$$\begin{aligned}\dot{V}_2=&-\boldsymbol{z}_1^{\mathrm{T}}C_1\boldsymbol{z}_1-\boldsymbol{z}_2^{\mathrm{T}}C_2\boldsymbol{z}_2+\sigma_b\tilde{b}\dot{\hat{b}}\\&+|K_{\mathrm{m}}|\sigma_a\tilde{a}\dot{\hat{a}}-\boldsymbol{z}_2^{\mathrm{T}}\boldsymbol{z}_2\|\hat{\boldsymbol{I}}^{-1}(\boldsymbol{\theta})\|^2+\boldsymbol{z}_2^{\mathrm{T}}K_{\mathrm{m}}\hat{\boldsymbol{I}}^{-1}(\boldsymbol{\theta})\boldsymbol{\tau}_{\mathrm{d}}\end{aligned}\tag{3.45}$$

因为存在不等式

$$\begin{aligned}\boldsymbol{z}_2^{\mathrm{T}}\boldsymbol{I}^{-1}(\boldsymbol{\theta})K_{\mathrm{m}}\boldsymbol{\tau}_{\mathrm{d}}&\leqslant\|\boldsymbol{z}_2^{\mathrm{T}}\boldsymbol{I}^{-1}(\boldsymbol{\theta})\|^2+\frac{1}{4}\|\tilde{\boldsymbol{\tau}}\|^2\\&\leqslant\boldsymbol{z}_2^{\mathrm{T}}\boldsymbol{z}_2\|\boldsymbol{I}^{-1}(\boldsymbol{\theta})\|^2+\frac{1}{4}\|\tilde{\boldsymbol{\tau}}\|^2\end{aligned}\tag{3.46}$$

由此可得

$$\begin{aligned}\dot{V}_2\leqslant&-C_1\boldsymbol{z}_1^{\mathrm{T}}\boldsymbol{z}_1-\boldsymbol{z}_2^{\mathrm{T}}C_2\boldsymbol{z}_2-\frac{1}{2}\sigma_b\tilde{b}^2-\frac{1}{2}\sigma_b b^2-\frac{1}{2}|K_{\mathrm{m}}|\sigma_a\tilde{a}^2\\&+\frac{1}{2}|K_{\mathrm{m}}|\sigma_a a^2+\frac{1}{4}\|K_{\mathrm{m}}\boldsymbol{\tau}_{\mathrm{d}}\|^2\end{aligned}\tag{3.47}$$

定义系数 c、d 使得

$$c=\min\left\{C_1,C_2,\frac{1}{2}\sigma_b,\frac{|K_{\mathrm{m}}|}{2}\sigma_a\right\}\tag{3.48}$$

$$d=\frac{1}{2}\sigma_b b^2+\frac{1}{2}|K_{\mathrm{m}}|\sigma_a a^2+\frac{1}{4}\|K_{\mathrm{m}}\boldsymbol{\tau}_{\mathrm{d}}\|^2\tag{3.49}$$

整理式(3.47)得

$$\dot{V}_2\leqslant-cV_2+d\tag{3.50}$$

解微分不等式可以得

$$\begin{aligned}0\leqslant V_2&\leqslant z^{ct}V_2(0)+\int_0^t(z^{-c(t-\tau)}d)\mathrm{d}\tau\\&=\frac{c}{d}+\left(V_2(0)-\frac{d}{c}\right)z^{-ct}\end{aligned}\tag{3.51}$$

由式(3.51)可以得

$$\lim_{t\to\infty}V_2(t)=\frac{c}{d}\tag{3.52}$$

因此，只要选择合适的参数 C_1、C_2、η_a、η_b、σ_a、σ_b，可以保证两个子系统的误差 $\boldsymbol{z}_1$、$\boldsymbol{z}_2$ 以

及对于系统参数误差的估计 $\hat{a}$、$\hat{b}$ 为全局一致有界的，并且当时间趋向于无穷时，$z_1, z_2 \to 0$。对于其他的系统变量 x_1、x_2，因为 $x_1 = z_1 + y_r$，且 y_r 为有界的参考信号，所以控制系统的输出 $y = x_1$ 为有界的。同理，状态变量 $x_2 = z_2 + \alpha_1 + \dot{y}_r$，其中 α_1、z_2、$\dot{y}_r$ 都可以从设计过程中判断为有界的，所以状态变量是有界的。同时设计的控制器也为有界的，所以由定理可以得控制系统可以实现误差有界。

图 3.5 为气动肌肉机械腿的 Simulink 仿真框图。首先，由参考信号与实际系统输出的信号做差，所得的误差值传给自适应反步算法作为算法的输入，自适应反步算法的输出为两个关节的力矩。然后，由机械腿关节映射把两个关节的力矩映射成四根气动肌肉的力，并通过气动肌肉拉力控制器，即 PI 控制，来分别控制 4 根气动肌肉达到设定的力。最后，4 根气动肌肉的输出力转化为力矩来控制机械腿动力学模型，最终机械腿动力学模型的输出为两个关节的角度。

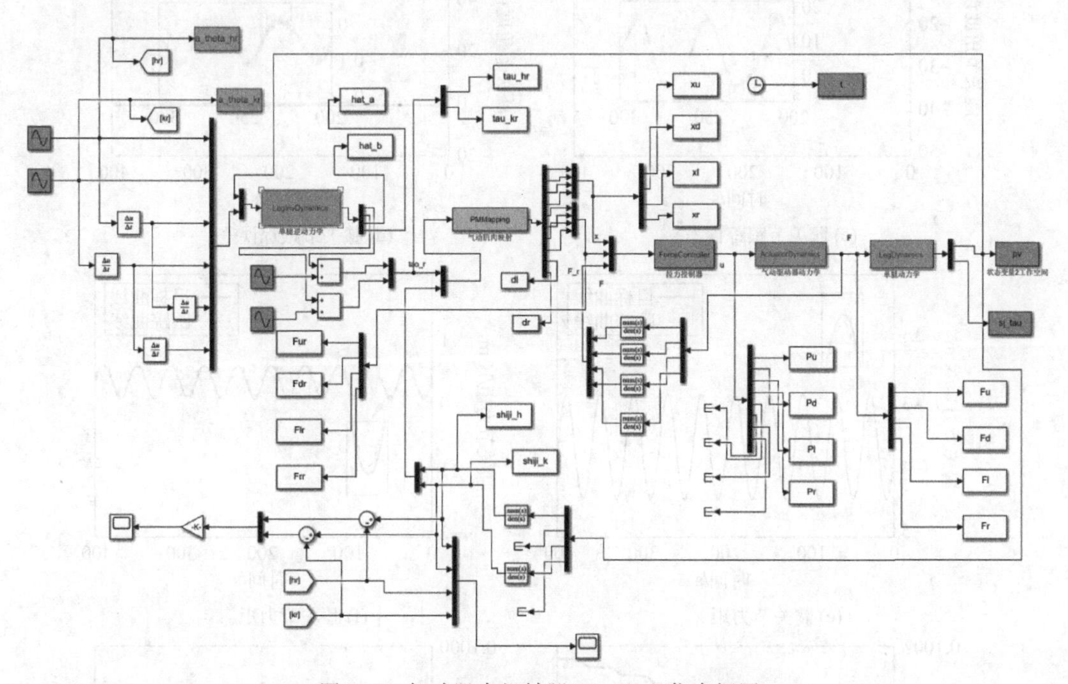

图 3.5　气动肌肉机械腿 Simulink 仿真框图

选取髋关节理想追踪曲线为 $y_{\text{hip}} = 8\sin(0.05\pi t) + 45°$，膝关节理想追踪曲线为 $y_{\text{knee}} = -12\sin(0.05\pi t) + 75°$。图 3.6 为配套资源中的 fangzhentu.m 文件运行的仿真实验结果，图 3.6(a)和图 3.6(b)中给出了目标曲线和跟踪曲线。图 3.6(c)和图 3.6(d)为两个关节角度跟踪误差曲线，从局部放大图中可以看出，机械腿髋关节的误差为 $-0.0034° \sim 0.0155°$，膝关节的误差为 $-0.0901° \sim 0.0230°$。图 3.6(e)和图 3.6(f)为两个关节的力矩跟踪图，目标曲线由自适应反步算法计算得出，跟踪曲线由 4 根气动肌肉经过 PI 控制输出得到的。图 3.6(g)和图 3.6(h)为仿真中对参数 a、b 的估计。

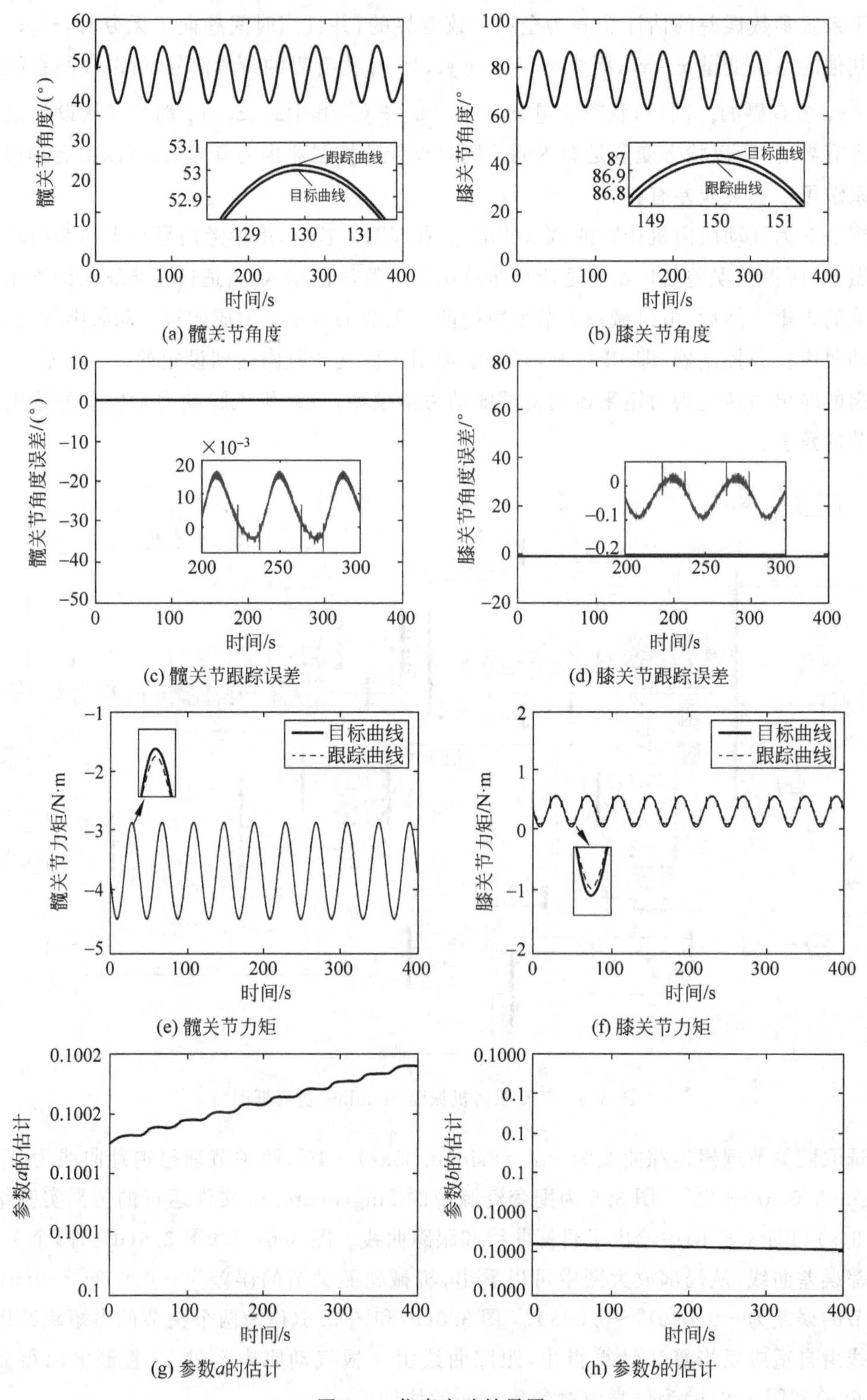
髋关节角度/(°)
跟踪曲线
目标曲线
时间/s
(a) 髋关节角度
膝关节角度/°
目标曲线
跟踪曲线
时间/s
(b) 膝关节角度
髋关节角度误差/(°)
时间/s
(c) 髋关节跟踪误差
膝关节角度误差/°
时间/s
(d) 膝关节跟踪误差
髋关节力矩/N·m
目标曲线
跟踪曲线
时间/s
(e) 髋关节力矩
膝关节力矩/N·m
目标曲线
跟踪曲线
时间/s
(f) 膝关节力矩
参数a的估计
时间/s
(g) 参数a的估计
参数b的估计
时间/s
(h) 参数b的估计

图 3.6 仿真实验结果图

3.3 气动肌肉仿人手臂

3.3.1 仿人肘关节建模

仿人肘关节简易模型如图 3.7 所示。

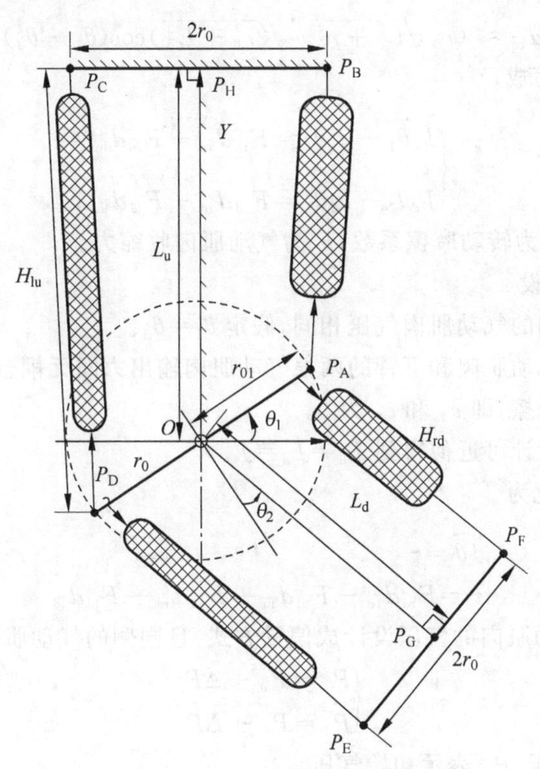

图 3.7 仿人肘关节简易模型

按照人体手臂尺寸得到上臂和下臂尺寸，按照手臂肌肉发力原理设计成级联式拮抗结构。OP_H 为上臂连杆，随着上臂的两根气动肌肉伸缩，带动杆 P_AP_D 绕 O 为中心转动 θ_1，下臂的两根气动肌肉带动连杆 OP_G 绕 O 为中心转动 θ_2，初始值为 0°，逆时针旋转为正方向。其中上臂和下臂的两根气动肌肉分别能使肘关节角度转动 45°，肘关节转动角度合计为 90°。H 表示气动肌肉的长度，下标 l、r、u、d 分别表示肘关节左、右、上、下的气动肌肉。

$$\begin{aligned} H_{lu} &= \sqrt{L_u^2 + 2r_0^2 - 2r_0\sqrt{L_u^2 + r_0^2}\cos(\pi/2 + \theta_1 - \theta_u)} \\ H_{ru} &= \sqrt{L_u^2 + 2r_0^2 - 2r_0\sqrt{L_u^2 + r_0^2}\cos(\pi/2 - \theta_1 - \theta_u)} \end{aligned} \tag{3.53}$$

$$\begin{aligned} H_{ld} &= \sqrt{L_d^2 + 2r_0^2 - 2r_0\sqrt{L_d^2 + r_0^2}\cos(\pi/2 + \theta_2 - \theta_d)} \\ H_{rd} &= \sqrt{L_d^2 + 2r_0^2 - 2r_0\sqrt{L_d^2 + r_0^2}\cos(\pi/2 - \theta_2 - \theta_d)} \end{aligned} \tag{3.54}$$

式中，θ_u 和 θ_d 分别表示上臂和下臂杆件固定的偏置角度，即 $\angle OP_HP_C$ 和 $\angle OP_GP_E$，$\theta_d = \arctan(r_0/L_d)$，$\theta_u = \arctan(r_0/L_u)$，$L_u$ 表示上臂 OP_H，L_d 表示下臂 OP_G 的长度，r_0 表示

P_AP_D 杆转动的半径。d 表示气动肌肉输出力相对于旋转原点的力臂,下标表示同上。其中根据条件 $r_0 \ll L_u, L_d$,可简化公式为

$$\begin{aligned} d_{lu} &\approx r_0^2/L_u \sin\theta_1 + r_0\cos\theta_1 \\ d_{ru} &\approx r_0\cos\theta_1 - r_0^2/L_u\sin\theta_1 \end{aligned} \tag{3.55}$$

$$\begin{aligned} d_{ld} &\approx (r_0\sqrt{L_d^2 + r_0^2}/\sqrt{2r_0^2 + L_d^2})\cos(\theta_2 + \theta_d) \\ d_{rd} &\approx (r_0\sqrt{L_d^2 + r_0^2}/\sqrt{2r_0^2 + L_d^2})\cos(\theta_2 - \theta_d) \end{aligned} \tag{3.56}$$

完整的肘关节模型可写成

$$\begin{cases} J_u\ddot{\theta}_1 - c_1\dot{\theta}_1 = F_{ru}d_{ru} - F_{lu}d_{lu} \\ J_d\ddot{\theta}_2 - c_2\dot{\theta}_2 = F_{rd}d_{rd} - F_{ld}d_{ld} \end{cases} \tag{3.57}$$

式中,J 为转动惯量,c 为转动摩擦系数,F 为气动肌肉收缩力。

为了简化模型,假设

(1) 做控制时同侧的气动肌肉气压相同,假定 $\theta_1=\theta_2$。

(2) 上臂的两根气动肌肉和下臂的两根气动肌肉输出力间无耦合。

(3) 关节无转动摩擦,即 c_1 和 c_2 为 0。

(4) 根据肘关节设计可近似得到 $J_u=J_d=J$。

则式(3.57)可简化为

$$\begin{cases} J\ddot{\theta} = \tau \\ \tau = F_{ru}d_{ru} - F_{lu}d_{lu} + F_{rd}d_{rd} - F_{ld}d_{ld} \end{cases} \tag{3.58}$$

肘关节的 4 根气动肌肉的气压设计成偏置方式,且同侧的气动肌肉压力相同,即

$$\begin{cases} P_r = P_0 + \Delta P \\ P_l = P_0 - \Delta P \end{cases} \tag{3.59}$$

式中,ΔP 表示偏置气压,P_0 表示初始气压。

将式(3.55)式(3.56)式(3.59)代入式(3.58),可得

$$\tau = \beta_0(\varepsilon_{ru}, \varepsilon_{lu}, \varepsilon_{rd}, \varepsilon_{ld}) + \beta_1(\varepsilon_{ru}, \varepsilon_{lu}, \varepsilon_{rd}, \varepsilon_{ld})\Delta P \tag{3.60}$$

$$\begin{aligned} \beta_0 = {} & [\alpha_0(\varepsilon_{ru}) + \alpha_1(\varepsilon_{ru})P_0]d_{ru} - [\alpha_0(\varepsilon_{lu}) + \alpha_1(\varepsilon_{lu})P_0]d_{lu} + \\ & [\alpha_0(\varepsilon_{rd}) + \alpha_1(\varepsilon_{rd})P_0]d_{rd} - [\alpha_0(\varepsilon_{ld}) + \alpha_1(\varepsilon_{ld})P_0]d_{ld} \end{aligned} \tag{3.61}$$

$$\beta_1 = \alpha_1(\varepsilon_{ru})d_{ru} + \alpha_1(\varepsilon_{lu})d_{lu} + \alpha_1(\varepsilon_{rd})d_{rd} + \alpha_1(\varepsilon_{ld})d_{ld} \tag{3.62}$$

肘关节模型可表示为

$$J\ddot{\theta} = \beta_0(\varepsilon_{ru}, \varepsilon_{lu}, \varepsilon_{rd}, \varepsilon_{ld}) + \beta_1(\varepsilon_{ru}, \varepsilon_{lu}, \varepsilon_{rd}, \varepsilon_{ld})\Delta P \tag{3.63}$$

3.3.2 基于干扰观测器的滑模控制仿真

由于在实际的模型中,模型误差肯定存在,有必要设计干扰观测器来实时前馈掉模型的误差,设计基于干扰观测器的滑模控制(Sliding Mode Control Based on Disturb Observer, SMCDO)。

实验时肘关节模型会存在参数摄动和外界的干扰。通常情况下无法精确得到模型的真实参数,只能通过建模得到对象的名义模型。外界干扰用 d 表示,则

$$\dot{\theta}_{\mathrm{n}}=f_{\mathrm{n}}(\theta,\dot{\theta})+g_{\mathrm{n}}(\theta,\dot{\theta})\Delta p-d$$

式中，f_{n} 和 g_{n} 分别表示 f 和 g 的名义值。

设计干扰观测器

$$\begin{cases}\dot{\hat{d}}=k_1(\dot{\omega}-\dot{\theta})\\ \dot{\hat{\omega}}=-\hat{d}+f_{\mathrm{n}}(\theta,\dot{\theta})+g_{\mathrm{n}}(\theta,\dot{\theta})\Delta P-k_2(\dot{\omega}-\dot{\theta})\end{cases}\tag{3.64}$$

式中，$\hat{d}$ 是对 d_{eq} 的估计，$\hat{\omega}$ 是对 $\dot{\theta}$ 的估计，系数 $k_1>0, k_2>0$，其中 k_1 越大，估计 $\hat{d}$ 更接近 d_{eq}。

基于干扰观测器的滑模控制律可表示为

$$\Delta P=(\ddot{\theta}_{\mathrm{d}}-f_{\mathrm{n}}+c\dot{e}_{\mathrm{n}}+\eta\operatorname{sat}(s)+ks+\hat{d})/g_{\mathrm{n}}\tag{3.65}$$

肘关节模型参数如表 3.2 所示。

表 3.2　模型参数

参　数	r_0/m	P_0/MPa	L_{u}/m	L_{d}/m	J/kg·m^2
值	0.03	0.4	0.3	0.245	0.02

1. 阶跃响应

为验证改进后的饱和函数能否减弱抖振，设计合适仿真模型和参数。给定轨迹为正弦信号，幅值为 40°，周期为 20s，不给模型添加外界干扰。为验证改进后的饱和函数的效果，取适中边界层 $\Delta=0.5$，通过适当调大切换增益 $\eta=250$ 和调大步长到 0.02s，只改变 sat(s) 函数，其他条件都相同。仿真结果如图 3.8(a)和图 3.8(b)所示。

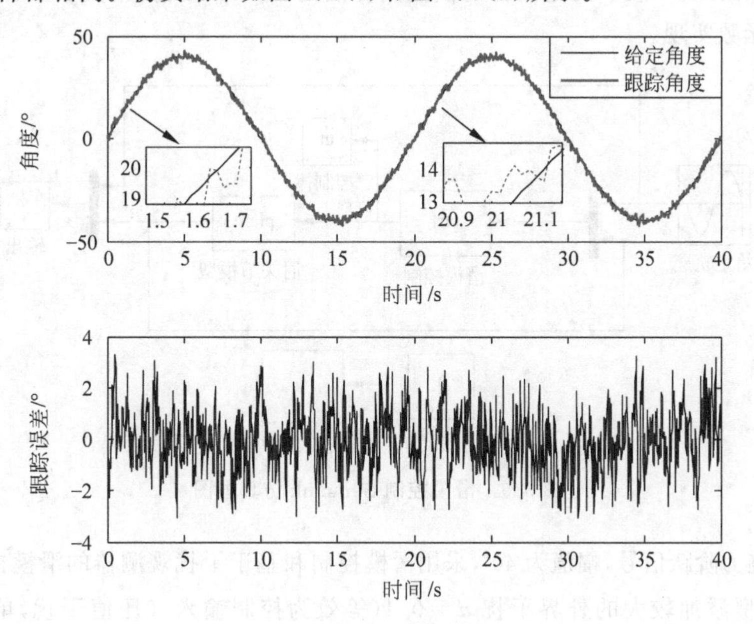

(a) 改进前饱和函数阶跃响应

图 3.8　改进后饱和函数仿真效果图

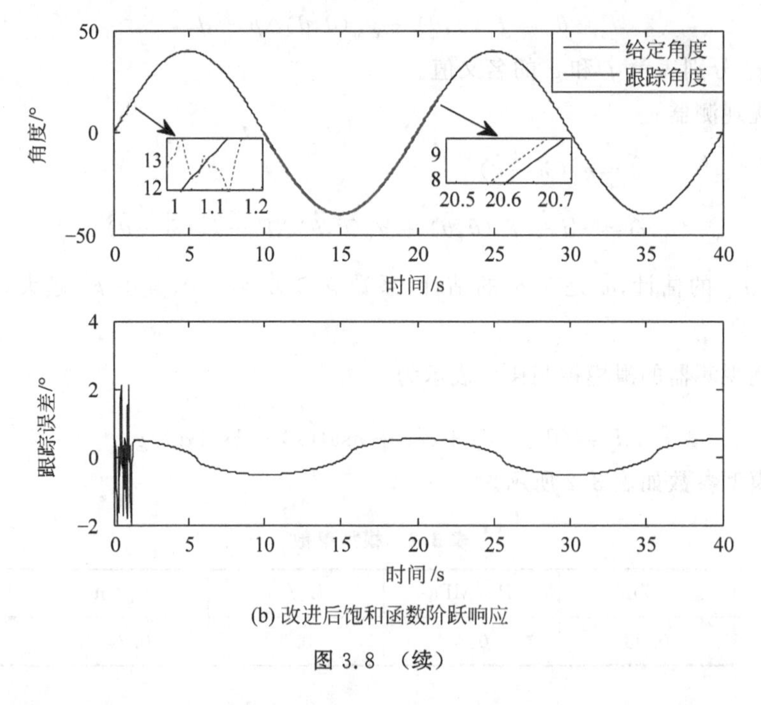

(b) 改进后饱和函数阶跃响应

图 3.8 （续）

彩色图片

图 3.8 中的仿真结果表明，改进前的饱和函数的跟踪曲线有明显抖振，跟踪误差在±4°，并在全程范围内波动幅度相似；改进后的跟踪曲线在做趋近运动时与改进前的一样，会有一定波动，跟踪误差在±2°，在 1.5s 后发生滑模运动，抖振消失，误差在±0.5°附近。由于改进后的饱和函数在滑模面 $s=0$ 附近变化缓慢，使曲线能平滑过渡。

图 3.9 和图 3.10 表示的是两种滑模控制算法的 Simulink 仿真，其中 ctrl、plant 和 obv 模块都用 S 函数实现。

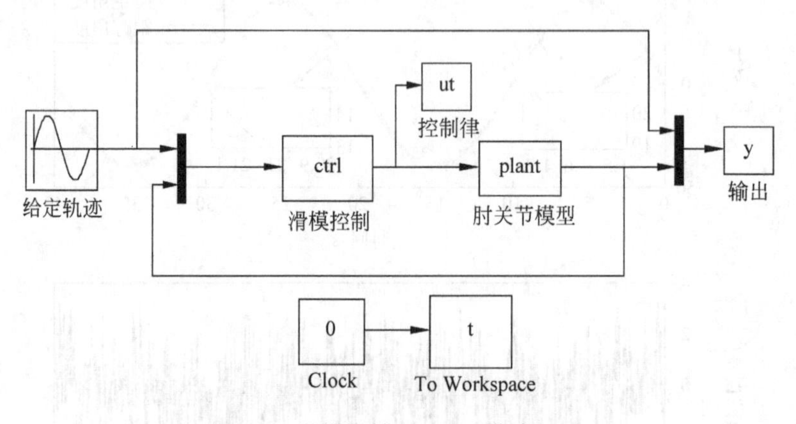

图 3.9 滑模控制 Simulink 仿真框图

给定轨迹为阶跃信号，幅值为 40°，采用滑模控制和基于干扰观测器的滑模控制进行控制仿真，并给模型添加较大的外界干扰 $d=0.4$（等效为控制输入气压值干扰，单位为 MPa）。图 3.11(a)表示滑模控制的角度跟踪曲线，控制参数为 $c=8,\eta=80,k=30,\Delta=0.5$。图 3.11(b)表示基于干扰观测器滑模控制的角度跟踪曲线，控制参数为 $c=8,\eta=80,k=30,\Delta=0.5$，

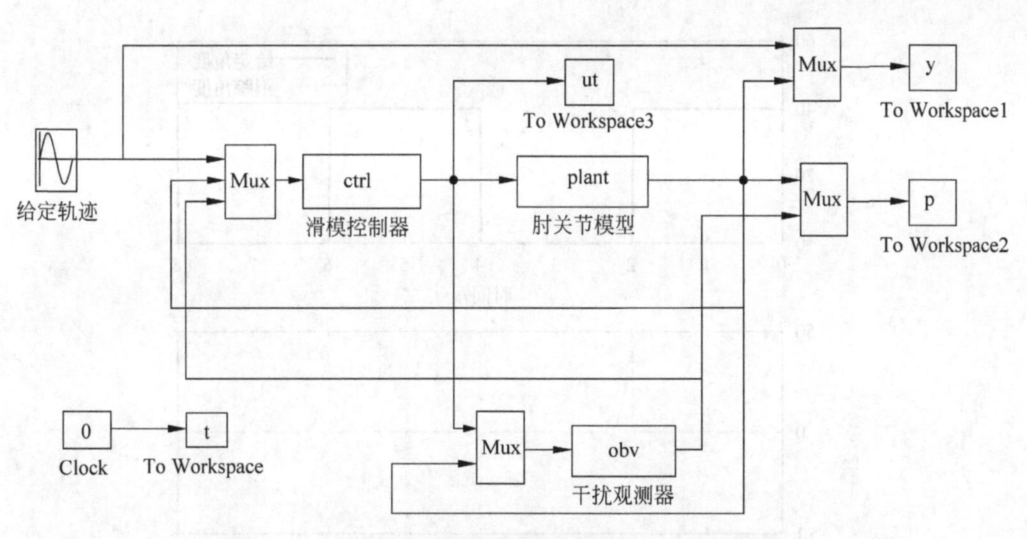

图 3.10　基于干扰观测器的滑模控制 Simulink 仿真框图

$k_1=2000, k_2=200$。

仿真结果表明，滑模控制的阶跃响应上升时间为 0.55s，稳态时的角度跟踪误差为 2.8°，因为外部加了比较大的干扰，滑模控制在大干扰的情况下会有稳态误差，所以不能随着滑动模态收敛到相轨迹的原点。而基于干扰观测器的滑模控制的阶跃响应上升时间为 0.45s，稳态时的角度跟踪误差为零。

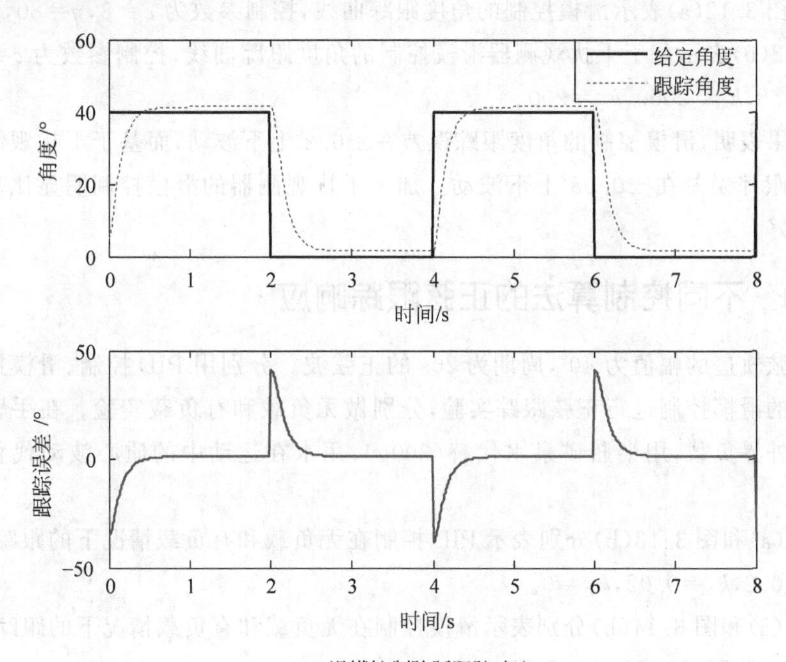

(a) 滑模控制阶跃跟踪响应

图 3.11　阶跃跟踪响应仿真

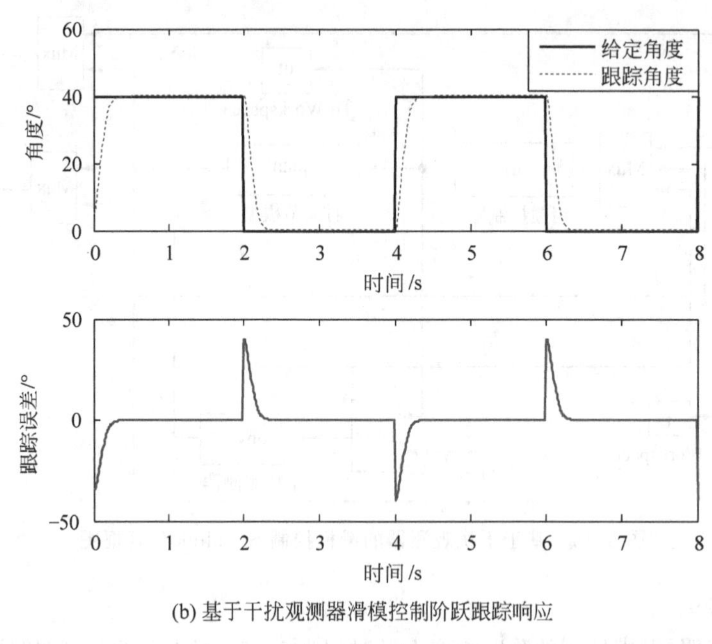

彩色图片

(b) 基于干扰观测器滑模控制阶跃跟踪响应

图 3.11 (续)

2. 正弦响应

给定轨迹为正弦信号,幅值为 40°,周期为 20s,外界干扰幅值设为 0.2MPa,周期和正弦信号相同。图 3.12(a)表示滑模控制的角度跟踪曲线,控制参数为 $c=8,\eta=80,k=30,\Delta=0.5$。图 3.12(b)表示基于干扰观测器滑模控制的角度跟踪曲线,控制参数为 $c=8,\eta=80,k=30,\Delta=0.5,k_1=2000,k_2=200$。

仿真结果表明,滑模控制的角度跟踪误差在±0.2°上下波动,而基于干扰观测器的滑模控制的角度跟踪误差在±0.08°上下波动。加了干扰观测器的滑模控制明显比普通滑模控制跟踪效果好。

3.3.3 不同控制算法的正弦跟踪响应

给定正弦轨迹的幅值为 40°,周期为 20s 的正弦波。分别用 PID 控制、滑模控制和基于干扰观测器的滑模控制进行正弦跟踪实验,分别做无负载和有负载实验。在手臂末端加上固定质量的外界负载,用半瓶矿泉水代替(300g),用水在运动中的质心波动代替外界的不确定性干扰。

图 3.13(a)和图 3.13(b)分别表示 PID 控制在无负载和有负载情况下的跟踪曲线,控制参数为 $k_P=0.2,k_I=0.02,k_D=0$。

图 3.14(a)和图 3.14(b)分别表示滑模控制在无负载和有负载情况下的跟踪曲线,控制参数为 $c=8,\eta=50,k=30,\Delta=0.75$。

图 3.15(a)和图 3.15(b)分别表示基于干扰观测器的滑模控制在无负载和有负载情况下跟踪曲线,控制参数为 $c=12,\eta=40,k=20,\Delta=1,k_1=8000,k_2=200$。

3 种控制算法的结果可用表 3.3 表示。

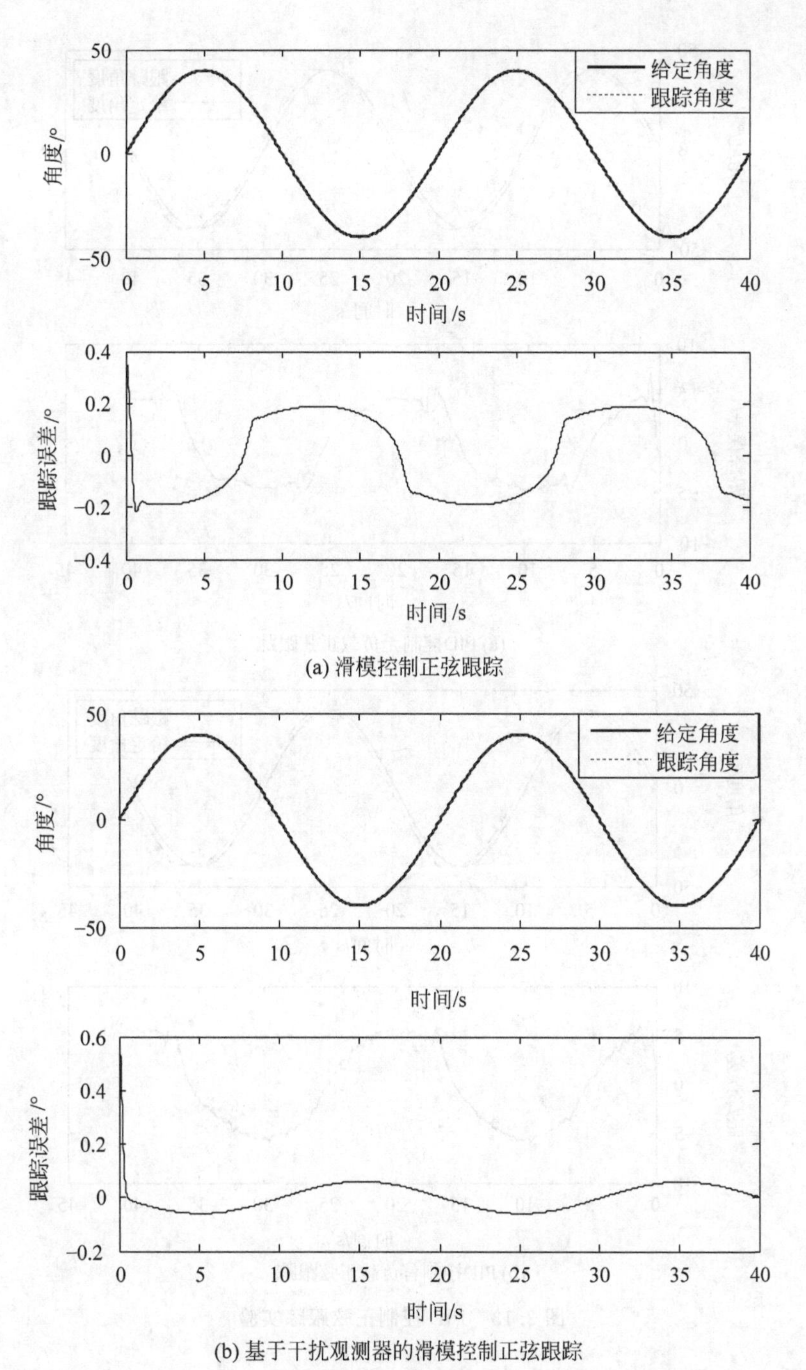

图 3.12 两种滑模控制算法正弦跟踪仿真

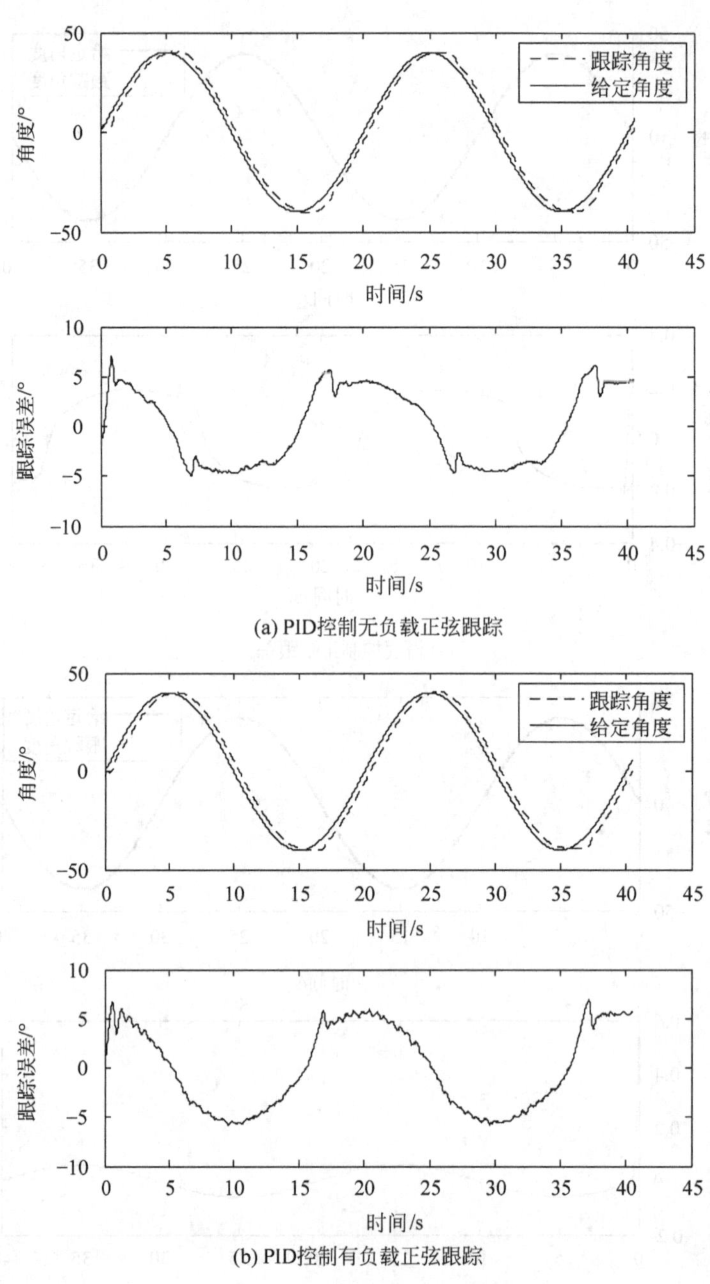

图 3.13 PID 控制正弦跟踪实验

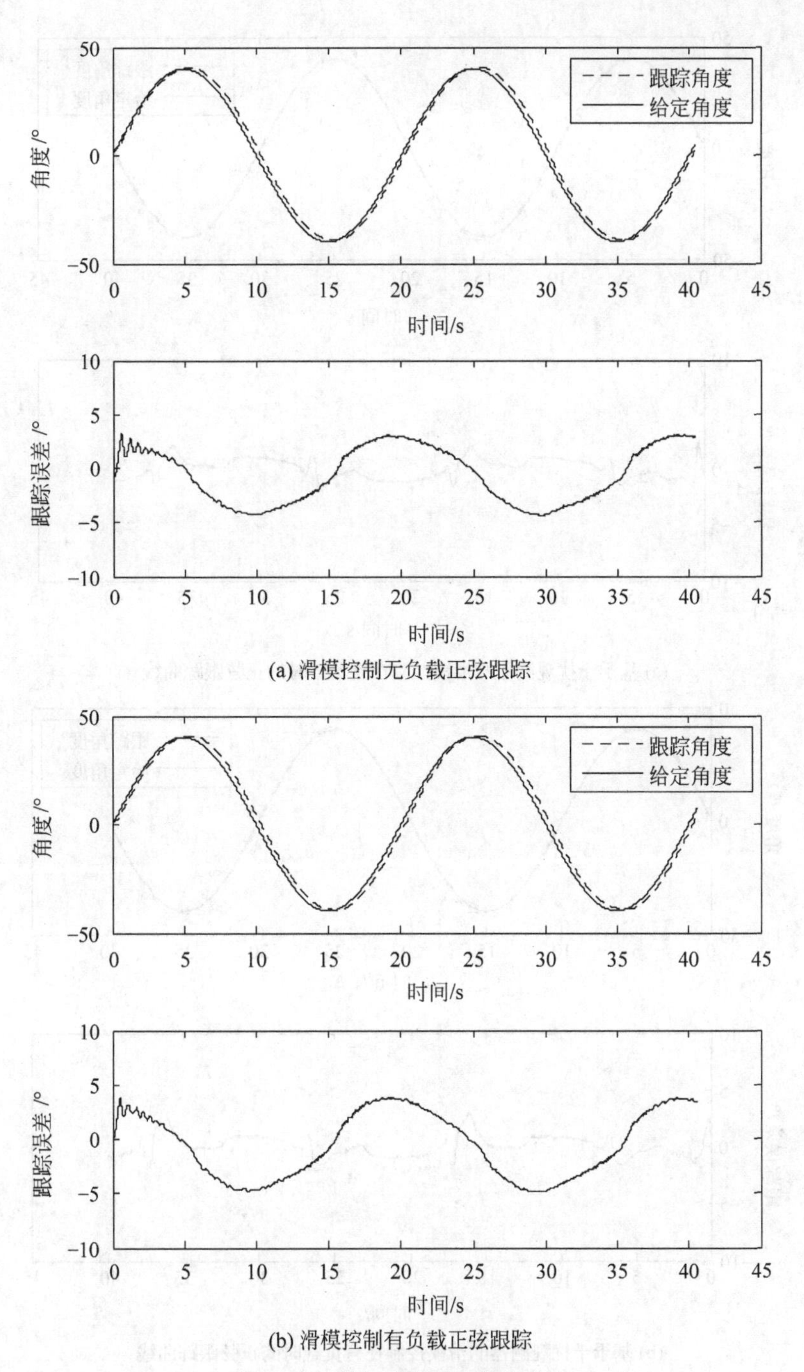

(a) 滑模控制无负载正弦跟踪

(b) 滑模控制有负载正弦跟踪

图 3.14　滑模控制正弦跟踪实验

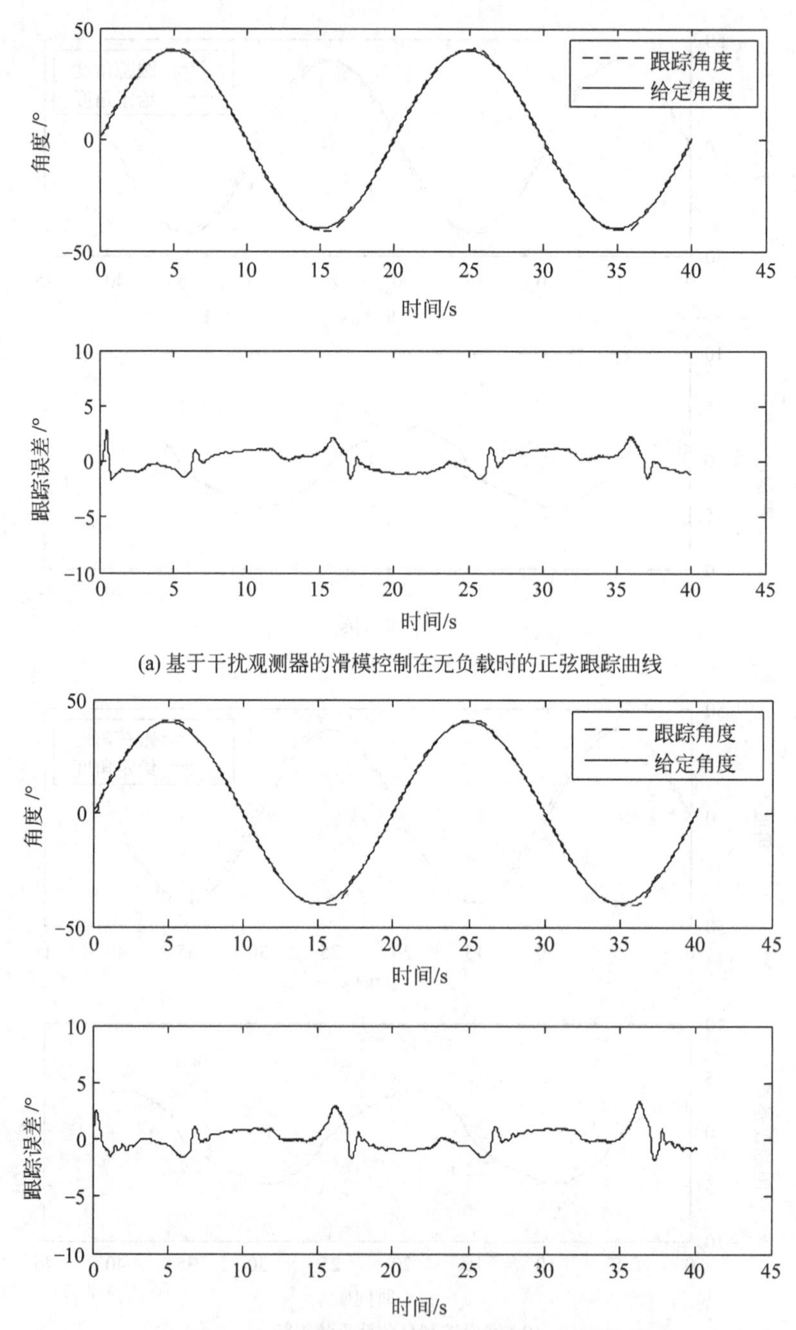

(a) 基于干扰观测器的滑模控制在无负载时的正弦跟踪曲线

(b) 基于干扰观测器的滑模控制在有负载时的正弦跟踪曲线

图 3.15　基于干扰观测器的滑模控制正弦跟踪实验

表 3.3　3 种控制算法比较

项　　目	负载情况	PID	SMC	SMCDO
最大误差	无负载	7°	4.1°	2.8°
	有负载	6.9°	4.8°	2.9°

续表

项　目	负载情况	PID	SMC	SMCDO
误差均值	无负载	3.48°	2.30°	0.78°
	有负载	3.87°	2.61°	0.74°
均方误差	无负载	1.36°	1.16°	0.44°
	有负载	1.65°	1.29°	0.6°

实验结果表明,SMCDO位置跟踪精度要明显优于PID和滑模控制。SMCDO在有负载和无负载的情况下,误差均值和均方误差的变化量要明显小于PID和滑模控制,所以SMCDO更具有鲁棒性。仿真测试时等效干扰为一个固定幅值的正弦函数,实际系统的等效干扰为一个时变的、非线性等复杂信号的叠加；肘关节的数学模型已经过简化,与实际系统的数学模型有一定误差。

习题

3.1　气动执行器相比于电机驱动执行器有何优缺点?

3.2　气动肌肉的静态和动态建模有哪些方法?

3.3　气动肌肉驱动的有哪些仿生机器人?

3.4　尝试建立如图3.16所示的两根气动肌肉驱动的单关节的动力学模型。

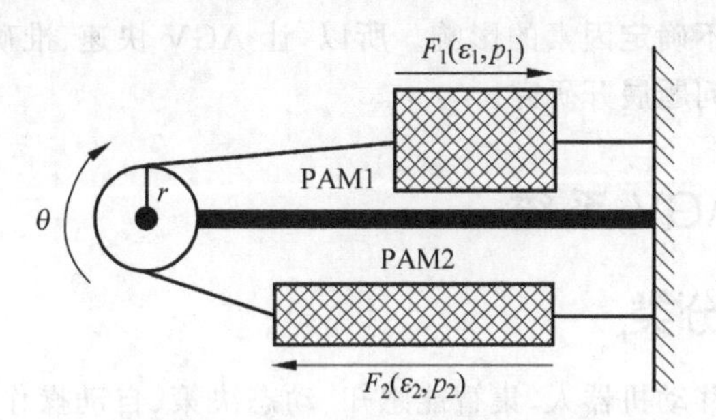

图3.16　气动肌肉单关节结构图

3.5　给定如下系统

$$\begin{cases}\dot{x}_1 = x_2 \\ \dot{x}_2 = -25x_1 + 100u + F(t)\end{cases}$$

其中 $F(t)$ 为外部干扰。采用如下控制器和自适应率：

$$u = 100^{-1}(-k_1(z_2 - c_1 z_1) - 25(z_2 + \dot{x}_d - (c_1 z_1) - \hat{F} + \ddot{x}_d - c_1 \dot{z}_1 - h(\alpha_1 + \alpha_2 \operatorname{sgn}(\alpha_1)))$$

$$\dot{\hat{F}} = -\gamma \alpha_1$$

利用反步滑模控制算法实现对 F 的估计。选取 $F(t) = -3\sin(0.1t)$,跟踪信号取 $x_d = \sin t$,$\gamma = 30, c_1 = 10, k_1 = 20, h = 20$。利用MATLAB画出位置和速度、控制输入以及 $\hat{F}$ 的变化曲线。

第4章 AGV智能搬运机器人

CHAPTER 4

AGV(Automated Guided Vehicle)通常也叫AGV小车，指装备电磁或光学等自动导引装置，能够沿着规定的导引路径行驶，具有安全保护以及各种移载功能的运输车。AGV是一种自动化设备，属于机器人的范畴，广泛应用于仓储、电力、汽车、烟草和其他行业。AGV作为数字化车间的重要组成部分，在物流和先进的制造系统中扮演着重要的角色。随着AGV技术的深入发展，尤其是将计算机控制系统应用到AGV控制领域后，AGV的性能不断提高。然而，随着制造业的进步，人们对AGV的运行稳定性提出了更高的要求。

作为AGV控制系统的关键环节，AGV的跟踪精度很大程度上决定着AGV是否能够快速、高效、稳定地完成智能物流作业。另外，AGV小车的运动控制机制是一个非完整性运动控制系统，受诸多不确定因素的影响。所以，让AGV快速、准确地进行轨迹跟踪是一个难点，本章将对这些问题展开研究。

4.1 差速AGV系统

4.1.1 AGV分类

AGV是一种智能移动机器人，集智能感知、动态决策、自动操作于一体，可高效地实现物料搬运等作业任务，如今已成为柔性制造系统和自动化立体仓库重要的搬运工具之一。根据企业对产品的定位及需求，AGV的分类有很多种，主要可从功能和车体类型两个方面进行分类。

1. 按功能

AGV主要划分为无人搬运车、无人牵引小车和无人叉车3种类型。无人搬运车主要用于搬运作业，它是通过人力或者自动移载装置将货物装载到小车上，小车行走到指定位置后，再利用人力或者自动移载装置将货物卸下，从而实现搬运任务。无人牵引小车主要用于自动牵引装载货物的平板车，只提供牵引力。当装载货物的平板车到达指定位置之后，无人牵引小车将与平板车脱开。无人叉车的主要功能与机械式叉车比较相似，一切动作都是通过控制系统控制的，自动完成搬运任务。

2. 按车体类型

AGV按轮系来划分的话，主要分为三轮式、四轮式和六轮式。三轮结构相对简单，可以满足车间的一般要求。四轮结构承重能力较强，因而也被广泛使用，六轮结构与四轮结构情况较为类似，承重能力强，由于它的稳定性，也被广泛使用。

1）三轮结构

三轮结构常常应用于小型 AGV 中，如图 4.1(a)所示，驱动和转向都由前端的舵机来完成，后面的两个自由轮主要用于平衡和支撑，此种类型的 AGV 对舵机的要求较高。与图 4.1(a)相反，图 4.1(b)的后轮是驱动轮，前轮是万向轮。主要通过后面两个驱动轮进程差速驱动，从而完成小车转向。很显然，这时就对后面两个驱动轮的转速精度要求较高。三轮结构的缺点在于，在行驶过程中，由于三轮结构比较特殊，小车的瞬心（瞬心为互相做平面相对运动的两构件上，瞬时相对速度为零的点）和质心不重合，这样就给轨迹跟踪带来了很多困难。三轮结构的优点也十分明显，三轮结构可以保证车轮与地面充分接触，实现转向较为容易，同时也便于建立数学模型。只要从机械角度考虑，合理地安排小车的重心，就能作为合适的研究对象。

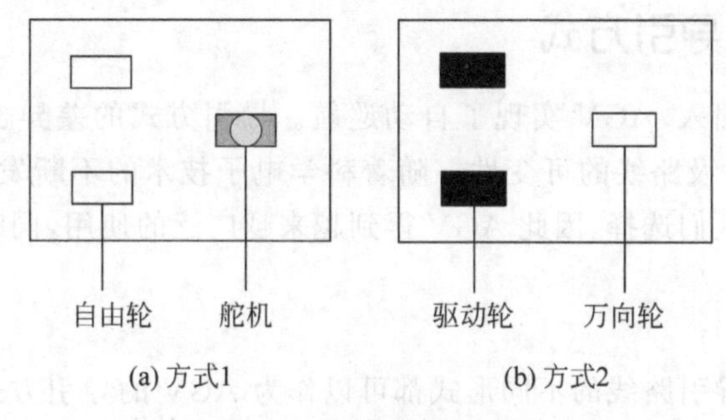

(a) 方式1 (b) 方式2

图 4.1 三轮结构 AGV

2）四轮结构

四轮结构往往用于大型车体，四轮结构的载重能力和稳定性都明显优于三轮结构。如图 4.2(a)所示，前面两轮为万向轮，后面两轮为驱动轮，这种结构横向移动能力比较弱，虽然稳定性增加了，但是转向能力却被减弱。此外，四轮结构需要保证 4 个轮子在同一水平面与地面接触，这也对地面平整度有了更高的要求，使用舵机类型的四轮结构如图 4.2(b)所示，前面两轮承担了驱动加转向的任务，后面两轮为万向轮。

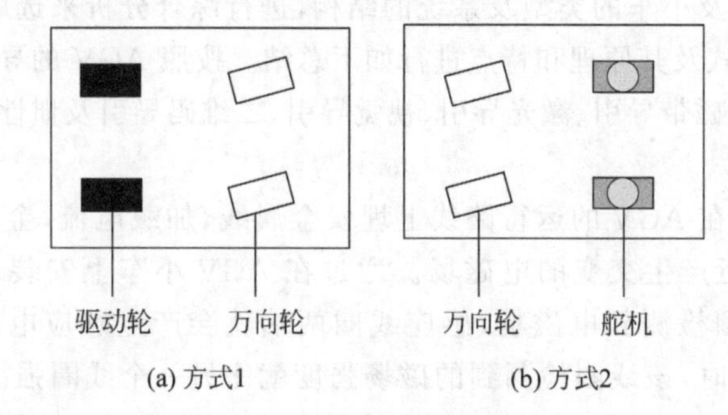

(a) 方式1 (b) 方式2

图 4.2 四轮结构 AGV

3）五轮结构或六轮结构

如图 4.3 所示，为五轮结构与六轮结构的典型图例，目前，国内外很多大型主流厂商都采用此类结构，图 4.3(a)是五轮结构图，中间是万向舵轮，两个前轮是万向轮，两个后轮是固定轮（从动轮）；图 4.3(b)是六轮结构图，中间两轮为差速驱动轮，用来控制 AGV 的转向。

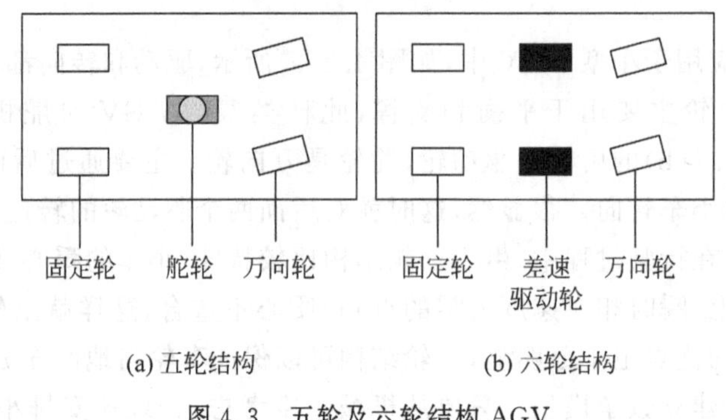

(a) 五轮结构　　(b) 六轮结构

图 4.3　五轮及六轮结构 AGV

4.1.2　AGV 导引方式

由于导引技术的引入，AGV 实现了自动巡航。导引方式的差异也直接或间接影响着整个 AGV 系统的柔性及路线的可变性。随着科学电子技术的不断发展及深入，越来越多先进的导引方式可供人们选择，因此 AGV 得到越来越广泛的使用，同时对环境的适应性也越来越强。

1. 导引方式分类

导引信息来源及导引路线的不同形式都可以作为 AGV 的导引方式划分的依据。如果对不同的导引信息来源进行划分，主要分为内导式及外导式。内导式方法主要有惯性法、坐标法等，外导式方法主要有激光及电磁感应等。如果按照导引路线的不同来划分，可以分为有线式和无线式，有线式导引方式有磁带线、电磁线及色带线等，无线式导引方式有激光、超声波、陀螺仪等。

2. 常见导引方式的原理分析

AGV 导引指的是控制器利用传感器来获取外部信息，并结合自身的状态信息进行综合处理，从而控制车体沿期望轨迹运动。实际上，在现实应用中，AGV 的导引方式主要取决于小车所在的环境及小车的类型及系统的结构，进行综合分析来选取合适的导引方式。接下来对常用导引方式及其原理和特点进行如下总结。按照 AGV 的导引方式可以划分为以下几类：电磁导引、磁带导引、激光导引、视觉导引、二维码导引及惯性导引。

1）电磁导引方式

电磁导引指的是在 AGV 的运行路线上埋设金属线，加载电流，金属线上产生低频交流电，于是金属线附近产生交变的电磁场。通过在 AGV 小车上安装电磁感应元件来检测磁场，只要感应线圈检测到电磁场，感应线圈两端就会产生感应电压。当金属线靠近其中的一个感应线圈时，该线圈检测到的磁场强度就比另一个线圈强。AGV 通过电压差值对转向进行调整，通过对导引频率的识别和跟踪，确定运行路线。其原理如图 4.4 所示。

2）磁带导引方式

磁带导引与电磁导引很相似，原理上也很相近，不同之处就在于采用了在地面上铺贴磁带从而替代在地面下埋设金属线，通过磁带感应信号来实现导引。同时，采用安装在 AGV 上的磁感应传感器来代替线圈检测磁场，通过位置偏差来计算磁带的偏离程度，从而控制电机的转速。通过对多路信号的检测可以得到此时 AGV 的偏移量和偏移方向。磁带导引原理如图 4.5 所示。

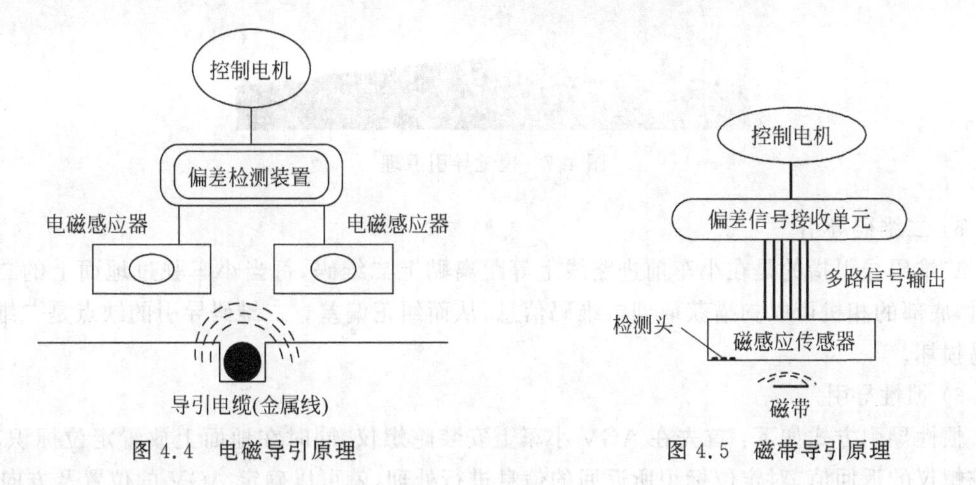

图 4.4 电磁导引原理　　图 4.5 磁带导引原理

3) 激光导引方式

激光导引指的是在行驶路径上装备激光定位标志，即有高反光性的激光反射板，一般将激光定位标志安装在运行路线附近的墙壁或支柱上。主要通过 AGV 上的激光扫描器发射激光，与此同时采集通过反射板反射回来的激光，并对激光进行信号处理从而实现定位和确定航向。激光导引的优点是定位准确，同时路径灵活多变，可以满足多种现场环境的需求；缺点是对环境、地面及设备的反光面等都有要求，在引导区域附近要按要求布置足够的反射板，而且 AGV 的激光扫描器与反射板之间不能有障碍物，同时不适合车间上方有物流作业的场合。激光导引原理如图 4.6 所示。

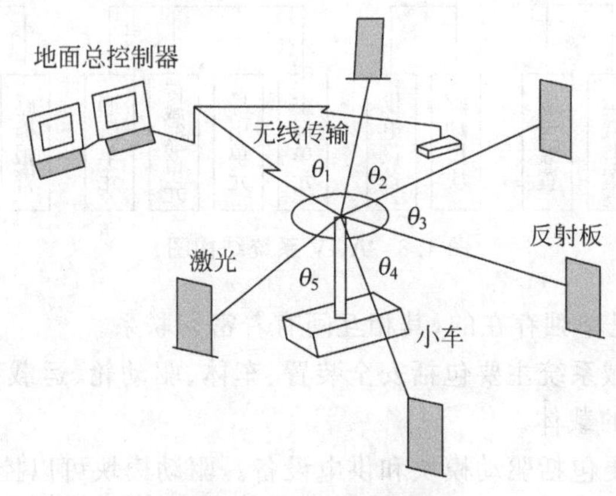

图 4.6 激光导引原理

4) 视觉导引

视觉导引指的是在 AGV 上装备视觉传感设备，即 CCD 摄像机或者视觉传感器，同时将 AGV 预定行驶路线周围环境的图像数据库录入车载计算机中。当 AGV 行驶时，摄像机动态抓取车辆周围环境图像信息并且与已录入车载计算机中的图像数据库进行比较，从而确定当前位置信息，同时决策出下一步行驶方向。视觉导引原理如图 4.7 所示。

图 4.7 视觉导引原理

5）二维码导引

二维码导引指的是在小车前进路线上等距离贴上二维码，每当小车驶过地面上的二维码时，底部的相机可以扫描获取到二维码信息，从而纠正偏差。二维码导引的缺点是二维码容易损坏。

6）惯性导引

惯性导引方式如下：首先在 AGV 小车上安装陀螺仪，同时在地面上放置定位标识，计算陀螺仪的返回值，对定位标识所返回的信息进行处理，就可以确定 AGV 的位置及方向。

4.1.3 AGV 系统构成

AGV 主要由机械系统、动力系统、控制系统、报警系统及其下属的相应单元模块构成，如图 4.8 所示。

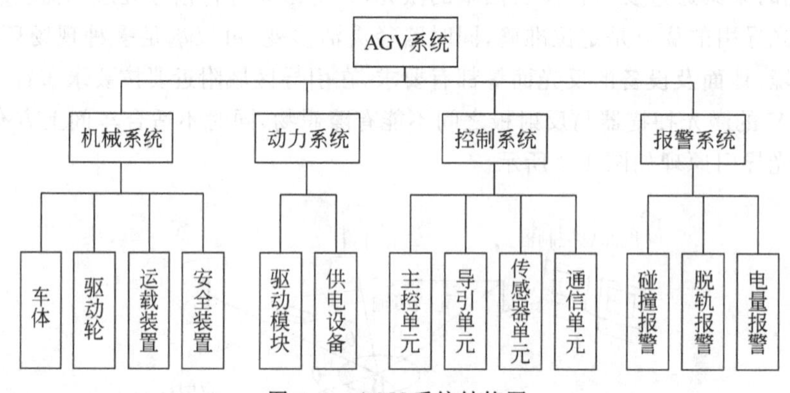

图 4.8 AGV 系统结构图

其中，各模块都不是单独存在的，其相互间有着密切联系。

(1) 机械系统：机械系统主要包括安全装置、车体、驱动轮、运载装置等硬件结构，机械结构是 AGV 系统运行的载体。

(2) 动力系统：主要包括驱动模块和供电设备。驱动模块可以控制 AGV 的加速、减速刹车等功能，AGV 小车在不同的路段对速度的要求是不同的。供电设备主要是给 AGV 供电，AGV 运行到一定程度时会向控制系统发出请求，补给电源。

(3) 控制系统：AGV 的核心部分就是主控单元；导引单元的主要作用是保证 AGV 沿预定轨迹运行；传感器单元主要是将采集到的信息融合后传输给主控单元，为控制器的决策提供依据；通信单元主要是用来实现 AGV 与控制台之间信息的交换。

(4) 报警系统：由于 AGV 的体积较大，运动起来惯性较大，出于安全考虑，一般会通过软件与硬件结合的方法来保证安全，AGV 一般都会安装防碰撞 PBS 传感器、急停装置等。

AGV 小车的整个控制系统框图如图 4.9 所示。

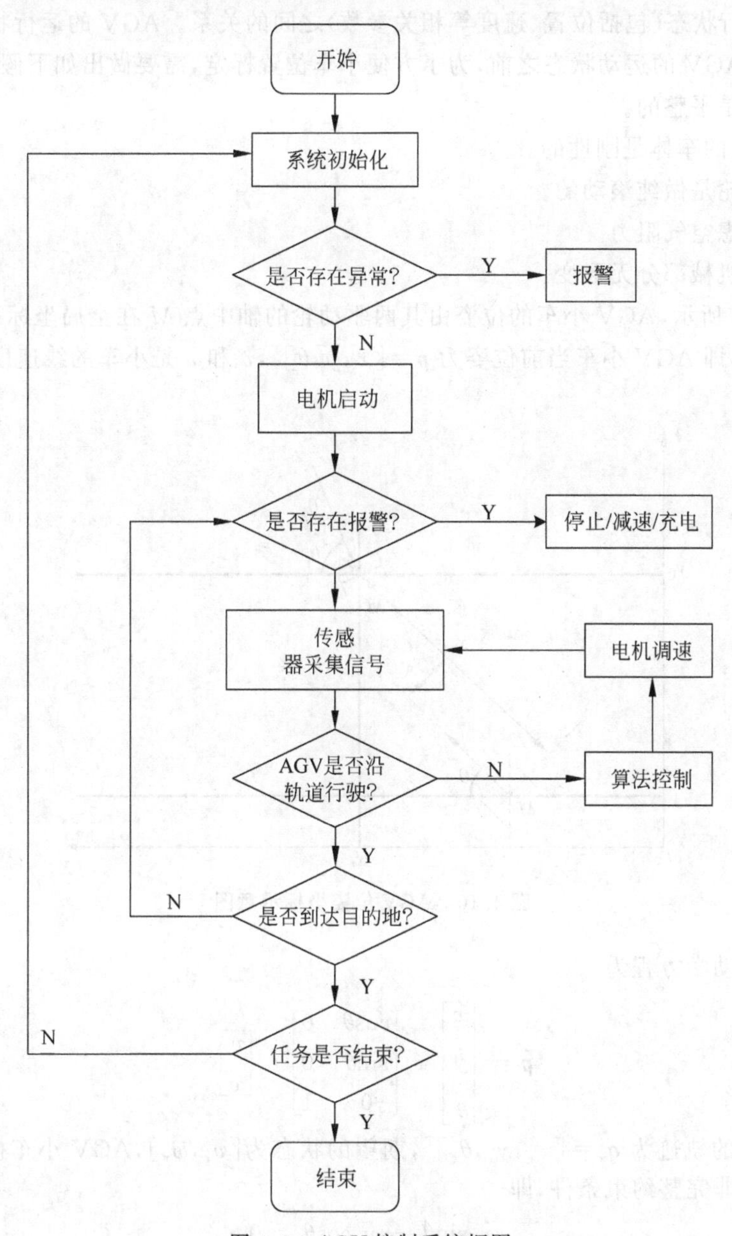

图 4.9 AGV 控制系统框图

4.2 AGV 运动学建模

为了建立 AGV 小车的运动学模型，首先要确定小车的驱动方式，其次是对 AGV 小车进行运动学分析，最后建立 AGV 小车的运动学模型。本节研究的 AGV 小车为磁导航双轮差速驱动 AGV，主要依靠左右两轮之间的转速差值来实现机器人的转向。建立差速 AGV 运动学模型是为了方便后面的计算，首先将该 AGV 运动机构抽象简化，通过建立差速

AGV 小车左右两驱动轮的模型来进行相关计算。搭建该模型的目的是确定驱动轮的速度与该 AGV 运行状态(包括位置、速度等相关参数)之间的关系。AGV 的运行状态如图 4.10 所示,在分析 AGV 的运动状态之前,为了方便小车位置标定,需要做出如下假设:

(1) 地面是平整的。

(2) AGV 的车体是刚性的。

(3) 驱动轮是做纯滚动的。

(4) 不考虑空气阻力。

(5) 小车机械部分无形变。

如图 4.10 所示,AGV 小车的位姿由其两驱动轮的轴中点 M 在全局坐标系的坐标及导航角 θ 来表示,即 AGV 小车当前位姿为 $\boldsymbol{p}=[x,y,\theta]^{\mathrm{T}}$,$v$ 和 ω 是小车的线速度和角速度,θ_{r} 为期望角度。

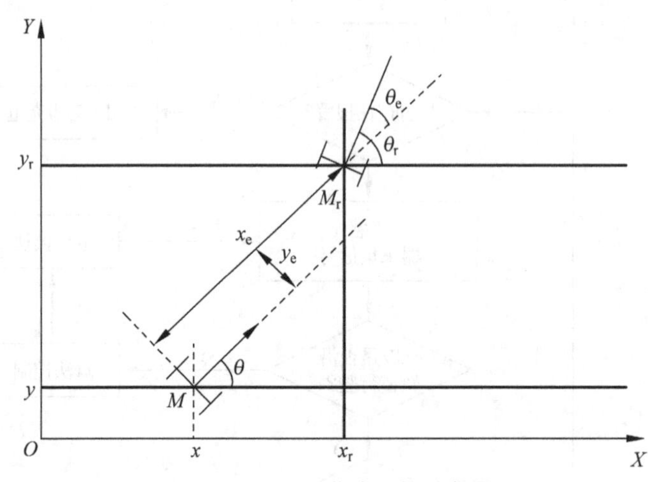

图 4.10 AGV 位姿坐标示意图

小车的运动学方程为

$$\dot{\boldsymbol{p}}=\begin{bmatrix}\dot{x}\\\dot{y}\\\dot{\theta}\end{bmatrix}=\begin{bmatrix}\cos\theta & 0\\\sin\theta & 0\\0 & 1\end{bmatrix}\cdot\begin{bmatrix}v\\\omega\end{bmatrix}\tag{4.1}$$

假设期望的轨迹为 $\boldsymbol{q}_{\mathrm{r}}=[x_{\mathrm{r}},y_{\mathrm{r}},\theta_{\mathrm{r}}]^{\mathrm{T}}$,期望的状态为 $[v_{\mathrm{r}},\omega_{\mathrm{r}}]$,AGV 小车模型满足非完整移动机器人非完整约束条件,即

$$\dot{x}_{\mathrm{r}}\sin\theta_{\mathrm{r}}-\dot{y}_{\mathrm{r}}\cos\theta_{\mathrm{r}}=0\tag{4.2}$$

假设误差轨迹为 $\boldsymbol{p}_{\mathrm{e}}=[x_{\mathrm{e}},y_{\mathrm{e}},\theta_{\mathrm{e}}]^{\mathrm{T}}$,根据坐标转换,可得系统的误差方程为

$$\boldsymbol{p}_{\mathrm{e}}=\begin{bmatrix}x_{\mathrm{e}}\\y_{\mathrm{e}}\\\theta_{\mathrm{e}}\end{bmatrix}=\begin{bmatrix}\cos\theta & \sin\theta & 0\\-\sin\theta & \cos\theta & 0\\0 & 0 & 1\end{bmatrix}\cdot\begin{bmatrix}x_{\mathrm{r}}-x\\y_{\mathrm{r}}-y\\\theta_{\mathrm{r}}-\theta\end{bmatrix}\tag{4.3}$$

对其误差方程求导可得位姿误差微分方程

$$\dot{\boldsymbol{p}}_{\mathrm{e}}=\begin{bmatrix}\dot{x}_{\mathrm{e}}\\\dot{y}_{\mathrm{e}}\\\dot{\theta}_{\mathrm{e}}\end{bmatrix}=\begin{bmatrix}y_{\mathrm{e}}\omega-v+v_{\mathrm{r}}\cos\theta_{\mathrm{e}}\\-x_{\mathrm{e}}\omega+v_{\mathrm{r}}\sin\theta_{\mathrm{e}}\\\omega_{\mathrm{r}}-\omega\end{bmatrix}\tag{4.4}$$

AGV 小车轨迹跟踪的目标就是寻找控制律$[v,\omega]^{\mathrm{T}}$,使得对任意误差,系统的误差方程均能收敛到0,即$\lim\limits_{t\to\infty}\|\boldsymbol{p}_e\|=0$。

根据小车的位姿误差微分方程,利用反演控制器设计的思想,设计合理的李雅普诺夫函数,并根据李雅普诺夫函数的稳定性条件可求得 AGV 小车轨迹跟踪的控制律。假设k_1,k_2,k_3为系数,选取李雅普诺夫函数为

$$V=\frac{1}{2}(x_e^2+y_e^2)+\frac{1}{k_2}(1-\cos\theta_e) \tag{4.5}$$

将式(4.5)的李雅普诺夫函数对时间求一次导可得

$$\dot{V}=x_e(-v+v_r\cos\theta_e)+\frac{\sin\theta_e}{k_2}(\omega_r-\omega+k_2v_ry_e) \tag{4.6}$$

假定选取控制律为

$$\begin{bmatrix}v\\ \omega\end{bmatrix}=\begin{bmatrix}v_r\cos\theta_e+k_1x_e\\ \omega_r+k_2v_ry_e+k_3\sin\theta_e\end{bmatrix} \tag{4.7}$$

将式(4.7)代入式(4.6)可得

$$\dot{V}=-(k_1x_e^2+\frac{k_3}{k_2}\sin^2\theta_e) \tag{4.8}$$

当k_1,k_2,k_3均大于零时,由式(4.5)和式(4.8)可知$V\geqslant0$,$\dot{V}\leqslant0$满足李雅普诺夫渐近稳定的条件,因此选用式(4.7)的控制律满足 AGV 小车轨迹跟踪的条件。确定k_1,k_2,k_3参数的传统方法要通过系统辨识,算法复杂,鲁棒性差。

因此,本节基于 AGV 小车实际位姿与期望位姿之间的距离偏差和角度偏差设计模糊控制器,实时调整参数,使系统具有较好的鲁棒性和稳定性。

设计系统模型如图 4.11 所示。

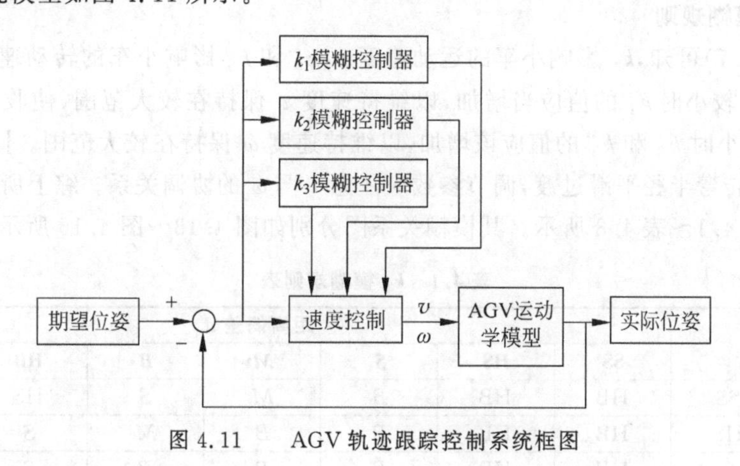

图 4.11 AGV 轨迹跟踪控制系统框图

4.3 模糊控制器设计

根据上面的分析,控制律$[v,\omega]^{\mathrm{T}}$中共有 3 个参数k_1、k_2、k_3,因此需要设计 3 个模糊控制器。3 个模糊控制器均采用距离偏差d和角度偏差a作为输入,分别输出k_1、k_2、k_3。

1. 输入、输出变量模糊化

假定距离偏差 d 的值域为[0,5],角度偏差 a 的值域为[0,π]。将 d 和 a 分为7个模糊集:SB(超大)、HB(很大)、B(大)、M(中等)、S(小)、HS(很小)、SS(超小),论域均为[−6,6]。输入变量的量化因子可以通过变量的论域标准化得到。因此 d 的量化因子为 $k_d=\frac{6}{5}$,a 的量化因子为 $k_a=\frac{6}{\pi}$。

假定 k_1 的值域为[1,10],k_2、k_3 的值域为[1,8]。将 k_1、k_2 和 k_3 分为7个模糊集:SB(超大)、HB(很大)、B(大)、M(中等)、S(小)、HS(很小)、SS(超小),论域均为[−6,6]。输出变量的比例因子可以通过变量的论域标准化实现。因此 k_1 的比例因子为 $k_1=\frac{10-1}{6}=\frac{3}{2}$,$k_2$ 的比例因子为 $k_2=\frac{8-1}{6}=\frac{7}{6}$,$k_3$ 的比例因子为 $k_3=\frac{8-1}{6}=\frac{7}{6}$。

距离偏差 d、角度偏差 a 以及 k_1、k_2、k_3 参数的论域和语言变量均相同,因此这5个变量均采用三角形隶属度函数,如图4.12所示。

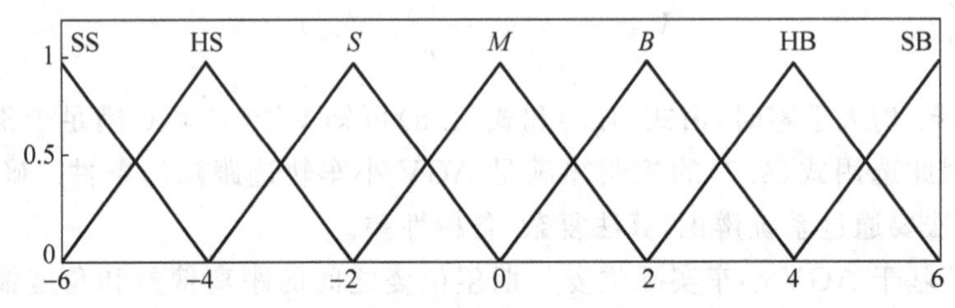

图4.12 d、a、k_1、k_2、k_3 的三角形隶属度函数

2. 建立模糊规则

分析式(4.7)可知,k_1 影响小车的运动速度 v,k_2 和 k_3 影响小车的转动速度 ω。因此,当距离偏差 d 较小时 k_1 的值应当增加,以维持速度 v 保持在较大范围,使收敛速度较快。当角度偏差较小时 k_2 和 k_3 的值应该增加,以维持速度 ω 保持在较大范围。同时转弯半径 $r=v/\omega$,为使转弯半径平滑过渡,调节参数应注意 v 与 ω 的协调关系。综上所述,建立模糊规则分别如表4.1~表4.3所示。其模糊关系图分别如图4.13~图4.15所示。

表4.1 k_1 模糊规则表

k_1		距离偏差 d						
		SS	HS	*S*	*M*	*B*	HB	SB
角度偏差 a	SS	HB	HB	*B*	*M*	*S*	HS	SS
	HS	HB	HB	*B*	*B*	*M*	*S*	HS
	S	HB	HB	*B*	*B*	*B*	*S*	*S*
	M	HB	HB	*B*	*B*	*B*	*S*	*M*
	B	SB	HB	HB	*B*	*B*	*S*	*M*
	HB	SB	SB	HB	HB	*B*	*M*	*M*
	SB	SB	SB	HB	HB	*B*	*B*	*B*

表 4.2 k_2 模糊规则表

k_2		距离偏差 d						
		SS	**HS**	***S***	***M***	***B***	**HB**	**SB**
角度偏差 a	SS	HB	HB	*B*	*M*	*S*	HS	SS
	HS	HB	HB	*B*	*B*	*M*	*S*	HS
	S	HB	HB	*B*	*B*	*B*	*S*	*S*
	M	HB	HB	*B*	*B*	*B*	*S*	*M*
	B	SB	HB	HB	*B*	*B*	*S*	*M*
	HB	SB	SB	HB	HB	*B*	*M*	*M*
	SB	SB	SB	HB	HB	*B*	*B*	*B*

表 4.3 k_3 模糊规则表

k_3		距离偏差 d						
		SS	**HS**	***S***	***M***	***B***	**HB**	**SB**
角度偏差 a	SS	HB	SB	SB	SB	SB	SB	SB
	HS	HB	HB	HB	HB	HB	SB	SB
	S	*M*	*B*	*B*	*B*	*B*	*B*	*B*
	M	*S*	*M*	*M*	*M*	*M*	*M*	*M*
	B	*S*	*S*	*M*	*M*	*M*	*M*	*M*
	HB	HS	*S*	*S*	*S*	*S*	*S*	*M*
	SB	SS	HS	*S*	*S*	*M*	HB	SB

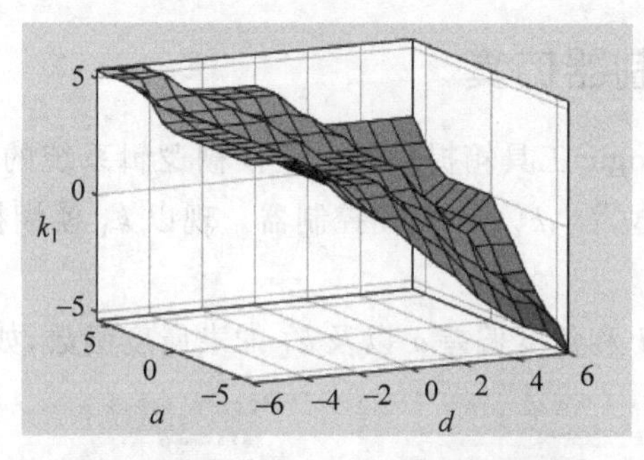

图 4.13 d、a 与 k_1 的模糊关系图

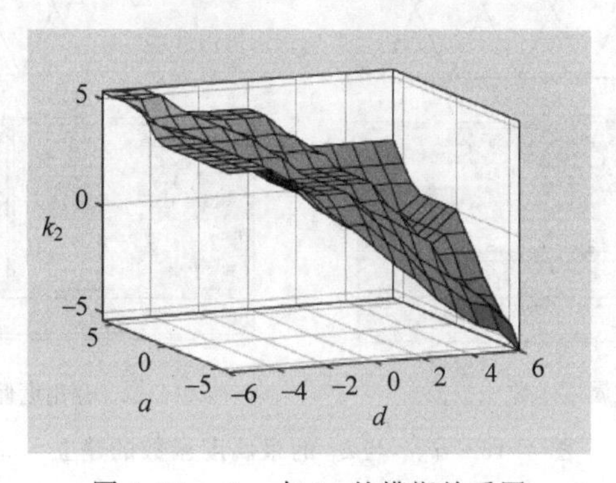

图 4.14 d、a 与 k_2 的模糊关系图

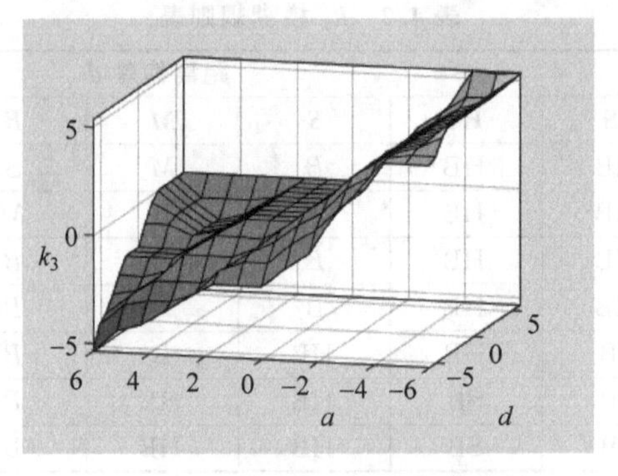

图 4.15　d、a 与 k_3 的模糊关系图

3. 解模糊

本节采用重心法进行解模糊。对于具有 m 个输出量化级数的离散域情况下，与最大隶属度法相比较，重心法具有更平滑的输出推理控制。

$$v_o=\frac{\sum_{k=1}^{m} v_k\mu_v(v_k)}{\sum_{k=1}^{m}\mu_v(v_k)} \tag{4.9}$$

4.4　AGV 系统仿真

4.4.1　模糊控制器仿真

MATLAB 中 Fuzzy logic 工具箱提供了建立模糊逻辑系统的一整套功能函数。因此，本节基于该工具箱分别建立 k_1、k_2、k_3 模糊控制器。现以 k_1 模糊控制器为例介绍模糊控制器的建立。

首先，建立距离偏差 d 和角度偏差 a 以及 k_1 的隶属度函数，如图 4.16 所示。

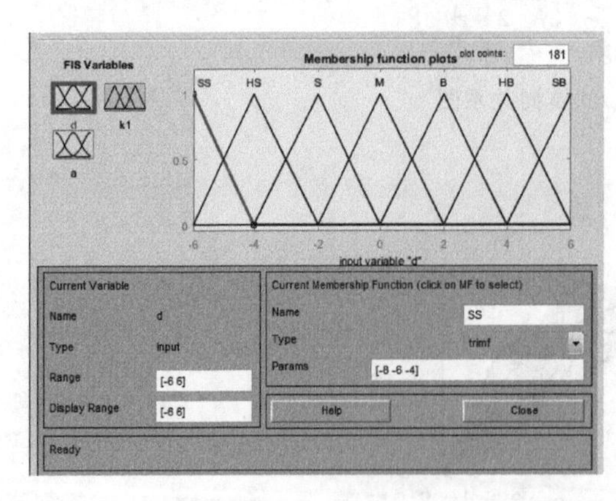

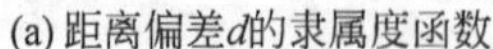
(a) 距离偏差d的隶属度函数

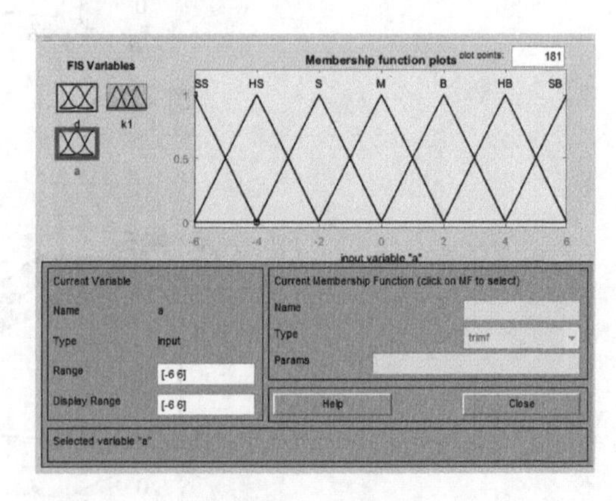

(b) 角度偏差a的隶属度函数

图 4.16　d、a 与 k_1 的隶属度函数的建立

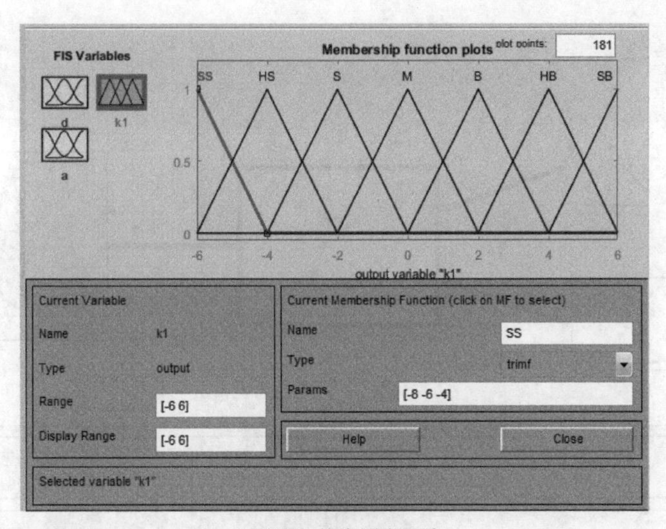

(c) 参数k_1的隶属度函数

图 4.16 （续）

然后，建立模糊推理规则如图 4.17 所示。

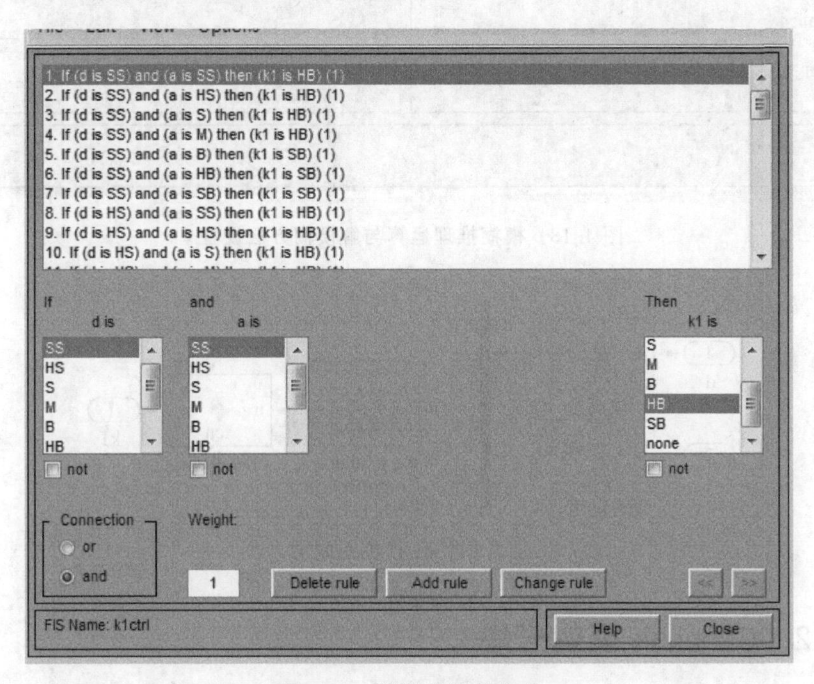

图 4.17 模糊规则的建立

接着设置模糊推理运算与解模糊方法如图 4.18 所示。

最后，建立模糊控制的模糊化接口和清晰化接口，如图 4.19 所示，至此就完成了 k_1 模糊控制器的设计。

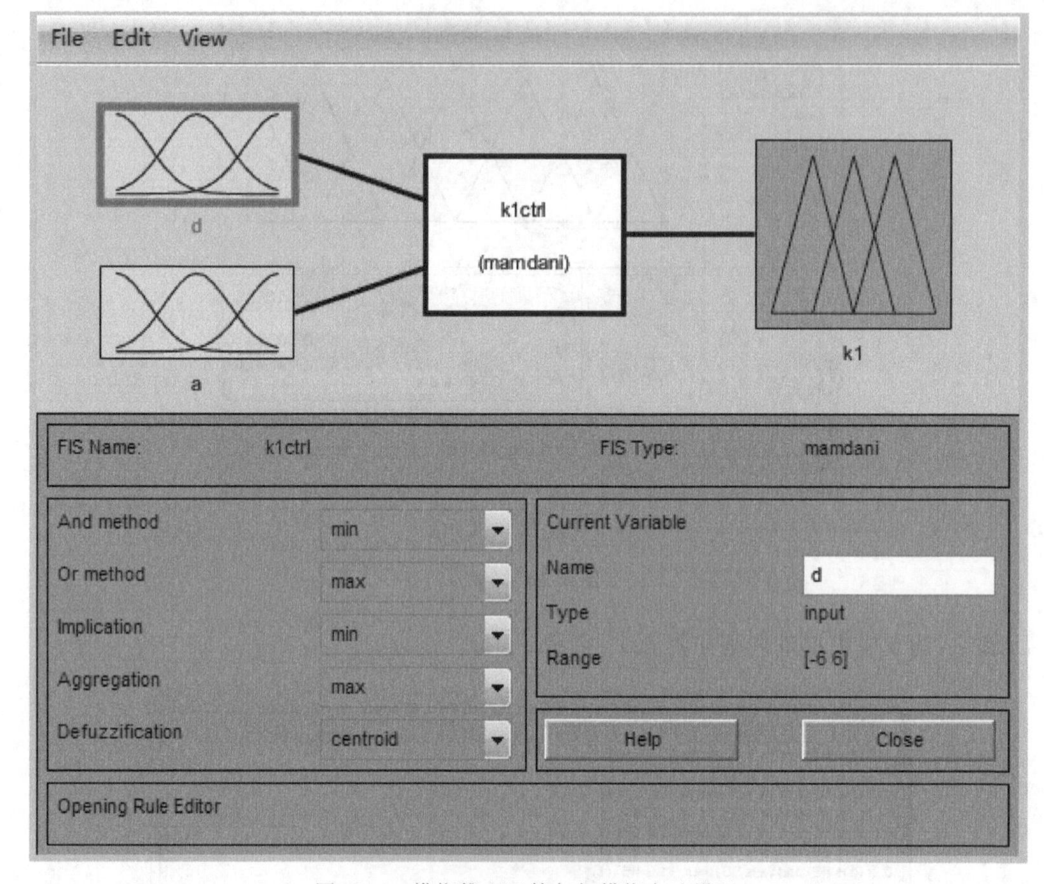

图 4.18　模糊推理运算与解模糊方法设置

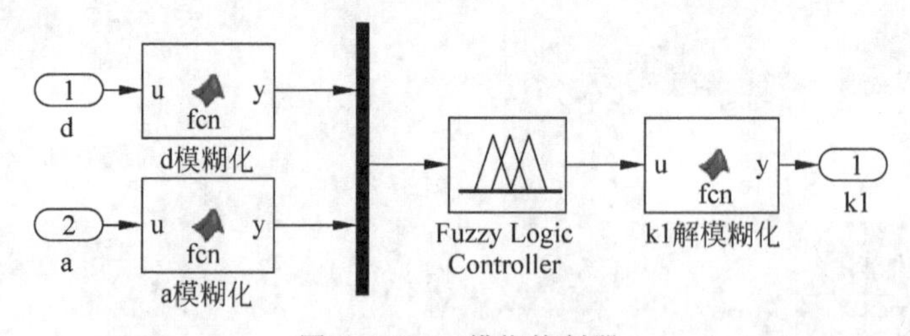

图 4.19　k_1 模糊控制器

4.4.2 Simulink 模型搭建

在 Simulink 环境中搭建系统模型如图 4.20 所示。该系统主要由期望轨迹产生模块（包括直线轨迹：zhixianguiji.m、圆轨迹：yuanguiji.m、曲线轨迹：quxianguiji.m），k_1、k_2、k_3 模糊控制器，速度控制器模块（vw_slove.m），AGV 运动学模块（agv_model.m）等组成。

程序详见配套资料中的程序代码 chapter_4 >> AGV_tracking >> untitled1.mdl。

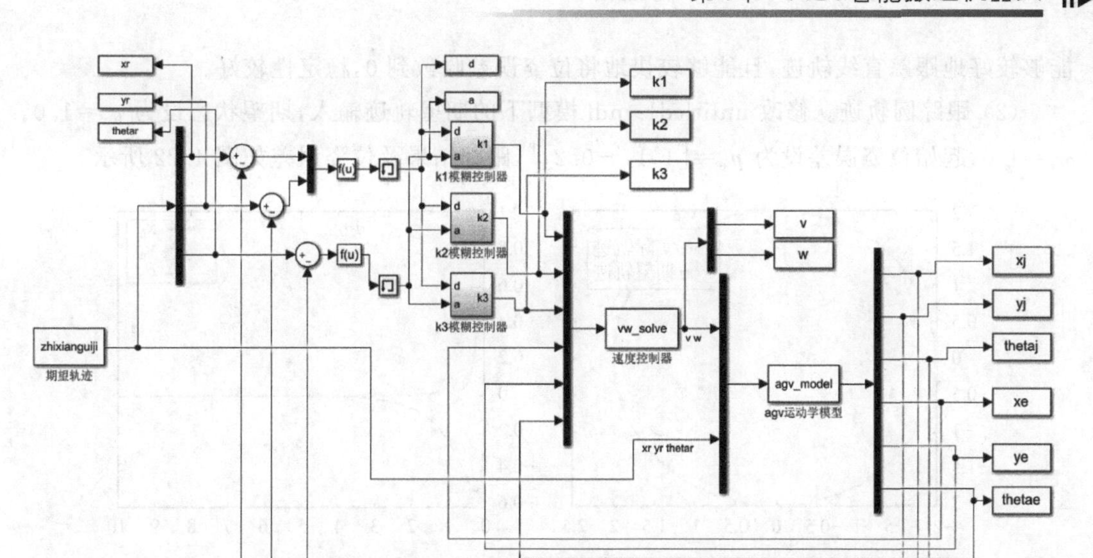

图 4.20　AGV 小车轨迹跟踪系统仿真模型

4.4.3　仿真结果及分析

在上述仿真模型中修改期望轨迹和起始位姿误差，并在 MATLAB 命令行输入如下命令获得模糊控制规则：

```
>> k1ctrl = readfis('k1ctrl.fis')
>> k2ctrl = readfis('k2ctrl.fis')
>> k3ctrl = readfis('k3ctrl.fis')
```

运行仿真模型后，接着运行程序得到轨迹跟踪结果及位姿偏差变化曲线。程序详见配套资料中的程序代码 chapter_4 >> AGV_tracking >> paint.m。

(1) 跟踪直线轨迹。修改 untitled1.mdl 模型下的期望轨迹输入，期望状态设为 $v_r=1.0$，$\omega_r=1.0$，起始位姿误差设为 $\boldsymbol{p}_e=[2,0.5,2]^T$，跟踪结果及位姿误差如图 4.21 所示。

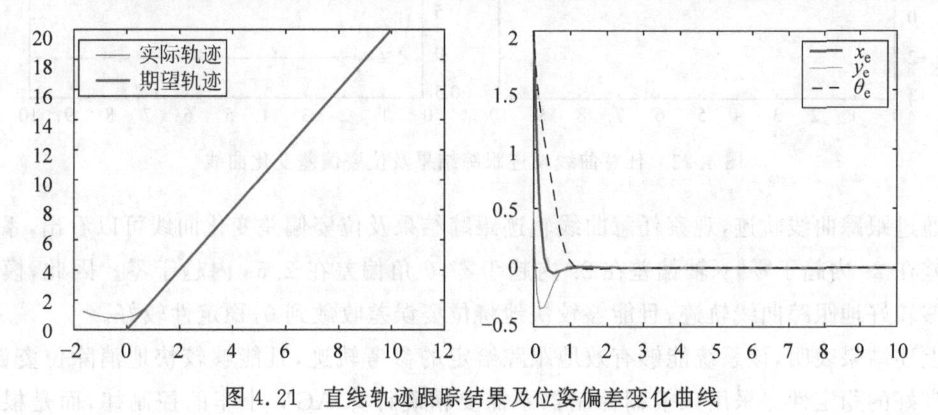

图 4.21　直线轨迹跟踪结果及位姿偏差变化曲线

通过跟踪直线轨迹，观察直线轨迹跟踪结果及位姿偏差变化曲线可以看出，系统 x 轴偏差在 1.5s 内趋于零，y 轴偏差在 4s 内趋于零，θ 角偏差在 2s 内趋于零。因此，模糊控制能够较好地跟踪直线轨迹，且能够较快地将位姿误差收敛到 0，稳定性较好。

（2）跟踪圆轨迹。修改 untitled1. mdl 模型下的期望轨迹输入，期望状态设为 $v_r=1.0$，$\omega_r=1.0$，起始位姿误差设为 $\boldsymbol{p}_e=[1,1,-0.2]^T$，跟踪结果及位姿误差如图 4.22 所示。

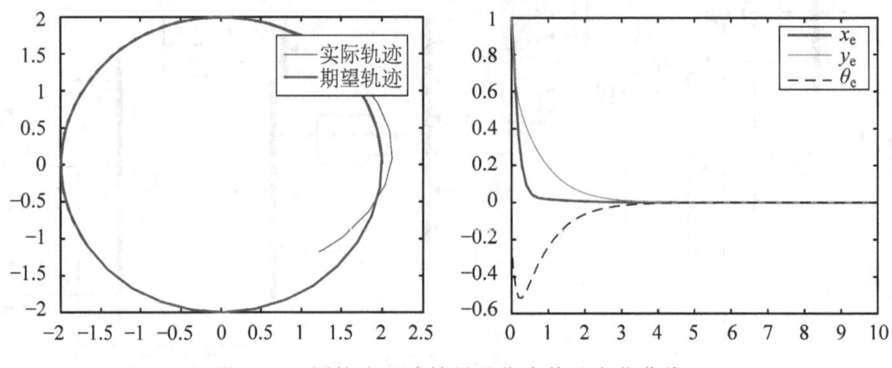

图 4.22　圆轨迹跟踪结果及位姿偏差变化曲线

通过跟踪圆轨迹，观察圆轨迹跟踪结果及位姿偏差变化曲线可以看出，系统 x 轴偏差在 3s 内趋于零，y 轴偏差在 5s 内趋于零，θ 角偏差在 4s 内趋于零。因此，模糊控制能够较好地跟踪圆轨迹，且能够较快地将位姿误差收敛到 0，稳定性较好。

（3）跟踪任意曲线轨迹。修改 untitled1. mdl 模型下的期望轨迹输入，期望状态设为 $v_r=1.0$，$\omega_r=1.0$，起始位姿误差设为 $\boldsymbol{p}_e=[3,2,0.5]^T$，跟踪结果及位姿误差如图 4.23 所示。

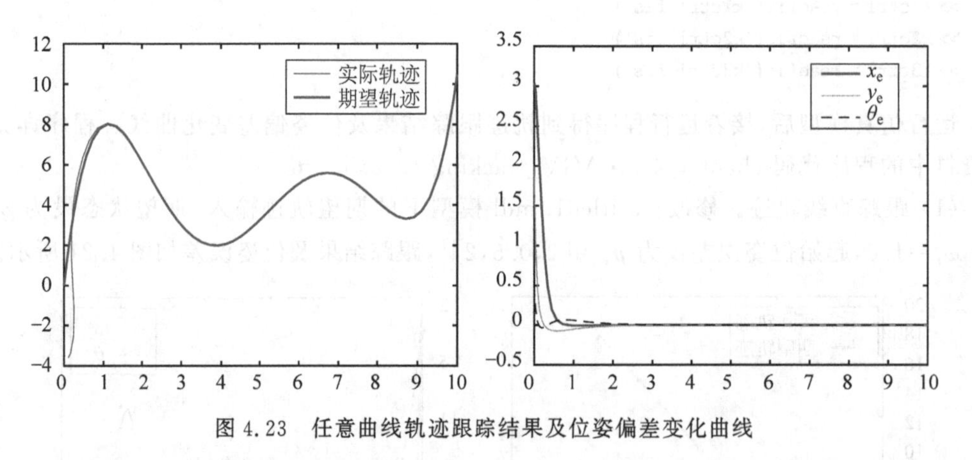

图 4.23　任意曲线轨迹跟踪结果及位姿偏差变化曲线

通过跟踪曲线轨迹，观察任意曲线轨迹跟踪结果及位姿偏差变化曲线可以看出，系统 x 轴偏差在 2s 内趋于零，y 轴偏差在 2s 内趋于零，θ 角偏差在 2.5s 内趋于零。因此，模糊控制能够较好地跟踪曲线轨迹，且能够较快地将位姿误差收敛到 0，稳定性较好。

上述结果表明，该系统能够有效地跟踪给定的参考轨迹，且能够较快地消除位姿误差，具有良好的稳定性。采用该模糊控制器不需要精确计算 AGV 小车的控制律，而是根据运行过程中的偏差实时调整参数以达到稳定。仿真结果表明，该模糊控制器具有较好的收敛性和稳定性，能够满足实际轨迹跟踪的需要。

习题

4.1 简述 AGV 组成模块及其对应功能作用。

4.2 试分析电磁导引方式、磁带导引方式、激光导引方式的优缺点。

4.3 简述模糊控制器的组成及各组成部分的用途。

4.4 为什么要把模糊控制器输入的精确量变为模糊量？为什么模糊控制输出的变量还要经过清晰化(模糊化、解模糊)处理为精确量？

4.5 设 X、Y、Z 为论域，X 到 Y 的模糊关系为 $\boldsymbol{R}$，Y 到 Z 的模糊关系为 $\boldsymbol{S}$。已知其模糊关系矩阵分别为 $\boldsymbol{R}=\begin{bmatrix}0.3 & 0.6 & 0.8 & 0.1\\0.5 & 0.2 & 0.7 & 0.4\\0.9 & 0.1 & 0.8 & 0.5\\0.3 & 0.4 & 0.2 & 0.6\end{bmatrix}$，$\boldsymbol{S}=\begin{bmatrix}0.5 & 0.3 & 0.8\\0.9 & 0.7 & 0.2\\0.1 & 0.4 & 0.5\\0.4 & 0.1 & 0.9\end{bmatrix}$，试求 X 到 Z 的模糊关系。

4.6 给定系统的传递函数

$$G(s)=\frac{4.23}{s^2+1.64s+8.46}\mathrm{e}^{-3s}$$

设计模糊 PID 控制器，利用 MATLAB 画出输入为单位阶跃信号下的响应曲线。

第5章 四旋翼飞行机器人

CHAPTER 5

视频讲解

四旋翼无人飞行器(国外又称之为 Quadrotor 等)是一种具有 4 个螺旋桨的飞行器,其 4 个螺旋桨呈十字形交叉结构,相对的四旋翼具有相同的旋转方向,分两组,两组的旋转方向不同。与传统的直升机不同,四旋翼飞行器只能通过改变螺旋桨的速度来实现各种动作。

本章主要讲述的内容包含四旋翼飞行器动力学建模以及飞行系统的抗干扰控制器设计两方面。首先,结合建立的四旋翼动力学模型的假设条件、目标设计参数进行选型计算。然后,设计四旋翼飞行器样机结构确定样机物理参数。针对确定界干扰问题,本章设计指数型时变增益趋近律反步滑模姿态控制,改善执行器的负荷同时保证姿态系统的强鲁棒性。由于实际应用的环境风场复杂多变导致的不确定干扰问题,在四旋翼飞行器姿态系统中需设计非线性干扰观测器。结合反步滑模姿态控制器设计方法,在控制量中进行前馈补偿。

视频讲解

5.1 四旋翼飞行器动力学建模

5.1.1 坐标系设定

四旋翼飞行器运动形式由 4 个分布均匀的螺旋桨的转速所决定。飞行器在空间的三维信息可以用 3 个位置坐标和姿态坐标来表示。四旋翼飞行器通过成对改变电机转速,以此使得四旋翼飞行器在空间上正常运动,如滚转运动、俯仰运动、偏航运动。位置、速度、姿态等参数的表示与所建立的坐标系有关。因此要明确地描述飞行器的运动状态,需要建立合适的坐标系。所建立的地面坐标系与机体坐标系,如图 5.1 所示,F_i 为第 i 个电机的提升力($i=1,2,3,4$),其与旋翼的转速平方成正比。

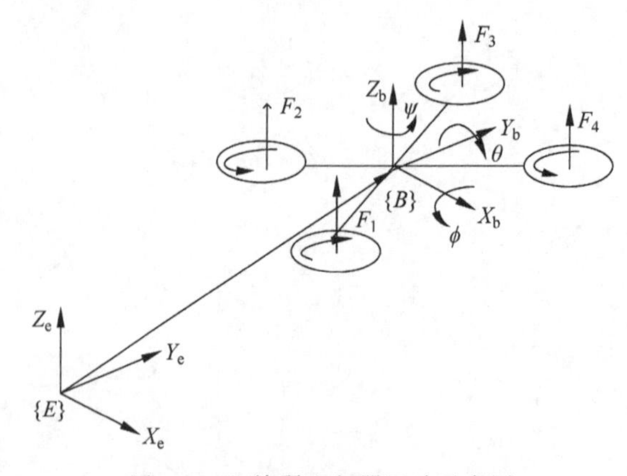

图 5.1 四旋翼飞行器运动示意图

1. 地面坐标系$\{E\}$

图 5.1 为四旋翼飞行器运动示意图,图中$\{E\}$为地面坐标系,用于研究四旋翼飞行器相对于地面的运动,确定该飞行器相对于地面的位置和速度及航向。

2. 机体坐标系$\{B\}$

$\{B\}$为机体坐标系,固定在机体上,原点设在四旋翼飞行器重心位置。Z_b 垂直于机体上平面,X_b 指向机体正前方,由右手坐标系确定 Y_b 方向。机体坐标系可描述机体的姿态角及姿态角速度信息。惯性测量单元(Inertial Measuring Unit,IMU)初始数据就是建立在机体坐标系下的。

3. 转换矩阵

在四旋翼飞行器飞行动力学中,通过 3 个欧拉角描述地面坐标系与机体坐标系之间的关系,即滚转角 ϕ、俯仰角 θ、偏航角 ψ。其中,欧拉角满足 $\phi\in(-\pi/2,\pi/2)$,$\theta\in(-\pi/2,\pi/2)$,$\psi\in(-\pi,\pi)$。令 $\boldsymbol{R}$ 为从机体坐标系到地面坐标系的旋转矩阵。

按照 $x-y-z$ 的顺序进行旋转变化,对应的旋转矩阵分别是

$$\boldsymbol{R}(x,\phi)=\begin{pmatrix}1 & 0 & 0\\ 0 & \cos\phi & -\sin\phi\\ 0 & \sin\phi & \cos\phi\end{pmatrix}$$

$$\boldsymbol{R}(y,\theta)=\begin{pmatrix}\cos\theta & 0 & \sin\theta\\ 0 & 1 & 0\\ -\sin\theta & 0 & \cos\theta\end{pmatrix}$$

$$\boldsymbol{R}(z,\psi)=\begin{pmatrix}\cos\psi & -\sin\psi & 0\\ \sin\psi & \cos\psi & 0\\ 0 & 0 & 1\end{pmatrix}$$

则机体坐标系到地面坐标系的旋转矩阵为

$$\begin{aligned}\boldsymbol{R}_B^E&=\boldsymbol{R}(x,\phi)\cdot\boldsymbol{R}(y,\theta)\cdot\boldsymbol{R}(z,\psi)\\&=\begin{pmatrix}\cos\psi\cos\theta & \cos\psi\sin\theta\sin\phi-\sin\psi\cos\phi & \cos\psi\sin\theta\cos\phi+\sin\psi\sin\phi\\ \sin\psi\cos\theta & \sin\psi\sin\theta\sin\phi+\cos\psi\cos\phi & \sin\psi\sin\theta\cos\phi-\cos\psi\sin\phi\\ -\sin\theta & \cos\theta\sin\phi & \cos\theta\cos\phi\end{pmatrix}\end{aligned}\tag{5.1}$$

四旋翼飞行器有四输入六输出,其中六输出包括 3 个位置信息和 3 个姿态信息,飞行模态参照四旋翼结构设计是一种欠驱动系统。分别以$\boldsymbol{\xi}=(x\quad y\quad z)^{\mathrm{T}}$ 表示飞行器的重心在地面坐标系下的位置向量,$\boldsymbol{V}=(u\quad v\quad \omega)^{\mathrm{T}}$ 表示飞行器在地面坐标系下的线速度向量。以$\boldsymbol{\eta}=(\phi\quad\theta\quad\psi)^{\mathrm{T}}$ 表示地面坐标系下的飞行器姿态角度向量,$\boldsymbol{\Omega}=(p\quad q\quad r)^{\mathrm{T}}$ 表示机体坐标系下的角速度向量。电机 1、电机 3 和电机 2、4 之间的转向不同,以此来保持平衡。通过成对地调节电机的转速来产生平行坐标轴的力矩,以此 3 个力矩产生的复合力矩来调整飞行器姿态,完成滚转、俯仰、偏航、悬停、起降等动作。

四旋翼飞行器在机体坐标系下的角速度$\boldsymbol{\Omega}$ 与地面坐标系下的角速度$\dot{\boldsymbol{\eta}}=(\dot{\phi}\quad\dot{\theta}\quad\dot{\psi})$存在映射关系,即

$$\begin{pmatrix}\dot{\phi}\\ \dot{\theta}\\ \dot{\psi}\end{pmatrix}=\begin{pmatrix}1 & \sin\phi\tan\theta & \cos\phi\tan\theta\\ 0 & \cos\phi & -\sin\phi\\ 0 & \sin\phi/\cos\theta & \cos\phi/\cos\theta\end{pmatrix}\begin{pmatrix}p\\ q\\ r\end{pmatrix}\tag{5.2}$$

5.1.2 刚体动力学模型

由于四旋翼飞行器系统具有强耦合、非线性和欠驱动的特点，所以为获得较好的飞行控制效果，设计非线性鲁棒控制器至关重要。为了更好地建立四旋翼飞行器动力学模型，首先做出以下假设：

(1) 四旋翼飞行器质量恒定且机身呈刚性且质心与形心保持在同一位置。

(2) 结构对称，电机的提升力与转速的平方成正比。

根据5.1.1节建立的坐标系，基于牛顿-欧拉方法建立四旋翼飞行器动力学模型

$$\begin{cases}\dot{\boldsymbol{\xi}}=\boldsymbol{V}\\ m\dot{\boldsymbol{V}}=\boldsymbol{R}_B^E\boldsymbol{T}^B+\boldsymbol{G}^E\\ \dot{\boldsymbol{\eta}}=\boldsymbol{W}\boldsymbol{\Omega}\\ \boldsymbol{J}\dot{\boldsymbol{\Omega}}=-\boldsymbol{\Omega}\times\boldsymbol{J}\boldsymbol{\Omega}+\boldsymbol{M}^B+\boldsymbol{D}\end{cases}\tag{5.3}$$

其中，

$$\begin{aligned}&\boldsymbol{T}^B=(0\quad 0\quad U_1)^{\mathrm{T}}\\ &\boldsymbol{G}^E=(0\quad 0\quad -g)^{\mathrm{T}}\\ &\boldsymbol{W}=\begin{pmatrix}1 & \sin\phi\tan\theta & \cos\phi\tan\theta\\ 0 & \cos\phi & -\sin\phi\\ 0 & \sin\phi/\cos\theta & \cos\phi/\cos\theta\end{pmatrix}\\ &\boldsymbol{J}=\mathrm{diag}(J_{xx},J_{yy},J_{zz})\\ &\boldsymbol{D}=(d_\phi\quad d_\theta\quad d_\psi)^{\mathrm{T}}\\ &U_1=\sum_{i=1}^{4}F_i=C_{\mathrm{T}}\sum_{i=1}^{4}\omega_i^2\end{aligned}\tag{5.4}$$

式中，m 为四旋翼飞行器质量，$\boldsymbol{T}^B$ 为飞行器总体提升力，$\boldsymbol{G}^E$ 为重力加速度项。$\boldsymbol{W}$ 为从机体坐标系转换到地面坐标系下的姿态转换矩阵。由于四旋翼飞行器主要被用于跨越移动底盘无法跨越的障碍，姿态角度变化范围小，故飞行器在小角度运动下满足 $\boldsymbol{W}=\mathrm{diag}(1,1,1)$。$\boldsymbol{J}$ 为四旋翼飞行器的转动惯量矩阵，$\boldsymbol{M}^B$ 为控制力矩。C_{T} 为正数，是已知的升力系数；U_1 为总提升力，ω_i 为第 i 个电机的转速；$\boldsymbol{D}$ 为外部干扰力矩，F_i 为第 i 个电机的升力。

旋翼控制转矩为

$$\boldsymbol{M}^B=\begin{pmatrix}M_x^B\\ M_y^B\\ M_z^B\end{pmatrix}=\begin{pmatrix}U_\phi\\ U_\theta\\ U_\psi\end{pmatrix}=\begin{bmatrix}\dfrac{\sqrt{2}}{2}l(F_4+F_3-F_2-F_1)\\ \dfrac{\sqrt{2}}{2}l(-F_4+F_3+F_2-F_1)\\ k_{\mathrm{d}}(\omega_1^2+\omega_3^2-\omega_2^2-\omega_4^2)\end{bmatrix}\tag{5.5}$$

结合式(5.4)和式(5.5)，可以得出式(5.6)所示的旋翼控制输入与转矩的映射关系式，式中 l 为电机轴线到四旋翼质心的距离，K_{d} 是阻尼力矩系数

$$\begin{bmatrix} U_1 \\ U_\phi \\ U_\theta \\ U_\psi \end{bmatrix} = \begin{bmatrix} C_{\mathrm{T}} & C_{\mathrm{T}} & C_{\mathrm{T}} & C_{\mathrm{T}} \\ \frac{\sqrt{2}}{2} l C_{\mathrm{T}} & \frac{\sqrt{2}}{2} l C_{\mathrm{T}} & -\frac{\sqrt{2}}{2} l C_{\mathrm{T}} & -\frac{\sqrt{2}}{2} l C_{\mathrm{T}} \\ \frac{\sqrt{2}}{2} l C_{\mathrm{T}} & -\frac{\sqrt{2}}{2} l C_{\mathrm{T}} & -\frac{\sqrt{2}}{2} l C_{\mathrm{T}} & \frac{\sqrt{2}}{2} l C_{\mathrm{T}} \\ k_{\mathrm{d}} & -k_{\mathrm{d}} & k_{\mathrm{d}} & -k_{\mathrm{d}} \end{bmatrix} \begin{bmatrix} \omega_1^2 \\ \omega_2^2 \\ \omega_3^2 \\ \omega_4^2 \end{bmatrix} \tag{5.6}$$

将式(5.2)、式(5.6)代入式(5.3)，可以得到展开的四旋翼飞行器位置和姿态系统两部分动力学方程

$$\begin{cases} \ddot{x} = (\cos\phi\sin\theta\cos\psi + \sin\phi\sin\psi)\dfrac{U_1}{m} \\ \ddot{y} = (\cos\phi\sin\theta\sin\psi - \sin\phi\cos\psi)\dfrac{U_1}{m} \\ \ddot{z} = (\cos\phi\cos\theta)\dfrac{U_1}{m} - g \end{cases} \tag{5.7a}$$

$$\begin{cases} \ddot{\phi} = \dot{\theta}\dot{\psi}\dfrac{J_{yy} - J_{zz}}{J_{xx}} + \dfrac{U_\phi}{J_{xx}} + \dfrac{d_\phi}{J_{xx}} \\ \ddot{\theta} = \dot{\phi}\dot{\psi}\dfrac{J_{zz} - J_{xx}}{J_{yy}} + \dfrac{U_\theta}{J_{yy}} + \dfrac{d_\theta}{J_{yy}} \\ \ddot{\psi} = \dot{\phi}\dot{\theta}\dfrac{J_{xx} - J_{yy}}{J_{zz}} + \dfrac{U_\psi}{J_{zz}} + \dfrac{d_\psi}{J_{zz}} \end{cases} \tag{5.7b}$$

其中，式(5.7a)为位置系统动力学模型，式(5.7b)为干扰下姿态系统动力学模型。

从展开的动力学模型中可以看出，姿态系统相对于位置系统是独立的。位置系统位于姿态系统的外环，由位置系统动力学模型可见，位置系统受到姿态系统的影响。

通过牛顿-欧拉方法所建立的四旋翼飞行器动力学模型搭建 dynamic 模型，如图 5.2 所示。

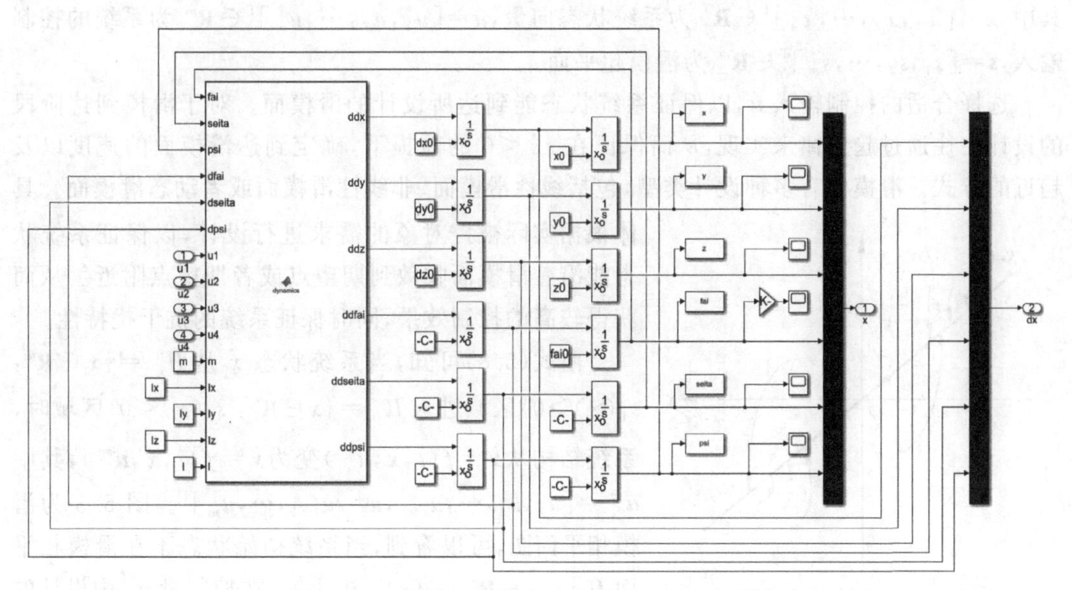

图 5.2　四旋翼飞行器动力学模型 dynamic 部分

程序详见配套资料中的程序代码 chapter_5 >> Strong_index_tightens >> quadrotors. lx >> dynamic。

5.2 抗干扰反步滑模控制器设计

全面深入分析四旋翼飞行器确定界干扰下的动力学模型,重点分析外部确定界干扰下的位置保持以及姿态表现。以滑模控制理论为出发点,对恶劣环境运作的四旋翼飞行器突出的外部干扰以及系统不确定性问题进行分析,其中干扰的主要来源为环境风场。根据实际工程项目需求以及灾区泥石流山区环境的使用背景,提出更具有实际工程价值的抗干扰飞行控制方案。

与其余控制方法相比,滑模控制具有鲁棒性强的显著优势。通过设计滑模面的方式,将系统状态划分成多个不同的子空间。随后通过系统状态运动到不同的子空间时,切换其控制结构。滑模控制强鲁棒性的原因是其在所设计的滑模面两侧切换了控制结构。通过高频增益逼迫系统状态接近所设计的滑模面,并且沿着系统滑模面收敛到期望点。

5.2.1 滑模变结构控制

1. 滑模控制的基本概念

滑模控制可以在系统状态处于不同阶段时改变原有的控制策略,采用新的控制策略,由此对应的控制输入随着系统控制结构的切换发生改变。通过设计滑模面,将完整的系统空间分解成多个无交集的状态子空间。系统的状态进入不同的状态子空间后,控制策略变化,发生切换控制。由此产生对应控制策略下的输出信号。例如下面的系统:

$$\dot{\boldsymbol{x}} = f(t, \boldsymbol{x}, \boldsymbol{u})$$

$$u_i = \begin{cases} u_i^+(\boldsymbol{x}, t), & s_i(\boldsymbol{x}) > 0 \\ u_i^-(\boldsymbol{x}, t), & s_i(\boldsymbol{x}) < 0 \end{cases} \quad (i = 1, 2, \cdots, m) \tag{5.8}$$

其中,$\boldsymbol{x} = [x_1, x_2, \cdots, x_n]^{\mathrm{T}} \in \mathbf{R}^n$ 为系统状态向量,$\boldsymbol{u} = [u_1, u_2, \cdots, u_m]^{\mathrm{T}} \in \mathbf{R}^m$ 为系统的控制输入,$\boldsymbol{s} = [s_1, s_2, \cdots, s_m]^{\mathrm{T}} \in \mathbf{R}^m$ 为滑模超平面。

选择合适的控制输入 $\boldsymbol{u}$,以保证系统状态能到达所设计的滑模面。对于滑模到达阶段的设计往往通过趋近律来实现,从而保证在 $s\dot{s} < 0$ 的前提下,确定到达滑模面的速度以及趋近的方式。滑模面有多种设计类型,包括线性滑模面、非线性滑模面或者动态滑模面。具体根据实际被控对象的需求进行设计,以保证系统状态能沿着滑模面收敛到期望点或者期望点附近。从而获得较高的控制效果,同时保证系统的抗干扰特性。

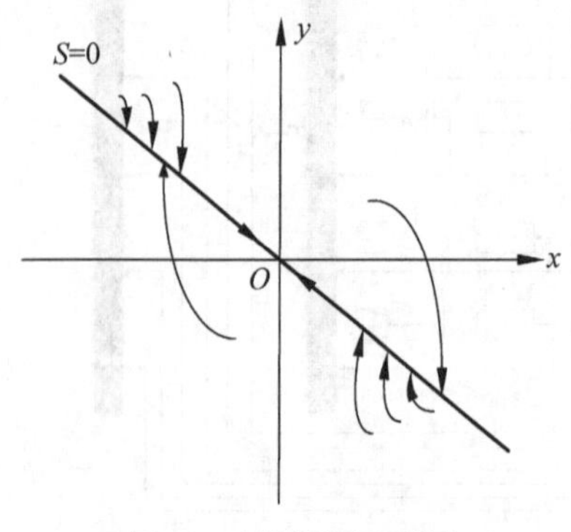

图 5.3 滑模相平面图

由式(5.8)可知,当系统状态 $\boldsymbol{x}$ 从 $\Pi_i^+ = \{\boldsymbol{x} \in \mathbf{R}^n : s_i(x) > 0\}$ 区域进入 $\Pi_i^- = \{\boldsymbol{x} \in \mathbf{R}^n : s_i(x) < 0\}$ 区域时,系统结构从 $\dot{\boldsymbol{x}} = f(t, \boldsymbol{x}, \boldsymbol{u}^+)$ 变为 $\dot{\boldsymbol{x}} = f(t, \boldsymbol{x}, \boldsymbol{u}^-)$,其中 $\boldsymbol{u}^\pm = [u_1, u_2, \cdots, u_{i-1}, u_i^\pm, u_{i+1}, \cdots, u_m]^{\mathrm{T}}$。图 5.3 为滑模相平面图,可以看到,当系统初始状态不在滑模相平面 $\Pi_i = \{\boldsymbol{x} \in \mathbf{R}^n : s_i(\boldsymbol{x}) = 0\}$ 上时,在控制量 $\boldsymbol{u}^\pm$ 中设计的

趋近律作用下,系统状态趋近并到达滑模面且维持在流形 Π_i 上。之后系统状态沿着其收敛至期望值。但由于实际中执行器件存在空间或时间的滞后性,导致在流形 Π_i 附近的系统运动状态的微分方程不连续。由于这种不连续的切换控制,使得滑模控制方法具有强鲁棒性。由于这种不连续的切换,导致系统的控制量输出项中含有不连续项,控制项中符号函数的不连续切换是导致抖振现象产生的根本原因。在滑模控制中,在采用单一的控制策略和不切换系统结构的情况下,系统都是不稳定的。当系统在各个流形区域切换时,闭环系统是稳定的,能收敛至期望位置。

2. 滑动模态的数学描述

考虑如下非线性系统:

$$\dot{\boldsymbol{x}} = f(t,\boldsymbol{x}) + b(t,\boldsymbol{x})\boldsymbol{u} \tag{5.9}$$

式中,$\boldsymbol{x}\in\mathbf{R}^n$,$\boldsymbol{u}\in\mathbf{R}^m$,其中,$f(t,\boldsymbol{x})$和 $b(t,\boldsymbol{x})$为连续函数。

由图 5.3 可见,系统的状态运动到滑模面上时,其状态轨迹会保持在滑模面上,并且系统状态沿着滑模面收敛到期望点,这便是理想的滑动模态。在实际使用中,由于执行器存在的迟滞以及建模不准确的原因,系统状态一般不会始终保持在滑模面上。由于开关的滞后特性,通常表现为在滑模面来回穿梭的形式,并且沿着滑模面向期望点收敛,这便是实际的滑动模态。在理想滑动模态下,系统状态处于滑模面上,满足 $s(\boldsymbol{x})=0$,从而有 $\dot{s}(\boldsymbol{x})=0$。系统满足以下等式:

$$\dot{s}(\boldsymbol{x},t) = \frac{\partial s}{\partial t} + \frac{\partial s}{\partial \boldsymbol{x}}(f(t,\boldsymbol{x}) + b(t,\boldsymbol{x})\boldsymbol{u}) = 0 \tag{5.10}$$

由式(5.10)推导控制输入量 $\boldsymbol{u}$,可求得将状态轨迹保持在滑模面上所需的系统控制量,称为等效控制量 $\boldsymbol{u}_{eq}$。

3. 滑动模态的到达条件

综上所述,系统控制的目的是使得系统状态可以到达滑模面上。要保证滑模到达阶段满足 $s\dot{s}<0$。部分研究者为了进一步提高系统性能,使系统状态在有限时间到达滑模面,在满足滑模存在的前提下,同时满足 $s\dot{s}<-\delta,\delta>0$。考虑到系统中存在的不确定性,部分学者还对到达阶段的速度做了相应的研究。高为炳教授提出了趋近律的概念和几种常用的设计形式,如等速趋近率 $\dot{s}=-\varepsilon\mathrm{sgn}(s)$、指数趋近律 $\dot{s}=-\varepsilon\mathrm{sgn}(s)-ks$ 等。

5.2.2 指数型时变趋近律设计

为了使得系统状态到达滑模面上,并且沿着滑模面收敛到平衡点。基于李雅普诺夫稳定性理论设计滑模控制律。设计方法主要有两种:一是直接根据系统稳定性条件给出控制律;二是在滑模到达阶段,设计系统状态到滑模面上的趋近律,保证到达阶段的趋近速度,反推出系统的控制律。两种方法推导在最后的控制量表达式中都会存在符号函数这个不连续项。该控制方式在理想情况下,能在切换面上生成滑动模态,而后系统状态沿着切换面收敛至平衡点。而这种滑动模态对系统建模不确定、参数摄动、外部确定界的匹配干扰具有很强的鲁棒性。但是在实际工程应用中,由于符号函数导致控制量中的符号函数项一直处在阶跃切换的状态,这种特点同样也被称为开关特性。这种开关特性导致了控制量输出不连续。这种不连续的控制量输出也同样给执行器带来了负荷。同样,由于执行器存在时间和空间上的滞后,无法满足这种开关特性,故在实际控制中会存在抖振现象。抖振现象会影响控制精度,增加系统的能量消耗,激发系统的高频未建模动态对系统造成危害。针对上述问题,研究者大多采用了两种途径来改善:一是采用饱和函数或者双曲正切函数来替换控制项中的符号函数,这也直接导致了失去了滑模控制的强鲁棒特性,以及抗振、抗扰动能力;二是通过对符号函数系数的设计优化方法,来减小系统抖振。

1. 问题描述

根据式(5.3)所示四旋翼飞行器6自由度动力学模型,建立确定界干扰下的动力学方程以及需满足的前提条件,即

$$
\begin{cases}
\dot{\boldsymbol{\xi}}=\boldsymbol{V} \\
m\dot{\boldsymbol{V}}=\boldsymbol{R}_B^E\boldsymbol{T}^B+\boldsymbol{G}^E \\
\dot{\boldsymbol{\eta}}=\boldsymbol{W\Omega} \\
\boldsymbol{J}\dot{\boldsymbol{\Omega}}=-\boldsymbol{\Omega}\times\boldsymbol{J\Omega}+\boldsymbol{M}^B+\boldsymbol{D}
\end{cases}
$$

$$
\boldsymbol{D}=(d_\phi \quad d_\theta \quad d_\psi),\ \|\boldsymbol{D}\|\leqslant\boldsymbol{D}_m \tag{5.11}
$$

条件:$\boldsymbol{D}$ 为姿态系统受到的外部风场干扰,干扰满足范数有界,$\boldsymbol{D}_m$ 已知。

针对上述的确定界干扰问题,设计采用反步滑模控制方法进行处理。反步滑模控制方法被应用于针对存在匹配或非匹配干扰的复杂高阶非线性系统中。主要的优点是对系统的扰动和参数变化的低灵敏度,避免系统的精确建模以及抑制系统不确定性的影响。在设计控制律时,控制项中含有符号函数项。这种不连续项在系统状态经过滑模超平面 $s(\boldsymbol{x})=0$ 时切换控制,导致控制输入量的不连续变换。这种不连续变换产生的抖振现象在传统滑模控制中必然存在。通过设计合适的趋近律,可减少系统状态在滑模面上的波动。使得处在滑动模态阶段的系统状态在收敛过程中表现平滑,从而达到有效改善系统抖振现象的目的。

将动力学模型见式(5.7a)、式(5.7b)转换为状态空间描述,即

$$
\dot{\boldsymbol{X}}=\boldsymbol{AX}+\boldsymbol{BU}+\boldsymbol{D} \tag{5.12}
$$

式中,$\boldsymbol{X}=(\phi,\dot{\phi},\theta,\dot{\theta},\psi,\dot{\psi},z,\dot{z},x,\dot{x},y,\dot{y})^{\mathrm{T}}$ 表示系统的状态变量,$\boldsymbol{A}\in\mathbf{R}^{12\times12}$ 为系统参数矩阵,$\boldsymbol{B}\in\mathbf{R}^{12\times4}$ 为增益矩阵,$U\in\mathbf{R}^4$ 为控制输入向量,$\boldsymbol{D}\in\mathbf{R}^{12}$ 为干扰向量。

飞行器系统的状态空间描述如下:

$$
\begin{cases}
\dot{x}_1=x_2 \\
\dot{x}_2=a_1x_4x_6+b_1U_\phi+b_1d_\phi \\
\dot{x}_3=x_4 \\
\dot{x}_4=a_2x_2x_6+b_2U_\theta+b_2d_\theta \\
\dot{x}_5=x_6 \\
\dot{x}_6=a_3x_2x_4+b_3U_\psi+b_3d_\psi \\
\dot{x}_7=x_8 \\
\dot{x}_8=\dfrac{\cos x_1\cos x_3U_1}{m}-g \\
\dot{x}_9=x_{10} \\
\dot{x}_{10}=U_xU_1/m \\
\dot{x}_{11}=x_{12} \\
\dot{x}_{12}=U_yU_1/m
\end{cases} \tag{5.13}
$$

式中，

$$a_1=(J_{yy}-J_{zz})/J_{xx},\quad a_2=(J_{zz}-J_{xx})/J_{yy},\quad a_3=(J_{yy}-J_{xx})/J_{zz}$$

$$b_1=1/J_{xx},\quad b_2=1/J_{yy},\quad b_3=1/J_{zz}$$

$$U_x=\sin\phi\sin\psi+\cos\phi\cos\psi\sin\theta,\quad U_y=\cos\phi\sin\psi\sin\theta-\cos\psi\sin\phi$$

2. 传统滑模趋近律与指数型时变增益趋近律的设计

设计滑模趋近律需满足以下要求：

(1) 控制系统存在滑动模态。

(2) 系统的滑动模态渐近稳定。

(3) 具有良好的动态品质。

趋近律可以有效改善滑模趋近阶段的动态品质。由于滑模趋近阶段系统对外部扰动表现敏感，故探讨最小化趋近阶段并保持系统在滑动模态的抗干扰特性尤为重要。其中，以高为炳教授提出的几种趋近方式为著。

1）等速趋近律

$$\dot{s}=-\varepsilon\mathrm{sgn}(s),\quad \varepsilon>0 \tag{5.14}$$

式中，ε 为常数，表示系统状态趋近滑模面的速率为常数。通过增大或减小 ε 的值可以直接改变滑模趋近的速度。当外部存在已知界干扰时，通过设计增益 ε 可以达到李雅普诺夫稳定。在进入滑动模态时，系统具有强鲁棒性以及抗干扰能力。

2）指数趋近律

$$\dot{s}=-\varepsilon\mathrm{sgn}(s)-ks,\quad \varepsilon>0,k>0 \tag{5.15}$$

式中，$\dot{s}=-ks$ 的解为 $s=s(0)\mathrm{e}^{-kt}$，$s(0)$为系统初始状态。可以看出，s 呈指数形式减小，而当系统状态偏离滑模面很远时，趋近的速度主要靠指数型增益项决定。k 的取值会直接影响指数项的趋近速度。当 k 的取值较大时，系统状态能在较远处快速趋近滑模超平面。在接近滑模面时，趋近律中的等速项起主要作用，系统进入滑动模态。当 k 的取值较小时，等速趋近项起主要作用，指数趋近效果较小。在设计指数趋近律时，增大 k、减小 ε 可以有效改善系统状态，减小系统抖振。

3）幂次趋近律

$$\dot{s}=-k|s|^{\alpha}\mathrm{sgn}(s),\quad k>0,\alpha\in(0,1) \tag{5.16}$$

幂次趋近的特点是，当系统状态远离滑模面时，符号函数前会获得较大的增益系数。迫使系统状态快速接近滑模超平面。当接近滑模面，增益会呈幂次项形式减小，从而获得较好的系统动态表现。在存在干扰的系统中，幂次趋近设计的滑模控制鲁棒性表现不佳。这是由于系统进入滑动模态后，符号函数增益接近于零，故系统抗干扰特性下降。

4）指数型时变增益趋近

由式(5.15)可见，传统的滑模控制趋近律中的指数趋近律的设计方法为

$$\dot{s}=-\varepsilon\mathrm{sgn}(s)-ks,\quad \varepsilon>0,k>0 \tag{5.17}$$

式中，ε 和 k 为传统指数趋近律设计中的常数项。在系统存在匹配干扰时，通过设计增益系数满足 $\varepsilon\geqslant\|\mathbf{disturbance}\|$，($\mathbf{disturbance}$ 为系统受到的匹配干扰向量)。

指数趋近律中的增益系数 ε 选取不小于外部干扰的上界，从而保证整个控制系统渐近稳定。然而干扰量可以在任意时刻出现，没有全局存在特性。在设计系统控制律时将开关函数项的增益系数设计成定值，会导致滑模面上的系统状态抖动明显。而式(5.18)对幂次

趋近特性的分析可见,动态表现较好的传统幂次趋近律在应对系统存在干扰的情况下控制表现不佳。

$$\dot{s}=-(\gamma^{|s|}+k_c)\text{sign}(s)-Fs \tag{5.18}$$

式中,γ、k_c、F 为常数。式(5.18)为设计提出的指数型时变增益趋近律。开关函数增益系数设计成指数型的时变值。其中,增益系数的大小会根据系统状态偏离滑模面的程度进行动态调整,以改善滑模面上的系统动态性能,提高控制效果。

在干扰的上界已知的情况下,探讨使得系统在滑模状态下最小化趋近阶段并且保持系统的抗干扰动态特性。使用传统的幂次趋近设计的滑模控制器无法有效地消除外部干扰的影响,不能满足系统李雅普诺夫稳定条件且鲁棒性不高。由式(5.17)对传统的指数趋近律特性的研究可知,对于存在确定上界的匹配干扰的系统使用传统的指数趋近律设计滑模控制器时,为使得系统满足李雅普诺夫稳定条件以及最小化趋近阶段,通常将增益系数设计为超出干扰上界值过多。导致在干扰量非全局存在时,系统状态在滑模面附近波动幅度较大。指数型时变增益趋近律的特点是,开关函数的增益项系数会根据系统状态偏离滑模面的程度呈现指数曲线的动态特性来调整。增益会随系统状态发生呈现指数特性的方式动态衰减或提升增益系数,保证系统抗干扰特性。

5.2.3 指数型时变增益趋近反步滑模控制

四旋翼飞行器采用双环控制策略将系统分成两部分子系统,分为姿态内环和位置外环,分别设计非线性鲁棒控制算法。用李雅普诺夫理论来证明位置子系统和姿态子系统渐近稳定。采取如图5.4所示的控制策略来实现四旋翼飞行器对确定界干扰的抑制以及期望轨迹的鲁棒跟踪控制。在双环控制策略中,在姿态内环采用反步滑模控制,使得四旋翼飞行器的姿态系统保持自稳定,从而保证四旋翼飞行器可靠性。将位置子系统设计在外环,设计鲁棒控制方法来实现飞行机器人位置控制。为了改善系统状态在滑模超平面上的动态效果,在姿态子系统中设计采用指数型时变增益趋近反步滑模姿态控制方法。在滑模到达阶段,符号函数前的增益系统在系统状态接近滑模面时,通过所设计的指数型增益自衰,减小系统状态趋近滑模面的速度。在进入滑动模态后,由于指数型增益的存在,从而提高系统干扰下的控制表现。

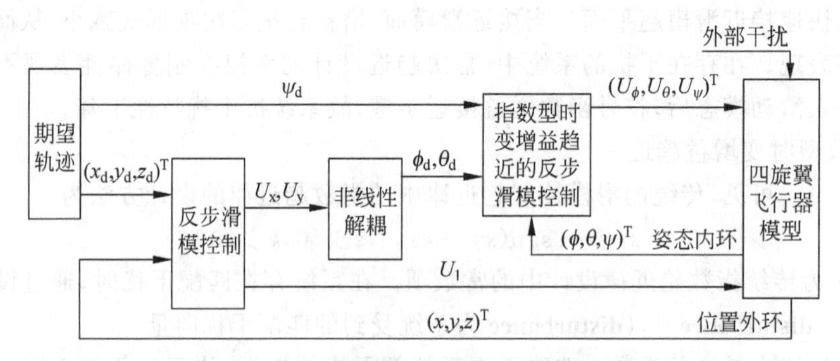

图5.4 确定界干扰下四旋翼飞行器控制策略

1. 姿态子系统控制

指数型时变增益趋近的反步滑模姿态控制步骤如下：

步骤 1：引入姿态跟踪误差

$$\begin{pmatrix} e_\phi \\ e_\theta \\ e_\psi \end{pmatrix} = \begin{pmatrix} x_1 - x_{1d} \\ x_3 - x_{3d} \\ x_5 - x_{5d} \end{pmatrix} \tag{5.19}$$

式中，x_{1d} 为期望滚转角，x_{3d} 为期望俯仰角，x_{5d} 为期望偏航角。

将式(5.19)两边对时间进行求导，得

$$\begin{pmatrix} \dot{e}_\phi \\ \dot{e}_\theta \\ \dot{e}_\psi \end{pmatrix} = \begin{pmatrix} \dot{x}_1 - \dot{x}_{1d} \\ \dot{x}_3 - \dot{x}_{3d} \\ \dot{x}_5 - \dot{x}_{5d} \end{pmatrix} = \begin{pmatrix} x_2 - \dot{x}_{1d} \\ x_4 - \dot{x}_{3d} \\ x_6 - \dot{x}_{5d} \end{pmatrix} \tag{5.20}$$

为了使得姿态环虚拟子系统稳定，取李雅普诺夫函数

$$\begin{pmatrix} v_1 \\ v_3 \\ v_5 \end{pmatrix} = \begin{bmatrix} \frac{1}{2} e_\phi^2 \\ \frac{1}{2} e_\theta^2 \\ \frac{1}{2} e_\psi^2 \end{bmatrix} \tag{5.21}$$

对式(5.21)两边进行求导，得

$$\begin{pmatrix} \dot{v}_1 \\ \dot{v}_3 \\ \dot{v}_5 \end{pmatrix} = \begin{pmatrix} e_\phi \dot{e}_\phi \\ e_\theta \dot{e}_\theta \\ e_\psi \dot{e}_\psi \end{pmatrix} = \begin{pmatrix} e_\phi (x_2 - \dot{x}_{1d}) \\ e_\theta (x_4 - \dot{x}_{3d}) \\ e_\psi (x_6 - \dot{x}_{5d}) \end{pmatrix} \tag{5.22}$$

为了使虚拟子系统稳定，设式(5.22)中的虚拟控制量为

$$\begin{cases} x_{2d} = s_\phi - c_\phi e_\phi + \dot{x}_{1d} \\ x_{4d} = s_\theta - c_\theta e_\theta + \dot{x}_{3d} \\ x_{6d} = s_\psi - c_\psi e_\psi + \dot{x}_{5d} \end{cases} \tag{5.23}$$

式中，c_ϕ, c_θ, c_ψ 为正数，s_ϕ, s_θ, s_ψ 为姿态系统滑模面。

步骤 2，设计姿态系统的滑模面

$$\begin{pmatrix} s_\phi \\ s_\theta \\ s_\psi \end{pmatrix} = \begin{pmatrix} \dot{e}_\phi + c_\phi e_\phi \\ \dot{e}_\theta + c_\theta e_\theta \\ \dot{e}_\psi + c_\psi e_\psi \end{pmatrix} \tag{5.24}$$

所设计的滑模面满足 Hurwitz 条件。

将式(5.24)两侧分别对时间 t 求导，得

$$\begin{pmatrix} \dot{s}_\phi \\ \dot{s}_\theta \\ \dot{s}_\psi \end{pmatrix} = \begin{bmatrix} \ddot{e}_\phi + c_\phi \dot{e}_\phi \\ \ddot{e}_\theta + c_\theta \dot{e}_\theta \\ \ddot{e}_\psi + c_\psi \dot{e}_\psi \end{bmatrix} \tag{5.25}$$

为了获得姿态系统控制律,选取李雅普诺夫候选函数

$$\begin{pmatrix} v_2 \\ v_4 \\ v_6 \end{pmatrix} = \begin{bmatrix} v_1 + \frac{1}{2}s_\phi^2 \\ v_3 + \frac{1}{2}s_\theta^2 \\ v_5 + \frac{1}{2}s_\psi^2 \end{bmatrix} \tag{5.26}$$

将式(5.26)两边对时间 t 进行求导,并将式(5.25)代入后得

$$\begin{pmatrix} \dot{v}_2 \\ \dot{v}_4 \\ \dot{v}_6 \end{pmatrix} = \begin{bmatrix} -c_\phi e_\phi^2 + s_\phi e_\phi + s_\phi(c_\phi \dot{e}_\phi + \ddot{e}_\phi) \\ -c_\theta e_\theta^2 + s_\theta e_\theta + s_\theta(c_\theta \dot{e}_\theta + \ddot{e}_\theta) \\ -c_\psi e_\psi^2 + s_\psi e_\psi + s_\psi(c_\psi \dot{e}_\psi + \ddot{e}_\psi) \end{bmatrix} \tag{5.27}$$

通过式(5.27),可得四旋翼飞行器的姿态内环的等效控制律为

$$\begin{cases} U_{\phi\mathrm{eq}} = \dfrac{1}{b_1}(-a_1 x_4 x_6 + \ddot{x}_{1\mathrm{d}} - c_\phi(s_\phi - c_\phi e_\phi) - e_\phi) \\ U_{\theta\mathrm{eq}} = \dfrac{1}{b_2}(-a_2 x_2 x_6 + \ddot{x}_{3\mathrm{d}} - c_\theta(s_\theta - c_\theta e_\theta) - e_\theta) \\ U_{\psi\mathrm{eq}} = \dfrac{1}{b_3}(-a_3 x_2 x_4 + \ddot{x}_{5\mathrm{d}} - c_\psi(s_\psi - c_\psi e_\psi) - e_\psi) \end{cases} \tag{5.28}$$

根据式(5.28),设计姿态系统反步滑模控制的指数型时变增益趋近律

$$\begin{cases} U_{\phi s} = \dfrac{1}{b_1}(-(\gamma_\phi^{|s_\phi|} + k_{\phi 1})\mathrm{sign}(s_\phi) - k_{\phi 2} s_\phi) \\ U_{\theta s} = \dfrac{1}{b_2}(-(\gamma_\theta^{|s_\theta|} + k_{\theta 1})\mathrm{sign}(s_\theta) - k_{\theta 2} s_\theta) \\ U_{\psi s} = \dfrac{1}{b_3}(-(\gamma_\psi^{|s_\psi|} + k_{\psi 1})\mathrm{sign}(s_\psi) - k_{\psi 2} s_\psi) \end{cases} \tag{5.29}$$

式中,$\gamma_\phi,\gamma_\theta,\gamma_\psi$ 均大于 1,$k_{\phi 1},k_{\theta 1},k_{\psi 1}$ 为常数,$k_{\phi 2},k_{\theta 2},k_{\psi 2}$ 均为正数。

因此,四旋翼飞行器姿态系统的控制律设计为

$$\begin{cases} U_\phi = U_{\phi\mathrm{eq}} + U_{\phi s} = \dfrac{1}{b_1}(-a_1 x_4 x_6 + \ddot{x}_{1\mathrm{d}} - c_\phi(s_\phi \\ \qquad - c_\phi e_\phi) - e_\phi - (\gamma_\phi^{|s_\phi|} + k_{\phi 1})\mathrm{sign}(s_\phi) - k_{\phi 2} s_\phi) \\ U_\theta = U_{\theta\mathrm{eq}} + U_{\theta s} = \dfrac{1}{b_2}(-a_2 x_2 x_6 + \ddot{x}_{3\mathrm{d}} - c_\theta(s_\theta \\ \qquad - c_\theta e_\theta) - e_\theta - (\gamma_\theta^{|s_\theta|} + k_{\theta 1})\mathrm{sign}(s_\theta) - k_{\theta 2} s_\theta) \\ U_\psi = U_{\psi\mathrm{eq}} + U_{\psi s} = \dfrac{1}{b_3}(-a_3 x_2 x_4 + \ddot{x}_{5\mathrm{d}} - c_\psi(s_\psi \\ \qquad - c_\psi e_\psi) - e_\psi - (\gamma_\psi^{|s_\psi|} + k_{\psi 1})\mathrm{sign}(s_\phi) - k_{\psi 2} s_\psi) \end{cases} \tag{5.30}$$

根据式(5.11)中假设的干扰模型,所设计的控制律(5.28)中的增益系数项应满足的前提条件为

$$\begin{cases}\gamma_{\phi}^{|s_{\phi}|}+k_{\phi 1}\geqslant 1+k_{\phi 1}\geqslant \sup|d_{\phi}|\\ \gamma_{\theta}^{|s_{\theta}|}+k_{\theta 1}\geqslant 1+k_{\theta 1}\geqslant \sup|d_{\theta}|\\ \gamma_{\psi}^{|s_{\psi}|}+k_{\psi 1}\geqslant 1+k_{\psi 1}\geqslant \sup|d_{\psi}|\end{cases} \tag{5.31}$$

$$\|\boldsymbol{K}\|\geqslant\|\boldsymbol{D}_m-\boldsymbol{I}\|,\quad \boldsymbol{K}=[K_{\phi 1}\quad K_{\theta 1}\quad K_{\psi 1}]^{\mathrm{T}}$$

式中，$\sup|d_i|(i=\phi,\theta,\psi)$为对干扰绝对值取上确界。

将式(5.30)代入式(5.27)后，并结合式(5.31)求得

$$\begin{pmatrix}\dot{v}_2\\ \dot{v}_4\\ \dot{v}_6\end{pmatrix}=\begin{pmatrix}-c_{\phi}e_{\phi}^2-\gamma_{\phi}^{|s_{\phi}|}|s_{\phi}|-k_{\phi 1}|s_{\phi}|-k_{\phi 2}s_{\phi}^2+d_{\phi}s_{\phi}\\ -c_{\theta}e_{\theta}^2-\gamma_{\theta}^{|s_{\theta}|}|s_{\theta}|-k_{\theta 1}|s_{\theta}|-k_{\theta 2}s_{\theta}^2+d_{\theta}s_{\theta}\\ -c_{\psi}e_{\psi}^2-\gamma_{\psi}^{|s_{\psi}|}|s_{\psi}|-k_{\psi 1}|s_{\psi}|-k_{\psi 2}s_{\psi}^2+d_{\psi}s_{\psi}\end{pmatrix}$$

$$\leqslant\begin{pmatrix}-c_{\phi}e_{\phi}^2-\gamma_{\phi}^{|s_{\phi}|}|s_{\phi}|-k_{\phi 1}|s_{\phi}|-k_{\phi 2}s_{\phi}^2+|d_{\phi}||s_{\phi}|\\ -c_{\theta}e_{\theta}^2-\gamma_{\theta}^{|s_{\theta}|}|s_{\theta}|-k_{\theta 1}|s_{\theta}|-k_{\theta 2}s_{\theta}^2+|d_{\theta}||s_{\theta}|\\ -c_{\psi}e_{\psi}^2-\gamma_{\psi}^{|s_{\psi}|}|s_{\psi}|-k_{\psi 1}|s_{\psi}|-k_{\psi 2}s_{\psi}^2+|d_{\psi}||s_{\psi}|\end{pmatrix} \tag{5.32}$$

$$=\begin{pmatrix}-c_{\phi}e_{\phi}^2-k_{\phi 2}s_{\phi}^2-(k_{\phi 1}+\gamma_{\phi}^{|s_{\phi}|}-|d_{\phi}|)|s_{\phi}|\\ -c_{\theta}e_{\theta}^2-k_{\theta 2}s_{\theta}^2-(k_{\theta 1}+\gamma_{\theta}^{|s_{\theta}|}-|d_{\theta}|)|s_{\theta}|\\ -c_{\psi}e_{\psi}^2-k_{\psi 2}s_{\psi}^2-(k_{\psi 1}+\gamma_{\psi}^{|s_{\psi}|}-|d_{\psi}|)|s_{\psi}|\end{pmatrix}<0$$

为了证明在所设计的控制器下，姿态子系统全局渐近稳定，选取李雅普诺夫候选函数

$$v_{\mathrm{as}}=\frac{1}{2}(e_{\phi}^2+s_{\phi}^2+e_{\theta}^2+s_{\theta}^2+e_{\psi}^2+s_{\psi}^2) \tag{5.33}$$

将式(5.33)两边对时间 t 进行求导，并将式(5.32)代入，整理得

$$\begin{aligned}\dot{v}_{\mathrm{as}}=&-c_{\phi}e_{\phi}^2-k_{\phi 2}s_{\phi}^2-(\gamma_{\phi}^{|s_{\phi}|}+k_{\phi 1}-|d_{\phi}|)|s_{\phi}|-\\ &c_{\theta}e_{\theta}^2-k_{\theta 2}s_{\theta}^2-(\gamma_{\theta}^{|s_{\theta}|}+k_{\theta 1}-|d_{\theta}|)|s_{\theta}|-\\ &c_{\psi}e_{\psi}^2-k_{\psi 2}s_{\psi}^2-(\gamma_{\psi}^{|s_{\psi}|}+k_{\psi 1}-|d_{\psi}|)|s_{\psi}|<0\end{aligned} \tag{5.34}$$

由式(5.34)和式(5.31)，证得姿态系统全局渐近稳定。

2. 位置系统控制

根据四旋翼飞行器模型式(5.11)中的位置系统动力学模型可见，位置环中无干扰项存在。在此使用反步滑模方法时，由于符号函数的存在，会影响系统的动态表现，降低系统控制效果。在此将符号函数项以饱和函数来替代，从而明显改善滑模抖振现象。保持输出的控制律连续以减轻执行器的负荷，提高控制系统动态品质。同时在饱和函数作用下，控制系统在滑动模态的鲁棒性能有所下降，也被称为准滑动模态。

传统的符号函数定义为

$$\mathrm{sign}(h)=\begin{cases}1, & h>0\\ 0, & h=0\\ -1, & h<0\end{cases} \tag{5.35}$$

图 5.5(a)描述的是符号函数的特性，可以看出，符号函数会在零点附近来回切换。这也是直接导致输出量的不连续性，以及产生滑模抖振现象的根本原因。在系统不存在外部

干扰的情况下,使用符号函数项,会降低系统的控制表现。

饱和函数的函数描述为

$$\operatorname{sat}(h)=\begin{cases}1, & h>\Delta \\ 0, & |h| \leqslant \Delta \\ -1, & h<-\Delta\end{cases} \tag{5.36}$$

为了解决位置环采用符号函数造成的滑模抖振问题,用边界层的方法来代替符号函数,在此采用式(5.36)的方法设计饱和函数。饱和函数的特性如图 5.5(b)所示,保证了控制律过渡的连续性,常被用于实际工程中的准滑模控制设计。

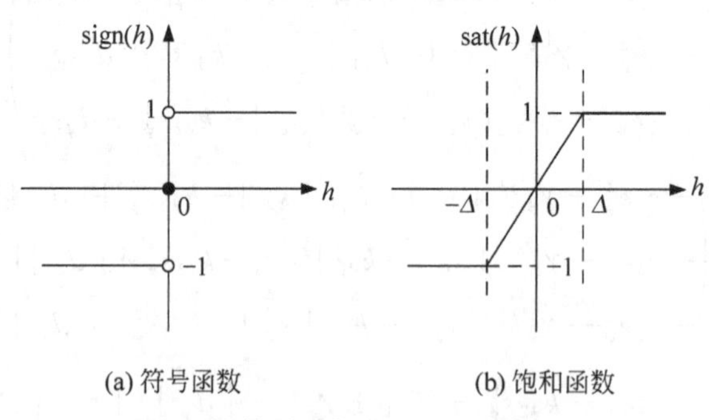

图 5.5 符号函数与饱和函数特性图

反步准滑模位置控制方法设计如下所述。

步骤 1,设计位置跟踪误差

$$\begin{pmatrix} e_z \\ e_x \\ e_y \end{pmatrix}=\begin{pmatrix} x_7-x_{7\mathrm{d}} \\ x_9-x_{9\mathrm{d}} \\ x_{11}-x_{11\mathrm{d}} \end{pmatrix} \tag{5.37}$$

式中,$x_{7\mathrm{d}}, x_{9\mathrm{d}}, x_{11\mathrm{d}}$ 为期望的位置轨迹。

将式(5.37)两边进行求导,得

$$\begin{pmatrix} \dot{e}_z \\ \dot{e}_x \\ \dot{e}_y \end{pmatrix}=\begin{pmatrix} \dot{x}_7-\dot{x}_{7\mathrm{d}} \\ \dot{x}_9-\dot{x}_{9\mathrm{d}} \\ \dot{x}_{11}-\dot{x}_{11\mathrm{d}} \end{pmatrix}=\begin{pmatrix} x_8-\dot{x}_{7\mathrm{d}} \\ x_{10}-\dot{x}_{9\mathrm{d}} \\ x_{12}-\dot{x}_{11\mathrm{d}} \end{pmatrix} \tag{5.38}$$

为了保证位置系统全局渐近稳定,选取李雅普诺夫候选函数

$$\begin{pmatrix} v_7 \\ v_9 \\ v_{11} \end{pmatrix}=\begin{bmatrix} \frac{1}{2} e_z^2 \\ \frac{1}{2} e_x^2 \\ \frac{1}{2} e_y^2 \end{bmatrix} \tag{5.39}$$

$$\begin{pmatrix} \dot{v}_7 \\ \dot{v}_9 \\ \dot{v}_{11} \end{pmatrix}=\begin{pmatrix} e_z\left(x_8-\dot{x}_{7\mathrm{d}}\right) \\ e_x\left(x_{10}-\dot{x}_{9\mathrm{d}}\right) \\ e_y\left(x_{12}-\dot{x}_{11\mathrm{d}}\right) \end{pmatrix} \tag{5.40}$$

设计位置环虚拟子系统中的虚拟控制量为

$$\begin{pmatrix} x_{8d} \\ x_{10d} \\ x_{9d} \end{pmatrix} = \begin{pmatrix} s_z - c_z e_z + \dot{x}_{7d} \\ s_x - c_x e_x + \dot{x}_{9d} \\ s_y - c_y e_y + \dot{x}_{11d} \end{pmatrix} \tag{5.41}$$

式中，c_z, c_x, c_y 为正数，s_z, s_x, s_y 为位置系统滑模面。

步骤2，选取位置系统的滑模面

$$\begin{pmatrix} s_z \\ s_x \\ s_y \end{pmatrix} = \begin{pmatrix} \dot{e}_z + c_z e_z \\ \dot{e}_x + c_x e_x \\ \dot{e}_y + c_y e_y \end{pmatrix} \tag{5.42}$$

位置系统所设计的滑模面满足 Hurwitz 条件。

将式(5.42)两边对时间 t 求导，可得

$$\begin{pmatrix} \dot{s}_z \\ \dot{s}_x \\ \dot{s}_y \end{pmatrix} = \begin{pmatrix} \ddot{e}_z + c_z \dot{e}_z \\ \ddot{e}_x + c_x \dot{e}_x \\ \ddot{e}_y + c_y \dot{e}_y \end{pmatrix} \tag{5.43}$$

为了确保四旋翼飞行器位置系统满足全局渐近稳定，选取李雅普诺夫候选函数

$$\begin{pmatrix} v_8 \\ v_{10} \\ v_{12} \end{pmatrix} = \begin{bmatrix} v_7 + \dfrac{1}{2}s_z^2 \\ v_9 + \dfrac{1}{2}s_x^2 \\ v_{10} + \dfrac{1}{2}s_y^2 \end{bmatrix} \tag{5.44}$$

对式(5.44)两边进行求导，并将式(5.40)、式(5.41)和式(5.43)代入得

$$\begin{pmatrix} \dot{v}_8 \\ \dot{v}_{10} \\ \dot{v}_{12} \end{pmatrix} = \begin{pmatrix} -c_z e_z^2 + s_z e_z + s_z(c_z \dot{e}_z + \ddot{e}_z) \\ -c_x e_x^2 + s_x e_x + s_x(c_x \dot{e}_x + \ddot{e}_x) \\ -c_y e_y^2 + s_y e_y + s_y(c_y \dot{e}_y + \ddot{e}_y) \end{pmatrix} \tag{5.45}$$

设计快速幂次趋近律为

$$\begin{pmatrix} \dot{s}_z \\ \dot{s}_x \\ \dot{s}_y \end{pmatrix} = \begin{pmatrix} -|s_z|^{\beta_z}\operatorname{sign}(s_z) - k_z s_z \\ -|s_x|^{\beta_x}\operatorname{sign}(s_x) - k_x s_x \\ -|s_y|^{\beta_y}\operatorname{sign}(s_y) - k_y s_y \end{pmatrix} \tag{5.46}$$

式中，$k_z, k_x, k_y, \beta_z, \beta_x, \beta_y$ 为正数，$0<\beta_z, \beta_x, \beta_y<1$。

结合式(5.45)和式(5.46)，得出位置系统控制输入

$$\begin{cases} U_1 = \dfrac{m}{\cos x_1 \cos x_3}(-c_z \dot{e}_z + g + \ddot{x}_{7d} - e_z - |s_z|^{\beta_z}\operatorname{sat}(s_z) - k_z s_z) \\ U_x = \dfrac{m}{U_1}(-c_x \dot{e}_x + \ddot{x}_{9d} - |s_x|^{\beta_x}\operatorname{sat}(s_x) - e_x - k_x s_x) \\ U_y = \dfrac{m}{U_1}(-c_y \dot{e}_y + \ddot{x}_{11d} - |s_y|^{\beta_y}\operatorname{sat}(s_y) - e_y - k_y s_y) \end{cases} \tag{5.47}$$

四旋翼飞行器为欠驱动系统,期望滚转角和俯仰角满足如下非线性等式关系:

$$\begin{cases} U_x = \sin\phi\sin\psi + \cos\phi\cos\psi\sin\theta \\ U_y = \cos\phi\sin\psi\sin\theta - \cos\psi\sin\phi \end{cases} \tag{5.48}$$

通过解式(5.48)的非线性等式,反解得期望的滚转角 ϕ_{d} 和俯仰角 θ_{d},即

$$\begin{cases} \phi_{\mathrm{d}} = \arcsin(U_x\sin\psi - U_y\cos\psi) \\ \theta_{\mathrm{d}} = \arcsin\left(\dfrac{U_x\cos\psi + U_y\sin\psi}{\cos\phi_{\mathrm{d}}}\right) \end{cases} \tag{5.49}$$

将式(5.46)代入式(5.45),整理得

$$\begin{pmatrix} \dot{v}_8 \\ \dot{v}_{10} \\ \dot{v}_{12} \end{pmatrix} = \begin{pmatrix} -c_z e_z^2 - |s_z|^{\beta_z} |s_z| - k_z s_z^2 \\ -c_x e_x^2 - |s_x|^{\beta_x} |s_x| - k_x s_x^2 \\ -c_y e_y^2 - |s_y|^{\beta_y} |s_y| - k_y s_y^2 \end{pmatrix} \leqslant 0 \tag{5.50}$$

为了确保位置系统稳定性,用李雅普诺夫方法证明整个位置外环控制的稳定性,取李雅普诺夫候选函数

$$v_{\mathrm{ps}} = \frac{1}{2}(e_x^2 + s_x^2 + e_y^2 + s_y^2 + e_z^2 + s_z^2) \tag{5.51}$$

将式(5.51)两侧求导,并结合式(5.50),整理可得

$$\begin{aligned} \dot{v}_{\mathrm{ps}} = &-c_z e_z^2 - |s_z|^{\beta_z} |s_z| - k_z s_z^s - c_x e_x^2 \\ &- |s_x|^{\beta_x} |s_x| - k_z s_z^s - c_y e_y^2 - |s_y|^{\beta_y} |s_y| - k_z s_z^s \leqslant 0 \end{aligned} \tag{5.52}$$

由式(5.52)证明了位置系统全局渐近稳定。

视频讲解

5.3 抗干扰反步滑模控制仿真分析

下面验证采用指数型时变增益趋近设计的四旋翼飞行器反步滑模抗干扰姿态控制器,相比于传统指数趋近设计的控制器,提高了系统动态特性且保证系统抗干扰性能。给出参考轨迹与外部已知干扰与随机干扰,进行悬停仿真以及轨迹跟踪。表 5.1 为控制系统参数。

表 5.1 指数型时变增益趋近反步滑模控制系统参数

系　　数	值	系　　数	值
c_ϕ, c_θ, c_ψ	0.5	c_x, c_y	0.2
$k_{\phi2}, k_{\theta2}, k_{\psi2}$	0.05	$\beta_x, \beta_y, \beta_z$	0.5
$k_{\phi1}, k_{\theta1}, k_{\psi1}$	0.5215	k_x, k_y, k_z	0.2
$\gamma_\phi, \gamma_\theta, \gamma_\psi$	1.5	Δ, c_z	0.01(2.0)

给定期望的偏航角 $\psi_{\mathrm{d}} = \pi/4$,外部干扰模型设为

$$\begin{cases} \mathbf{Exd1} = \begin{pmatrix} 0 \\ D^1 \end{pmatrix} = \begin{pmatrix} 0 \\ D_{\mathrm{c}}^1 + D_{\mathrm{s}}^1 \end{pmatrix}, & 20 < t \leqslant 40 \\ \mathbf{Exd2} = \begin{pmatrix} 0 \\ D^2 \end{pmatrix} = \begin{pmatrix} 0 \\ D_{\mathrm{c}}^2 \end{pmatrix}, & 40 < t < 60 \end{cases}$$

$$\begin{cases} D_c^1 = 0.1 \\ -0.05 < D_s^1 < 0.05 \end{cases}, \quad D_c^2 = 0.2 \| \boldsymbol{D}_c + \boldsymbol{D}_s \| \leqslant \| \boldsymbol{D}_c \| + \| \boldsymbol{D}_s \| \leqslant \boldsymbol{D}_m \quad (5.53)$$

式中，**Exd** 为外部干扰力矩，$\boldsymbol{D}_c$ 为外部风场下干扰力矩常值部分，$\boldsymbol{D}_s$ 为外部风场的波动部分产生的随机干扰。设计控制器时需要已知干扰上界参数。

1. 确定界干扰下四旋翼飞行器悬停仿真

根据表 5.2 在确定界干扰下进行四旋翼飞行器悬停仿真试验，图 5.6 为确定界干扰下四旋翼飞行器悬停表现。由图 5.6 可见，在外部干扰作用下系统可以保持到悬停状态，但存在一定的位置偏差。

表 5.2　确定界干扰下四旋翼飞行器悬停参数

时间/s	起始值/m	终值/m
0～10	[0,0,0]	[0,0,2]
10～35	[0,0,2]	[0,0,2]
35～40	[0,0,2]	[0,0,6]
40～55	[0,0,6]	[0,0,6]
55～100	[0,0,6]	[0,0,12]

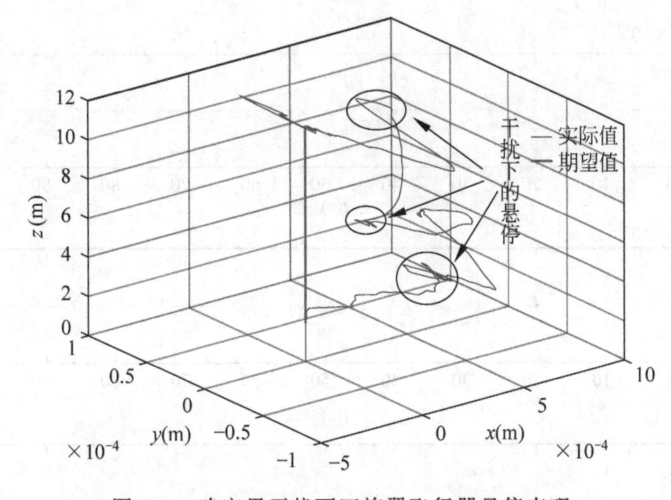

图 5.6　确定界干扰下四旋翼飞行器悬停表现

结合图 5.7 可以看出悬停时的位置偏差是由于干扰下姿态系统的稳态误差引起的。由于四旋翼飞行器为欠驱动系统，姿态系统中的期望滚转角和期望俯仰角由位置的输出提升力以及非线性关系解耦得出。故在干扰作用下，位置环的偏差会产生期望的俯仰角与滚转角。由于姿态控制系统对于外界干扰不敏感，在外界干扰下保持原来的姿态，故无法准确跟踪位置环求解出的期望滚转角与俯仰角。

图 5.7 与图 5.8 分别为干扰下的四旋翼飞行器姿态表现以及四旋翼飞行器的姿态误差。对图 5.7 和图 5.8 进行对比分析可见，飞行系统在 20s 遇到干扰时，姿态角度收敛至恒定值附近波动。并且后续干扰过程中姿态角度基本保持不变，验证了滑模不变性。因此，所设计的控制系统可以在面对非全局干扰时，获得较好的控制效果。对比前后两种干扰形式下的姿态表现以及姿态误差可见，波动干扰对于控制效果存在影响。由图 5.9 可见，在系统

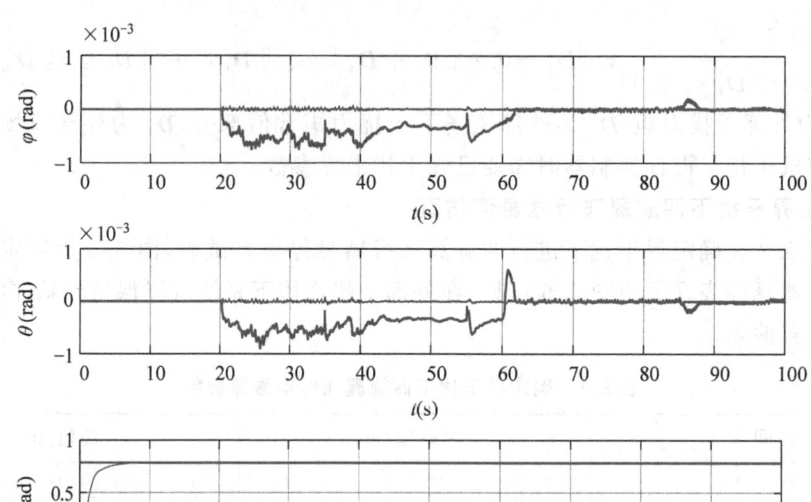

图 5.7　干扰下四旋翼飞行器姿态表现

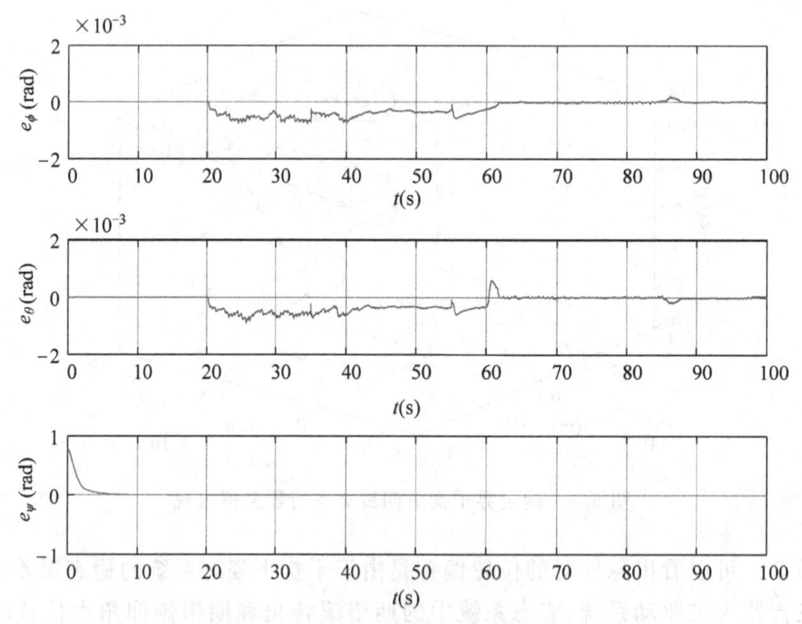

图 5.8　干扰下四旋翼飞行器姿态误差

状态接近滑模面时增益系数会发生衰减，减小系统状态在滑模面上的波动。同时，在干扰下增益系数会增大，从而保证系统的鲁棒性。

2. 确定界干扰下四旋翼飞行器轨迹跟踪

给定四旋翼飞行器期望轨迹

$$\begin{cases} x_{\mathrm{d}} = 5\cos(0.1t) + 5 \\ y_{\mathrm{d}} = 5\sin(0.1t) + 5 \\ z_{\mathrm{d}} = 10 \end{cases} \tag{5.54}$$

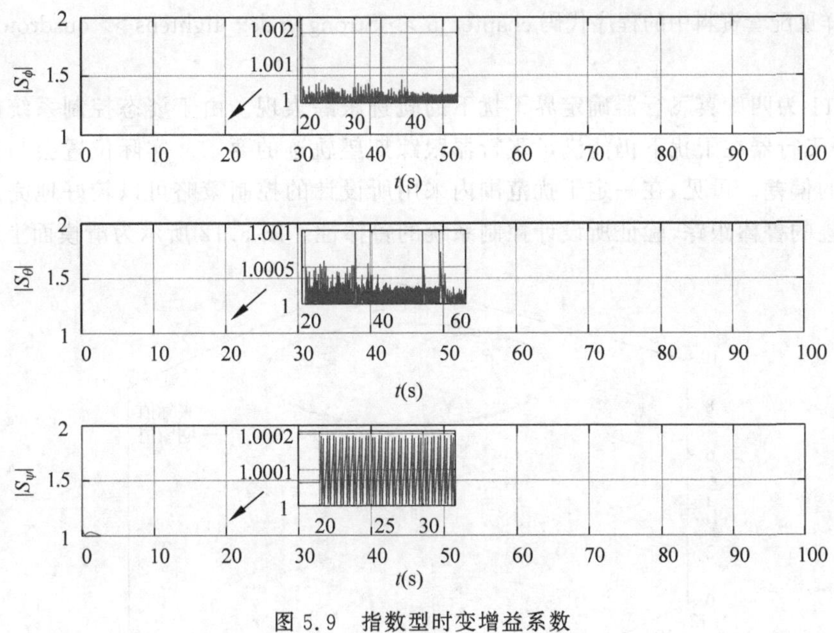

图 5.9 指数型时变增益系数

本书配套资源的 quadrotors 文件中的控制器模型如图 5.10 所示。

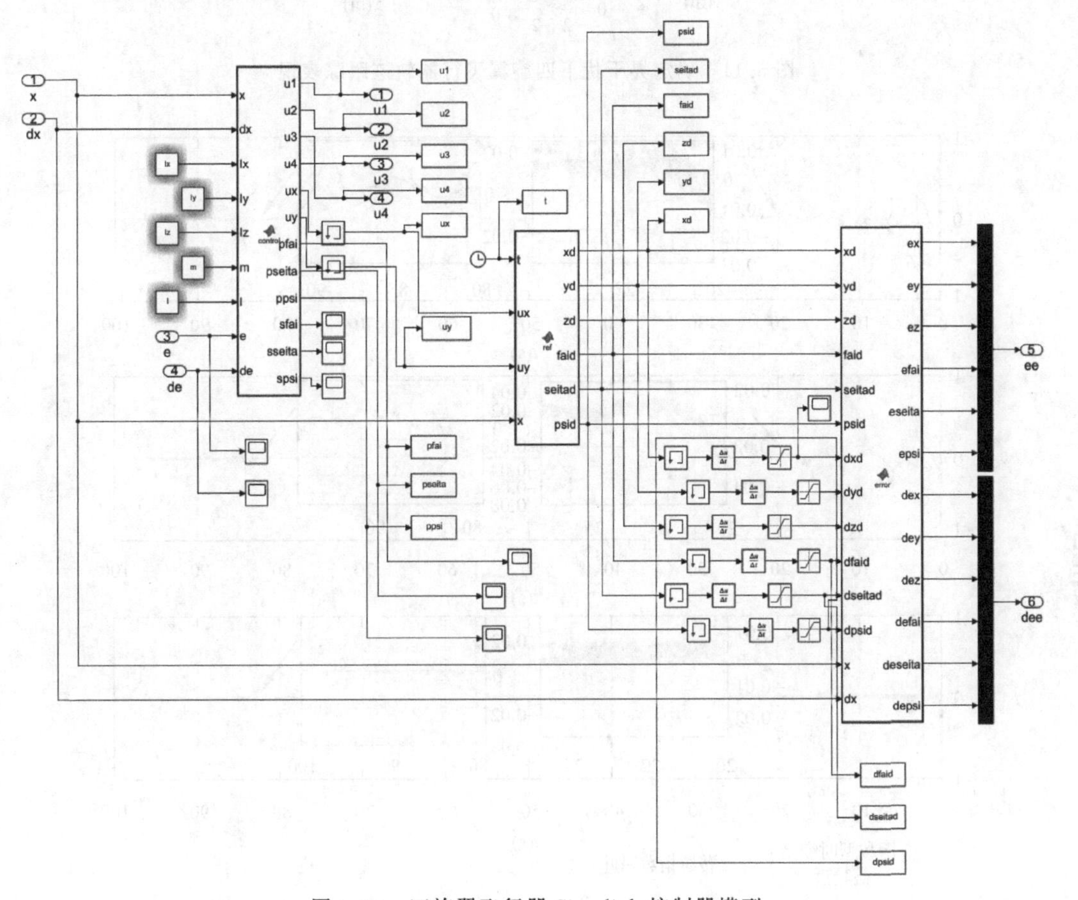

图 5.10 四旋翼飞行器 Simulink 控制器模型

程序详见配套资料中的程序代码 chapter_5 >> Strong_index_tightens >> quadrotors. slx >> control。

图 5.11 为四旋翼飞行器确定界干扰下的轨迹跟踪表现。由于姿态控制系统的抗干扰特性，使得飞行器在干扰下仍能满足飞行器跟踪期望轨迹的要求。实际位置会与期望位置存在较小的偏差。可见，在一定干扰范围内采用所设计的控制策略可以较好地完成飞行器对任务轨迹的鲁棒跟踪，验证所设计控制系统的鲁棒性。图 5.12 所示为滑模面上的系统动

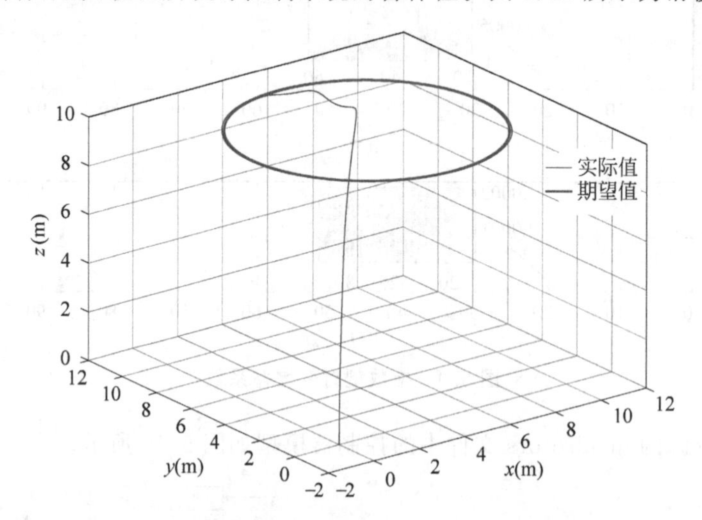

图 5.11 确定界干扰下四旋翼飞行器轨迹跟踪表现

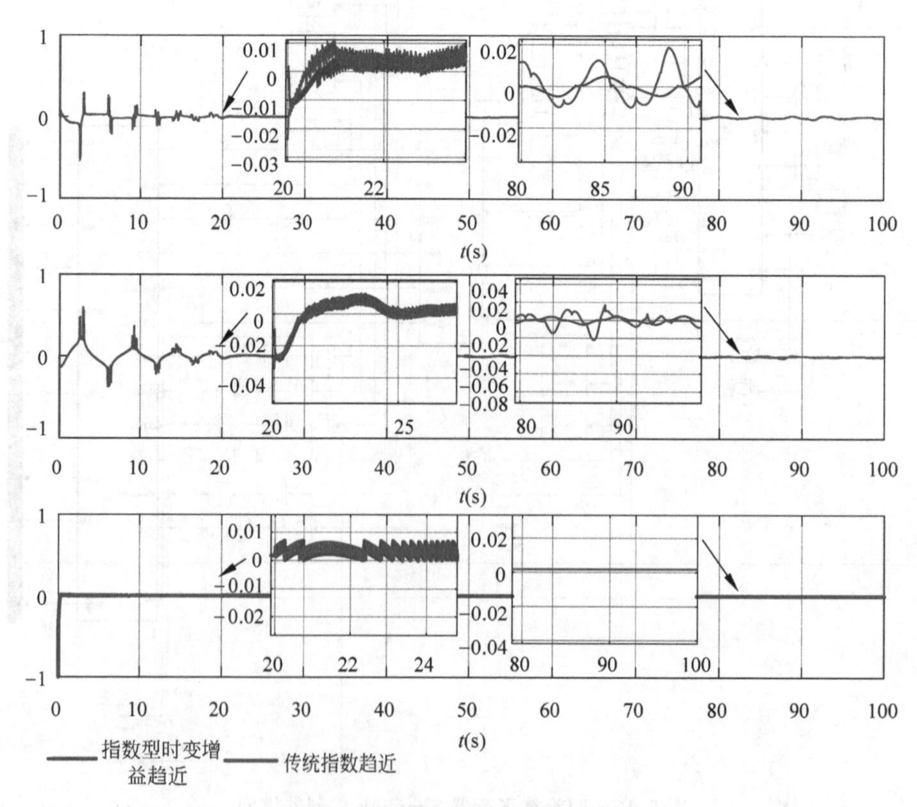

彩色图片

图 5.12 滑模面上的系统动态表现

态表现。图中将指数型时变增益趋近反步滑模姿态控制下的系统状态沿滑模面收敛的表现与采用传统的指数型趋近律下的系统动态表现进行对比。可见,采用所设计的指数型时变增益趋近可以有效改善系统状态沿着滑模面收敛的动态表现,从而有效改善系统控制性能,提高系统控制效果。

可以整理出指数型时变增益趋近反步滑模姿态控制下,四旋翼飞行器在无干扰、常值干扰、结合波动干扰与常值干扰的混合干扰下的姿态误差及均方根误差表现,如表 5.3 所示。

表 5.3　指数型时变增益趋近反步滑模姿态控制误差对比

干 扰 形 式	稳定姿态误差范围(rad)	均方根误差(rad)
无干扰	(−0.00020,0.00014)	0.0002
常值干扰	(−0.00051,−0.00027)	0.0004
常值+波动干扰	(−0.00068,−0.00024)	0.0005

在不同形式干扰的作用下,四旋翼飞行器的姿态系统误差不同。对比表 5.3 中的数据可见,外部干扰对于飞行器的控制存在影响。对比无干扰与存在干扰情况下的控制效果,可见干扰下姿态系统的稳态误差会加大。同样可得,波动形式干扰会进一步影响所设计的指数型时变增益趋近反步滑模控制下的飞行器姿态系统的控制效果。

通过仿真试验,验证了对于外部风场作用于飞行器产生确定界干扰力矩的问题,指数型时变增益趋近反步滑模姿态控制方法可以达到干扰下良好的控制效果。相比于采用传统指数趋近律的设计方法,改善了系统状态沿着滑模面收敛的动态表现。通过数值仿真试验,同样验证了滑模控制对外部干扰的不敏感特性。同时,对比不同干扰形式下的姿态误差数据,发现波动干扰对于指数型时变增益趋近的反步滑模姿态控制方法下的四旋翼飞行器的控制效果存在负面影响。波动形式的干扰会引起姿态系统中滚转角和俯仰角实际值的波动。

习题

5.1　什么是变结构系统?为什么要采用变结构控制?

5.2　简述机器人滑模变结构控制的基本原理。

5.3　简述滑模控制系统设计的要求及步骤。

5.4　给系统

$$\ddot{x}+\alpha_1(t)\,|\,x\,|\,\dot{x}+\alpha_2(t)x^3\cos 2x=v$$

设计一个切换控制器,其中 $\alpha_1(t)$ 和 $\alpha_2(t)$ 满足

$$\forall t\geqslant 0,\quad |\,\alpha_1(t)\,|\leqslant 2,\quad -1\leqslant \alpha_2(t)\leqslant 5$$

5.5　考虑对象

$$\ddot{\theta}(t)=-f(\theta,t)+b(t)+d(t)$$

设计滑模控制器,利用 MATLAB 画出输入为周期信号 $\sin(t)$ 的角度及角速度跟踪曲线。

第6章 足式移动机器人

CHAPTER 6

在自然界和人类社会中存在一些人类无法到达的地方和可能危及人类生命的特殊场合，如行星表面、灾难发生矿井、防灾救援和反恐斗争现场等，对这些危险环境进行不断地探索和研究，寻求一条解决问题的可行途径成为科学技术发展和人类社会进步的需要。地形不规则和崎岖不平是这些环境的共同特点。与轮式、履带式移动机器人相比，步行机器人在崎岖不平的路面具有独特的优越性能，而仿生步行机器人的出现更加显示出步行机器人的优势。足式移动机器人能够调节各腿的关节转角，使机器人在行走过程中，重心保持稳定；而且足式机器人落足点为离散的点，可以跨越障碍物；足式机器人具有多个自由度，行走动作灵活，能够适应多种地形地貌，适合在非结构化环境下工作。足式机器人按足的数量，可分为两足、四足、六足、八足机器人等。两足或四足机器人的步态形式较少，而且稳定性不高，在行走过程中，一旦足端落空，就会发生事故。其中六足机器人具有丰富的步态形式，能够根据不同的地形环境和应用场景进行切换；而且六足机器人具有更好的稳定性和负载能力，在行走过程中，有多个支撑足支撑地面，即使有个别足落空，仍能保持身体的平衡。八足机器人的冗余性太高，控制和步态规划相对复杂。所以六足机器人稳定性好、步态形式多样、负载能力较强、控制相对简单，具有很高的研究价值。

6.1 足式移动机器人机构建模

对足式移动机器人进行运动学建模是指不考虑引起运动的力，只建立机器人关节转动角度与足端空间位置之间的关系模型。运动学建模是研究足式移动机器人步态规划和稳定性分析的基础。

6.1.1 正运动学建模

运动学建模首先确定机器人质心坐标系，用于描述空间的初始位置和初始方向；其次是建立腿部基坐标系，用于描述腿相对于质心坐标系的位置与方向关系；然后在每个关节位置处建立坐标系，用来描述前后关节的相对位置关系和转动关系；最后在机器人足端建立笛卡儿坐标系以表示足端的空间位置和方向。根据各关节的转动角度求出足端在质心坐标系中的坐标是正运动学分析，根据足端在质心坐标系中的坐标求出各关节的转动角度是逆运动学分析。

图6.1为六足机器人质心坐标系与基坐标系位置图，Σ_c 为机器人质心坐标系，z_c 正向

垂直于地面向上，x_c 正向沿躯干横向方向向右，y_c 正向通过右手定则确定，为机器人的头部方向，每条腿的基坐标系通过质心坐标系平移旋转得到，旋转角为 φ，对六足机器人每条腿进行编号，其中1、2、3分别表示左前腿、左中腿、左后腿，4、5、6分别表示右前腿、右中腿、右后腿。如图6.2为六足机器人单侧关节坐标系。Σo_{m0} 为机器人腿部基坐标系，Σo_{mi} 为 m 腿 i 关节的坐标系，$m=1,2,\cdots,6$ 为机器人腿序号，$i=1,2,3$ 为腿部关节序号，分别表示髋关节、膝关节和踝关节，$i=4$ 时表示机器人足端。z_{mi} 为关节的旋转轴，x_{mi} 坐标轴方向沿着连杆轴线方向，y_{mi} 方向由右手定则确定。L_1、L_2、L_3 分别表示基节、股节、胫节长度。

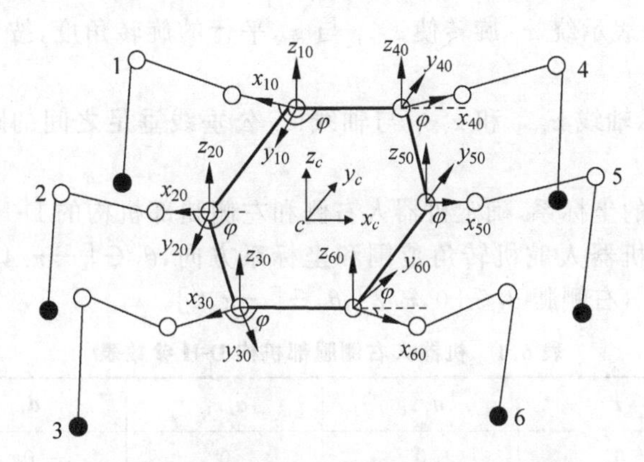

图6.1 六足机器人质心坐标系与基坐标系

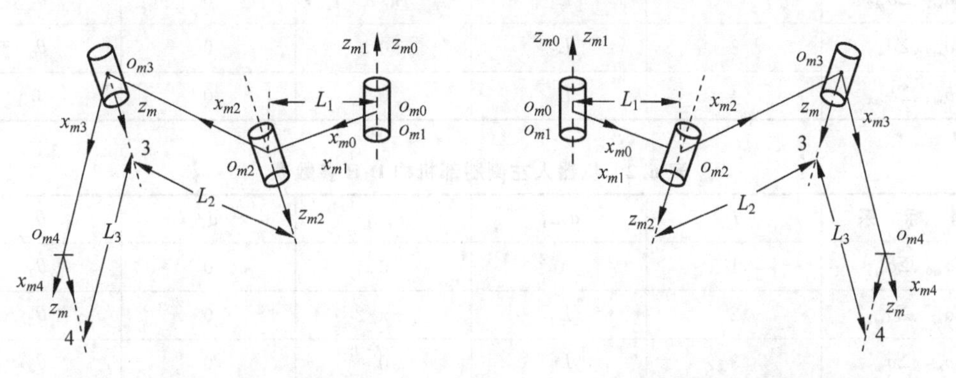

图6.2 六足机器人单侧关节坐标系

机器人的腿部共有5个坐标系：基坐标系 Σo_{m0}、髋关节坐标系 Σo_{m1}、膝关节坐标系 Σo_{m2}、踝关节坐标系 Σo_{m3} 和足端坐标系 Σo_{m4}。髋关节坐标系与基坐标系原点重合。设5个坐标系之间的齐次变换矩阵分别为 ${}^{o_{m0}}\boldsymbol{T}_{o_{m1}}$、${}^{o_{m1}}\boldsymbol{T}_{o_{m2}}$、${}^{o_{m2}}\boldsymbol{T}_{o_{m3}}$、${}^{o_{m3}}\boldsymbol{T}_{o_{m4}}$、${}^{o_{m0}}\boldsymbol{T}_{o_{m4}}$，则足端坐标系 Σo_{m4} 到基坐标系 Σo_{m0} 的转换矩阵为

$$
{}^{o_{m0}}\boldsymbol{T}_{o_{m4}}={}^{o_{m0}}\boldsymbol{T}_{o_{m1}}\,{}^{o_{m1}}\boldsymbol{T}_{o_{m2}}\,{}^{o_{m2}}\boldsymbol{T}_{o_{m3}}\,{}^{o_{m3}}\boldsymbol{T}_{o_{m4}}=\begin{bmatrix} n_x & o_x & a_x & x_0 \\ n_y & o_y & a_y & y_0 \\ n_z & o_z & a_z & z_0 \\ 0 & 0 & 0 & 1 \end{bmatrix} \tag{6.1}
$$

式中，相邻关节广义坐标系之间的转换矩阵 ${}^{o_{m(i-1)}}\boldsymbol{T}_{o_{mi}}$ 一般式为

$$
{}^{o_{m(i-1)}}\boldsymbol{T}_{o_{mi}}=\begin{bmatrix}\cos\theta_{mi} & -\sin\theta_{mi} & 0 & a_{m(i-1)}\\ \sin\theta_{mi}\cos\alpha_{m(i-1)} & \cos\theta_{mi}\cos\alpha_{m(i-1)} & -\sin\alpha_{m(i-1)} & -d_{mi}\sin\alpha_{m(i-1)}\\ \sin\theta_{mi}\sin\alpha_{m(i-1)} & \cos\theta_{mi}\sin\alpha_{m(i-1)} & \cos\alpha_{m(i-1)} & d_{mi}\cos\alpha_{m(i-1)}\\ 0 & 0 & 0 & 1\end{bmatrix} \tag{6.2}
$$

其中，

θ_i——连杆夹角，绕 z_i 轴从 x_{i-1} 旋转到 x_i 的角度。

a_{i-1}——连杆长度，沿 x_{i-1} 轴方向，轴线 z_{i-1} 与轴线 z_i 的公垂线的长度，转动轴平行时，即为连杆的长度。

α_{i-1}——扭转角，表示绕 x_i 旋转使 z_{i-1} 与 z_i 平行的旋转角度，按右手螺旋定则，逆时针为正。

d_i——横距，表示轴线 z_{i-1} 和 z_{i+1} 与轴线 z_i 公垂线垂足之间的距离，转动轴线平行时，横距为 0。

根据图 6.2 建立的坐标系，确定机器人右侧和左侧腿部机构的 D-H 参数分别如表 6.1 和表 6.2 所示。根据机器人舵机转角范围和坐标系方向，$\theta_1\in[-\pi/4,\pi/4]$，左侧腿 $\theta_2\in[-\pi/2,0]$，$\theta_3\in[0,\pi]$，右侧腿 $\theta_2\in[0,\pi/2]$，$\theta_3\in[-\pi,0]$。

表 6.1 机器人右侧腿部机构 D-H 参数表

坐标系	i	a_{i-1}	α_{i-1}	d_i	θ_i
Σo_{m0}、Σo_{m1}	1	0	0	0	θ_1
Σo_{m1}、Σo_{m2}	2	L_1	$\pi/2$	0	θ_2
Σo_{m2}、Σo_{m3}	3	L_2	0	0	θ_3
Σo_{m3}、Σo_{m4}	4	L_3	0	0	0

表 6.2 机器人左侧腿部机构 D-H 参数表

坐标系	i	a_{i-1}	α_{i-1}	d_i	θ_i
Σo_{m0}、Σo_{m1}	1	0	0	0	θ_1
Σo_{m1}、Σo_{m2}	2	L_1	$-\pi/2$	0	θ_2
Σo_{m2}、Σo_{m3}	3	L_2	0	0	θ_3
Σo_{m3}、Σo_{m4}	4	L_3	0	0	0

以右侧腿为例，根据表 6.1 中的 D-H 参数，得到相邻关节的齐次变换矩阵如下

$$
{}^{o_{m0}}\boldsymbol{T}_{o_{m1}}=\begin{bmatrix}c_1 & -s_1 & 0 & 0\\ s_1 & c_1 & 0 & 0\\ 0 & 0 & 1 & 0\\ 0 & 0 & 0 & 1\end{bmatrix} \tag{6.3}
$$

$$
{}^{o_{m1}}\boldsymbol{T}_{o_{m2}}=\begin{bmatrix}c_2 & -s_2 & 0 & L_1\\ 0 & 0 & -1 & 0\\ s_2 & c_2 & 0 & 0\\ 0 & 0 & 0 & 1\end{bmatrix} \tag{6.4}
$$

$$
{}^{o_{m2}}\boldsymbol{T}_{o_{m3}}=\begin{bmatrix} c_3 & -s_3 & 0 & L_2 \\ s_3 & c_3 & 0 & 0 \\ 0 & 0 & 1 & 0 \\ 0 & 0 & 0 & 1 \end{bmatrix} \tag{6.5}
$$

$$
{}^{o_{m3}}\boldsymbol{T}_{o_{m4}}=\begin{bmatrix} 1 & 0 & 0 & L_3 \\ 0 & 1 & 0 & 0 \\ 0 & 0 & 1 & 0 \\ 0 & 0 & 0 & 1 \end{bmatrix} \tag{6.6}
$$

将 4 个齐次变换矩阵相乘,得到足端坐标系到腿部基坐标系的变换矩阵为

$$
\begin{aligned}
{}^{o_{m0}}\boldsymbol{T}_{o_{m4}} &= {}^{o_{m0}}\boldsymbol{T}_{o_{m1}} \times {}^{o_{m1}}\boldsymbol{T}_{o_{m2}} \times {}^{o_{m2}}\boldsymbol{T}_{o_{m3}} \times {}^{o_{m3}}\boldsymbol{T}_{o_{m4}} \\
&= \begin{bmatrix} c_1c_{23} & -c_1s_{23} & s_1 & L_1c_1+L_2c_1c_2+L_3c_1c_{23} \\ s_1c_{23} & -s_1s_{23} & -c_1 & L_1s_1+L_2s_1c_2+L_3s_1c_{23} \\ s_{23} & c_{23} & 0 & L_2s_2+L_3s_{23} \\ 0 & 0 & 0 & 1 \end{bmatrix}
\end{aligned} \tag{6.7}
$$

即机器人右侧腿足端在腿部基坐标系下的运动学正解为

$$
\begin{bmatrix} x_o \\ y_o \\ z_o \end{bmatrix} = \begin{bmatrix} L_1c_1+L_2c_1c_2+L_3c_1c_{23} \\ L_1s_1+L_2s_1c_2+L_3s_1c_{23} \\ L_2s_2+L_3s_{23} \end{bmatrix} \tag{6.8}
$$

同理,左侧腿足端在腿部基坐标系下的运动学正解为

$$
\begin{bmatrix} x_o \\ y_o \\ z_o \end{bmatrix} = \begin{bmatrix} L_1c_1+L_2c_1c_2+L_3c_1c_{23} \\ L_1s_1+L_2s_1c_2+L_3s_1c_{23} \\ -L_2s_2-L_3s_{23} \end{bmatrix} \tag{6.9}
$$

其中,c_1 表示 $\cos\theta_1$,c_2 表示 $\cos\theta_2$,c_3 表示 $\cos\theta_3$,s_1 表示 $\sin\theta_1$,s_2 表示 $\sin\theta_2$,s_3 表示 $\sin\theta_3$,$c_{23}=\cos(\theta_2+\theta_3)$,$s_{23}=\sin(\theta_2+\theta_3)$。

若以机器人躯干质心坐标系 Σc 为参考坐标系,根据齐次坐标变换原理,通过平移、旋转变换,可得到机器人腿部基坐标系 Σo_{m0} 到躯干质心坐标系 Σc 的变换矩阵 ${}^{c}\boldsymbol{T}_{o_{m0}}$ 为

$$
\begin{aligned}
{}^{c}\boldsymbol{T}_{o_{m0}} &= \mathrm{Trans}(x_{o_{m0}}, y_{o_{m0}}, z_{o_{m0}}) \cdot \mathrm{Rot}(z,\varphi) \\
&= \begin{bmatrix} c\varphi & -s\varphi & 0 & x_{o_{m0}} \\ s\varphi & c\varphi & 0 & y_{o_{m0}} \\ 0 & 0 & 1 & z_{o_{m0}} \\ 0 & 0 & 0 & 1 \end{bmatrix}
\end{aligned} \tag{6.10}
$$

式中,$(x_{o_{m0}}, y_{o_{m0}}, z_{o_{m0}})$ 为机器人 m 腿部基坐标系原点在质心坐标系中的坐标值,如表 6.3 所示。φ 为腿部基坐标系 Σo_{m0} 相对于躯干质心坐标系 Σc 绕 z 轴 的旋转角度,不同步态下的 φ 值不同。

表 6.3 基坐标系到质心坐标系变换参数 单位:m

参数	1	2	3	4	5	6
$x_{o_{m0}}$	−0.094	−0.14	−0.094	0.094	0.14	0.094
$y_{o_{m0}}$	0.184	0	−0.184	0.184	0	−0.184
$z_{o_{m0}}$	0	0	0	0	0	0

将腿的基坐标系中的坐标左乘变换矩阵即可得到质心坐标系中的坐标为

$$\begin{bmatrix} x_c \\ y_c \\ z_c \\ 1 \end{bmatrix} = \begin{bmatrix} c\varphi & -s\varphi & 0 & x_{o_{m0}} \\ s\varphi & c\varphi & 0 & y_{o_{m0}} \\ 0 & 0 & 1 & z_{o_{m0}} \\ 0 & 0 & 0 & 1 \end{bmatrix} \begin{bmatrix} x_o \\ y_o \\ z_o \\ 1 \end{bmatrix} \tag{6.11}$$

即左、右侧腿足端在质心坐标系下的运动学正解为

$$\begin{bmatrix} x_c \\ y_c \\ z_c \end{bmatrix} = \begin{bmatrix} x_o c\varphi - y_o s\varphi + x_{o_{m0}} \\ x_o s\varphi + y_o c\varphi + y_{o_{m0}} \\ z_o + z_{o_{m0}} \end{bmatrix} \tag{6.12}$$

综上,机器人运动学正解的计算步骤如下:

(1) 将左右侧腿各关节的转角代入式(6.8)和式(6.9),可计算出足端在腿部基坐标系中的坐标值(x_o, y_o, z_o)。

(2) 将左右侧腿部基坐标系中的足端坐标值代入式(6.12),即可求出足端在质心坐标系中的坐标值。

6.1.2 逆运动学建模

机器人的逆运动学分析是指根据机器人的足端轨迹和位姿,计算出机器人各关节的转角。为了实现足端按设计的运动轨迹运动,通常需要将足端运动轨迹离散化,根据每个离散点的坐标系中的坐标值计算出各个关节的转角,将所有空间离散点坐标对应的关节角度组在一起,即得到各个关节转角的轨迹。控制机器人各个关节按照关节转角轨迹转动,就可以控制机器人足端按设计的运动轨迹运动。所以运动学逆解问题是步态规划的关键。机器人逆运动学推导过程如下:

以右侧腿为例,将${}^{o_{m0}}\boldsymbol{T}_{o_{m1}}$ 的逆矩阵左乘${}^{o_{m0}}\boldsymbol{T}_{o_{m4}}$ 得到

$${}^{o_{m0}}\boldsymbol{T}_{o_{m1}}^{-1} \times {}^{o_{m0}}\boldsymbol{T}_{o_{m4}} = {}^{o_{m1}}\boldsymbol{T}_{o_{m2}} \times {}^{o_{m2}}\boldsymbol{T}_{o_{m3}} \times {}^{o_{m3}}\boldsymbol{T}_{o_{m4}}$$

$$= \begin{bmatrix} c_1 n_x + s_1 n_y & c_1 o_x + s_1 o_y & c_1 a_x + s_1 a_y & c_1 x_o + s_1 y_o \\ -s_1 n_x + c_1 n_y & -s_1 n_x + c_1 o_y & -s_1 n_x + c_1 a_y & -s_1 x_o + c_1 y_o \\ n_z & o_z & a_z & z_o \\ 0 & 0 & 0 & 1 \end{bmatrix}$$

$$= \begin{bmatrix} c_{23} & -s_{23} & 0 & L_3 c_{23} + L_2 c_2 + L_1 \\ 0 & 0 & -1 & 0 \\ s_{23} & c_{23} & 0 & L_3 s_{23} + L_2 s_2 \\ 0 & 0 & 0 & 1 \end{bmatrix} \tag{6.13}$$

令矩阵第四列对应元素相等,可得等式

$$\begin{cases} L_3c_{23}+L_2c_2+L_1=c_1x_o+s_1y_o \\ -s_1x_o+c_1y_o=0 \\ L_3s_{23}+L_2s_2=z_o \end{cases} \tag{6.14}$$

通过解方程得到右侧腿在腿部基坐标中的运动学逆解为

$$\begin{bmatrix} \theta_1 \\ \theta_2 \\ \theta_3 \end{bmatrix} = \begin{bmatrix} \arctan(y_o/x_o) \\ \arcsin(z_o/\sqrt{(L_3c_3+L_2)^2+(L_3s_3)^2})-\gamma \\ \arcsin(((c_1x_o+s_1y_o-L_1)^2+z_o^2-L_3^2-L_2^2)/(2L_2L_3))-\pi/2 \end{bmatrix} \tag{6.15}$$

同理,机器人左侧腿在腿部基坐标中的运动学逆解为

$$\begin{bmatrix} \theta_1 \\ \theta_2 \\ \theta_3 \end{bmatrix} = \begin{bmatrix} \arctan(y_o/x_o) \\ \arcsin(-z_o/\sqrt{(L_3c_3+L_2)^2+(L_3s_3)^2})-\gamma \\ \arcsin(-((c_1x_o+s_1y_o-L_1)^2+(-z_o)^2-L_3^2-L_2^2)/(2L_2L_3))+\pi/2 \end{bmatrix} \tag{6.16}$$

在式(6.15)、式(6.16)中,$\gamma=\arctan(L_3s_3/(L_3c_3+L_2))$。

式(6.15)和式(6.16)都是在腿部基坐标系中的逆解,为了计算出在质心坐标系中的运动学逆解,需要计算出(x_c,y_c,z_c)和(x_o,y_o,z_o)之间的转换关系。根据式(6.11)可知将矩阵${}^c\boldsymbol{T}_{o_{m0}}$的逆矩阵左乘质心坐标向量,即可得到基坐标与质心坐标间的转换表达式

$$\begin{bmatrix} x_o \\ y_o \\ z_o \\ 1 \end{bmatrix} = \begin{bmatrix} c\varphi & -s\varphi & 0 & x_{o_{m0}} \\ s\varphi & c\varphi & 0 & y_{o_{m0}} \\ 0 & 0 & 1 & z_{o_{m0}} \\ 0 & 0 & 0 & 1 \end{bmatrix}^{-1} \begin{bmatrix} x_c \\ y_c \\ z_c \\ 1 \end{bmatrix} \tag{6.17}$$

即

$$\begin{cases} x_o=x_cc\varphi+y_cs\varphi-x_{o_{m0}}c\varphi-y_{o_{m0}}s\varphi \\ y_o=-x_cs\varphi+y_cc\varphi+x_{o_{m0}}s\varphi-y_{o_{m0}}c\varphi \\ z_o=z_c-z_{o_{m0}} \end{cases} \tag{6.18}$$

综上,机器人运动学逆解的计算步骤如下:

(1) 将左右侧腿足端在质心坐标系中的坐标(x_c,y_c,z_c)代入式(6.18),计算出足端在腿部基坐标中的坐标值(x_o,y_o,z_o)。

(2) 将足端在腿部基坐标中的坐标值(x_o,y_o,z_o)代入式(6.15)和式(6.16),分别计算出左、右侧腿各个关节的转动角度。

6.2 步态稳定性分析

机器人在行走过程中,质心必须限定在一定的空间范围内,如果超出范围,那么机器人可能摔倒,造成巨大损失。机器人在行走过程中,只要其质心投影在支撑足构成的多边形内部,则机器人是稳定的,一旦质心投影落在支撑面外,机器人就会发生失稳现象。在整个步态规划中,质心投影到支撑足构成的多边形的每条边的最小距离越大,机器人的稳定性越高。所以定义机器人步态规划的稳定裕度为质心投影到支撑足端构成的多边形的最小距

离。稳定性是机器人运动性能的重要技术指标，步态规划的前提是保证机器人运动的稳定性，稳定是步态规划的基本要求。

忽略机器人摆动腿对质心位置的影响，假设质心为机器人的几何中心。处于支撑相时，支撑足的足端相对于地面位置不变，构成了固定的支撑多边形。因为质心位置相对于地面发生了变化。足端在质心坐标系中的坐标也不断变化。所以质心投影到多边形的距离也是动态变化的，需要根据步态规划得到足端轨迹，计算出质心投影到多边形的每条边的最小距离，即为步态规划的稳定裕度。将每条腿支撑相的足端轨迹离散化，得到离散点坐标，根据相邻两条腿的足端轨迹的离散点坐标(x_1,y_1)、(x_2,y_2)计算出直线的一般式。根据式(6.19)计算出质心投影到直线的距离。

$$d=|x_2y_1-x_1y_2|/\sqrt{(x_1-x_2)^2+(y_1-y_2)^2} \tag{6.19}$$

在整个支撑相中，计算出质心投影到每条边的最小距离，再取最小值作为步态规划的稳定裕度，即稳定裕度$S=\min\{d_1,d_2,d_3,\cdots\}$。

6.2.1 三支撑足步态规划

六足机器人三支撑足步态又称三角步态，指在行走过程中始终有3只足处于支撑状态，另外3只足处于摆动状态，两组腿之间相互交替，实现机器人的行走。三支撑足步态是昆虫行走速度最快的一种步态。在三支撑足步态中，三角步态是稳定性和灵活性最好的步态。如图6.3所示，白色表示支撑相，黑色表示摆动相，组{1,3,5}相位相同，组{2,4,6}相位相同，两者相位相差π。两组腿之间相互交替，在支撑相和摆动相之间切换，实现机器人的行走。

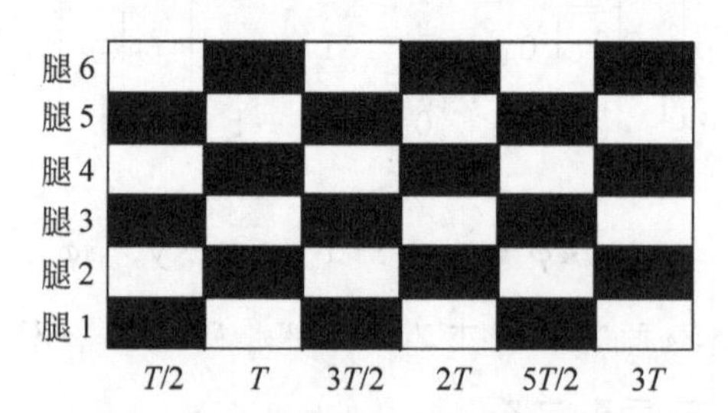

图6.3 三支撑足步态支撑相与摆动相示意图

直行步态是指机器人沿着y轴正向行走，其示意图如图6.4所示。

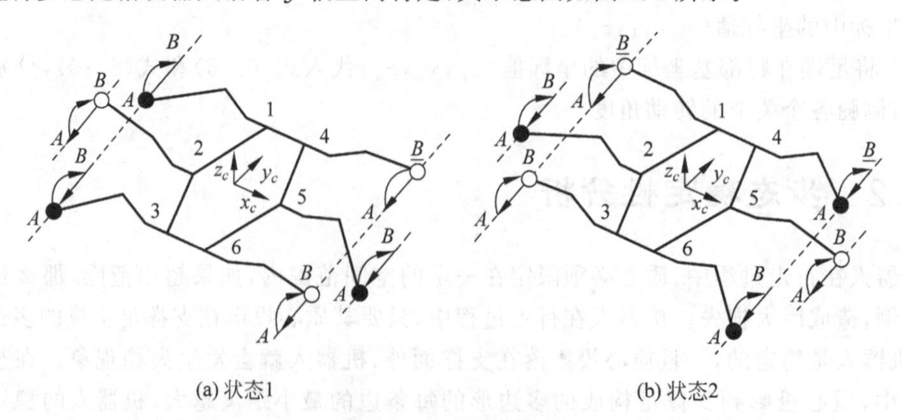

(a) 状态1 (b) 状态2

图6.4 直行步态规划

初始阶段,机器人的每条腿的足端位于 AB 线段的中点位置,都处于支撑状态;机器人进入直行步态后呈现出两种状态,图 6.4(a)为状态 1,足端的黑色圆圈表示腿处于摆动相,白色圆圈表示腿处于支撑相,腿{1,3,5}先处于摆动相,足端沿着弧线 AB 从 A 点运动到 B 点。同时腿{2,4,6}处于支撑相,足端沿着直线 BA 从 B 点运动到 A 点。需要说明的是,由于摩擦力作用,实际上处于支撑相的腿的足端相对于地面并未发生移动,而是机器人身体发生扭动,使机器人的躯干向前移动;图 6.4(b)为状态 2,进入状态 2 后,腿{1,3,5}切换为支撑相,腿{2,4,6}切换为摆动相,两组腿周期交替,实现机器人的行走。

机器人直行步态的摆动相轨迹如式(6.20),是一条半周期正弦曲线。支撑相轨迹如式(6.21),是一条直线。

$$\begin{cases} x_c = x_{o_{m0}} + L_{of}\cos\varphi \\ y_c = y_{o_{m0}} + L_{of}\sin\varphi + 0.002k - 0.06, \quad k = 0,1,\cdots,N \\ z_c = z_{o_{m0}} - 0.15 + 0.05\cos(\pi(y_c - y_{o_{m0}} - L_{of}\sin\varphi)/0.12) \end{cases} \tag{6.20}$$

$$\begin{cases} x_c = x_{o_{m0}} + L_{of}\cos\varphi \\ y_c = y_{o_{m0}} + L_{of}\sin\varphi + 0.06 - 0.002k, \quad k = 0,1,\cdots,N \\ z_c = z_{o_{m0}} - 0.15 \end{cases} \tag{6.21}$$

在式(6.20)和式(6.21)中,x_c、y_c、z_c 分别表示足端在质心坐标系中的坐标,φ 表示腿基坐标系相对于质心坐标系的转角,直行步态中,腿 1、腿 2、腿 3 的转角 φ 等于 π,腿 4、腿 5、腿 6 的转角 φ 等于 0。即左边腿的基坐标系的 x 轴正向与质心坐标系的 x 轴正向相反,右边腿的基坐标系的 x 轴正向与质心坐标系的 x 轴正向相同。N 表示采样点数,N 取 60,采样频率为 30Hz,k 表示离散值。L_{co} 表示质心到基坐标系原点的距离,L_{of} 表示初始状态时质心与足端连线在地面上的投影的长度,直行步态的 L_{of} 值为 0.122m。按照这种轨迹运动,机器人的质心与地面的距离恒定为 0.15m,机器人躯体始终与地面平行,机器人运动稳定性高,各足受力比较均匀。

根据式(6.20)和式(6.21)得到的足端轨迹,以及通过坐标逆变换得到的关节转角如图 6.5 和图 6.6 所示。

图 6.5 为左侧腿的关节转角和足端运动轨迹。髋关节转角曲线为 V 形,左右对称;膝关节和踝关节转角曲线为规则的抛物线形,摆动相的转角范围大于支撑相的转角范围,膝关节转角在支撑相几乎没有变化;如图 6.5(d)所示,腿 1、腿 2、腿 3 的足端轨迹形状完全相同,只是空间位置不同,腿 1 和腿 3 的足端轨迹在同一个平面内,腿 2 与腿 1、腿 3 的足端轨迹平面之间有一定的错位,这种步态规划方式降低了运动过程中腿 2 与同侧前后腿相互碰撞干扰的可能性,也间接增大了足行程的范围。图 6.6 为右侧腿的各关节的转角和足端运动轨迹。右侧腿各关节的转角值与左侧腿的各关节转角值符号相反。左右腿的足端运动轨迹关于 y 轴对称。

根据设计的足端轨迹曲线,计算出质心投影到腿 1、腿 3 连线,腿 3、腿 5 连线,腿 5、腿 1 连线的距离变化曲线如图 6.7 所示。

在三支撑足直行步态中,质心投影到腿 1、腿 3 连线的距离恒定为 0.216m,到腿 3、腿 5 连线的距离从 0.038m 增大到 0.15m,到腿 5、腿 1 连线的距离从 0.15m 减小到 0.038m。所以整个运动过程中的稳定裕度值为 0.038m。

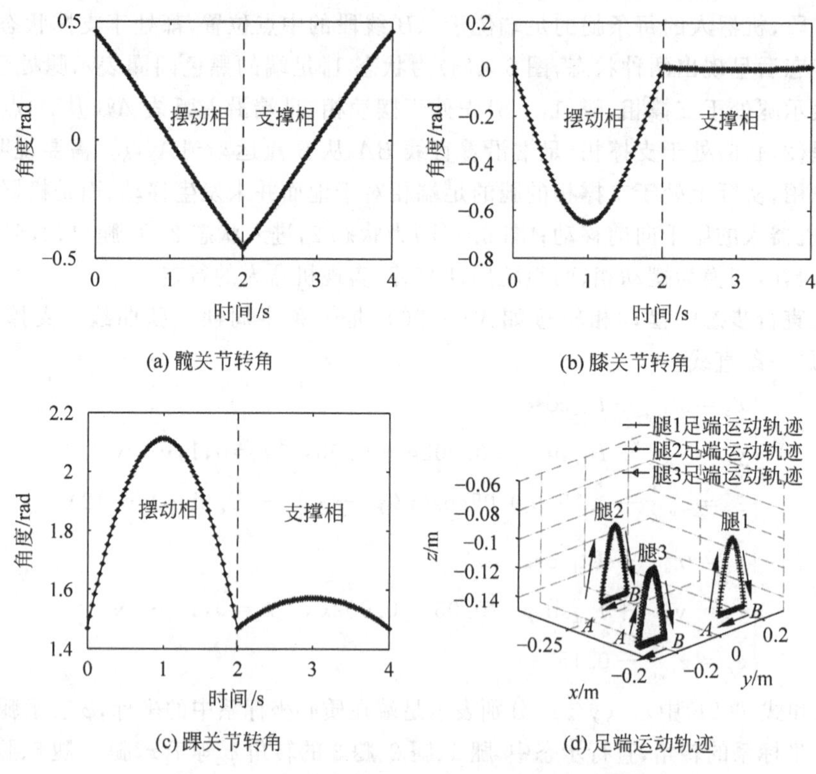

(a) 髋关节转角 (b) 膝关节转角

(c) 踝关节转角 (d) 足端运动轨迹

图 6.5 左侧腿各关节转角与足端运动轨迹曲线

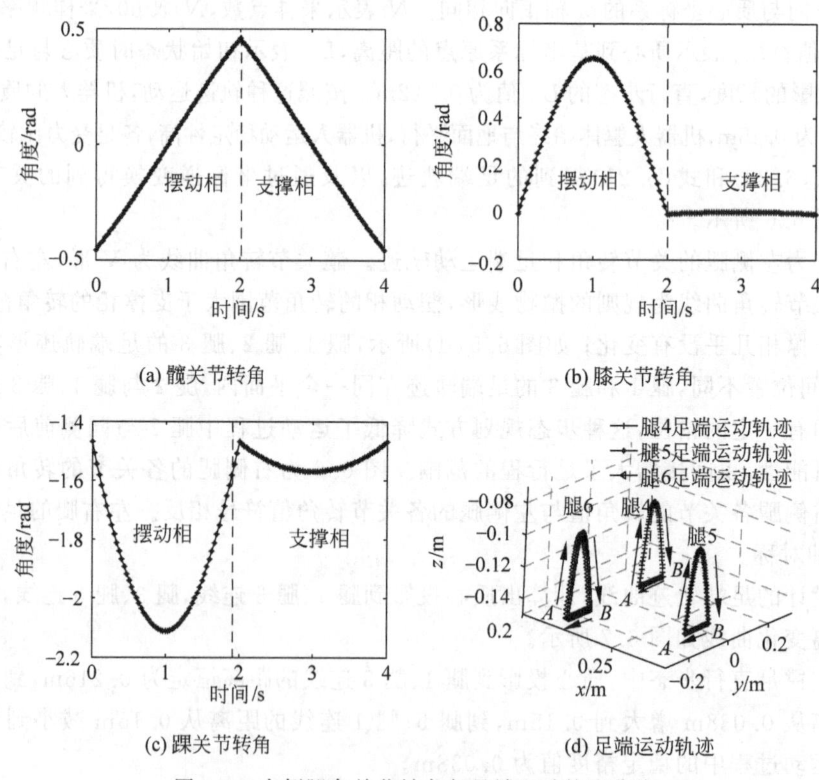

(a) 髋关节转角 (b) 膝关节转角

(c) 踝关节转角 (d) 足端运动轨迹

图 6.6 右侧腿各关节转角与足端运动轨迹曲线

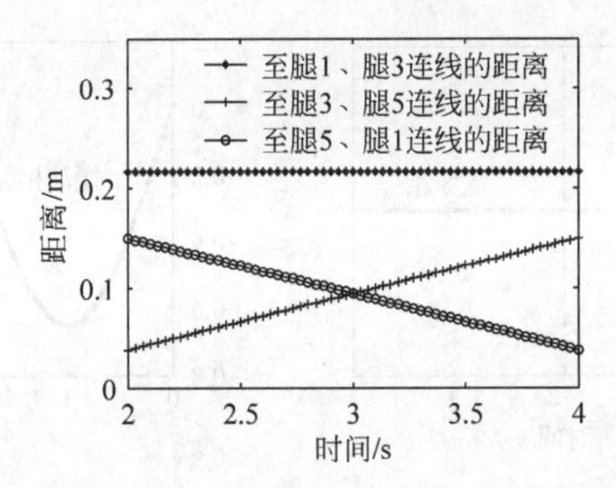

图 6.7 直行步态质心投影到多边形每条边的距离曲线

横行步态类似于螃蟹行走的步态，机器人沿着 x 轴的正向或者负向运动，其示意图如图 6.8 所示。

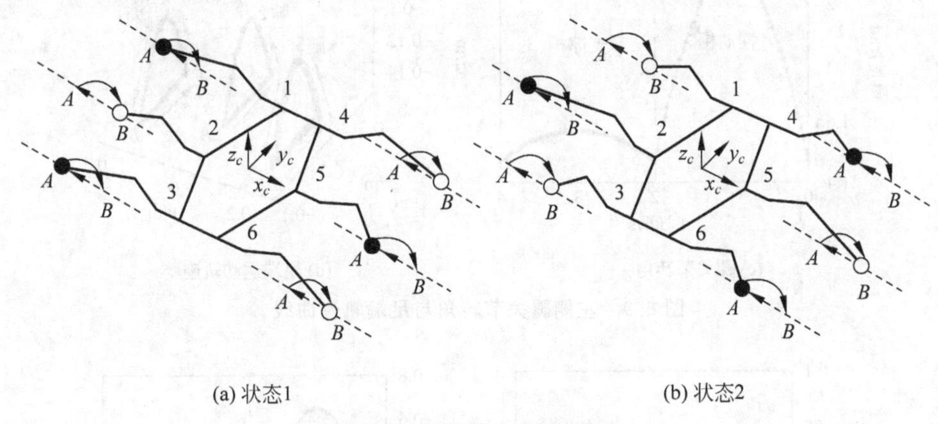

图 6.8 横行步态规划示意图

机器人的横行步态分为两个状态，处于状态 1 时，腿{1,3,5}处于摆动相，足端沿弧线 AB 运动；腿{2,4,6}处于支撑相，足端沿直线 BA 运动。进入状态 2 后，腿{1,3,5}切换为支撑相，腿{2,4,6}切换为摆动相。如此循环交替，使机器人向右运动。同理，向左运动时，摆动相是沿弧线 BA 运动，支撑相是沿直线 AB 运动，运动方式相同。

设计机器人摆动相和支撑相轨迹如式(6.22)和式(6.23)所示。

$$\begin{cases} x_c = x_{o_{m0}} + L_{\text{of}}\cos\varphi + 0.002k - 0.06, \quad k = 0,1,\cdots,N \\ y_c = y_{o_{m0}} + L_{\text{of}}\sin\varphi \\ z_c = z_{o_{m0}} - 0.15 + 0.05\cos(\pi(x_c - x_{o_{m0}} - L_{\text{of}}\cos\varphi)/0.12) \end{cases} \tag{6.22}$$

$$\begin{cases} x_c = x_{o_{m0}} + L_{\text{of}}\cos\varphi + 0.06 - 0.002k, \quad k = 0,1,\cdots,N \\ y_c = y_{o_{m0}} + L_{\text{of}}\sin\varphi \\ z_c = z_{o_{m0}} - 0.15 \end{cases} \tag{6.23}$$

式(6.22)表示摆动相轨迹，为半周期正弦曲线；式(6.23)表示支撑相，为直线。参数与式(6.20)和式(6.21)中参数含义相同，φ 和 L_{of} 的值与直行步态相同，N 为 60。

根据已知的足端轨迹，通过坐标逆变换，得到左侧腿和右侧腿各关节的转角分别如图 6.9 和图 6.10 所示。

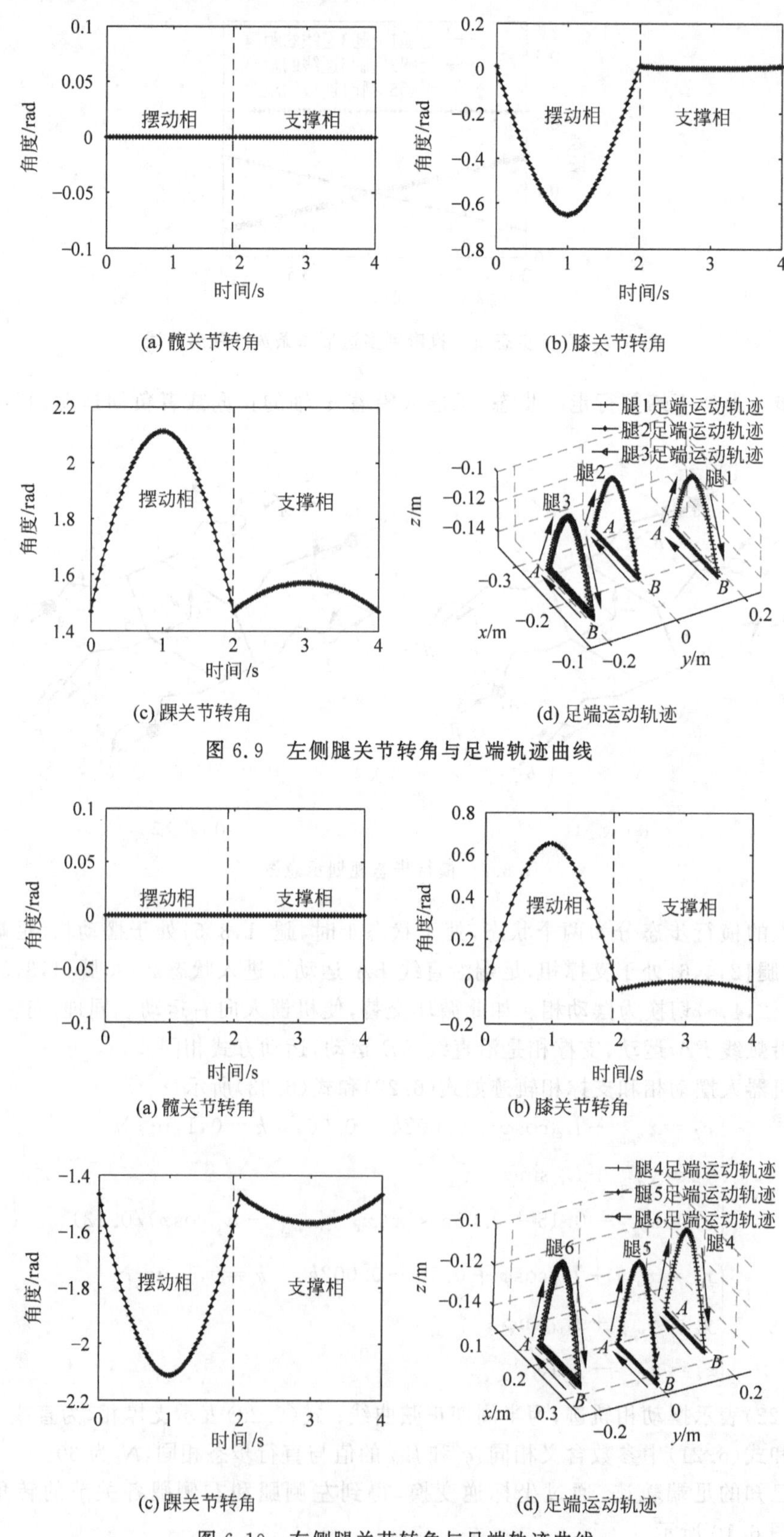

(a) 髋关节转角

(b) 膝关节转角

(c) 踝关节转角

(d) 足端运动轨迹

图 6.9 左侧腿关节转角与足端轨迹曲线

(a) 髋关节转角

(b) 膝关节转角

(c) 踝关节转角

(d) 足端运动轨迹

图 6.10 右侧腿关节转角与足端轨迹曲线

图 6.9 和图 6.10 分别表示左、右侧腿关节转角和足端运动轨迹。处于横行步态时，髋关节并不转动，只有膝关节和踝关节转动。左、右侧腿的足端轨迹的形状都相同，足行程也相同，运动轨迹平面与 x 轴平行。摆动相时，足端沿弧线 AB 摆动；支撑相时，足端沿直线 BA 运动。

根据足端轨迹计算出质心投影到支撑面多边形每条边的距离如图 6.11 所示。

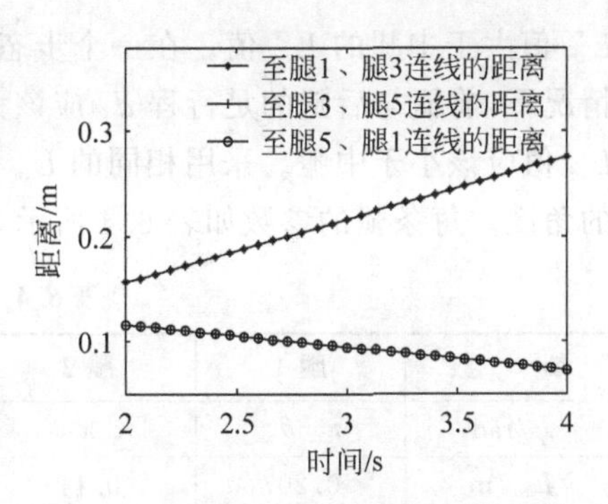

图 6.11 横行步态质心投影到多边形每条边的距离曲线

处于横行步态时，质心投影到腿 3、腿 5 连线和腿 5、腿 1 连线的距离曲线重合，支撑相结束时，达到最小值 0.072m，整个运动过程中，质心投影到腿 1、腿 3 连线的距离都大于到腿 3、腿 5 连线和腿 5、腿 1 连线的距离。横行步态的稳定裕度值为 0.072m。

旋转步态是指机器人以逆时针或顺时针旋转运动，其示意图如图 6.12 所示。

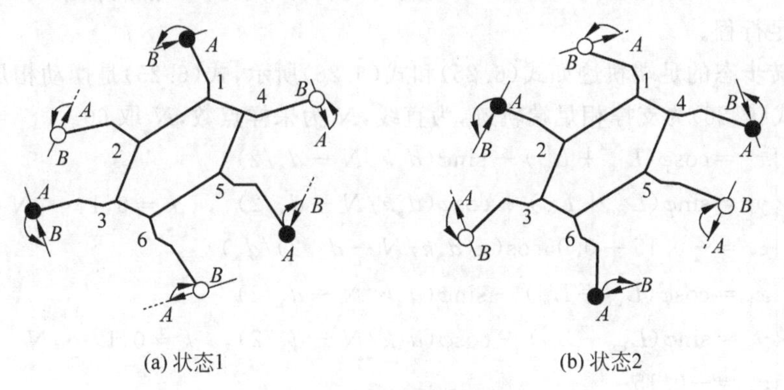

图 6.12 旋转步态规划

旋转步态时，左、右腿不再相互平行，每条腿都会沿质心与每条腿的基坐标原点的连线方向分布。机器人的旋转步态分为两个状态。如图 6.12(a)为状态 1，腿{1,3,5}处于摆动相，腿{2,4,6}为支撑相。图 6.12(b)为状态 2，进入状态 2 后，腿{1,3,5}切换为支撑相，腿{2,4,6}切换为摆动相。处于摆动相的腿沿弧线 AB 运动，处于支撑相的腿沿直线 BA 运动。

如图 6.13 所示，c 表示机器人的质心，o 表示髋关节基坐标原点，θ_T 表示在一个步态周期内，机器人转动的角度；d_s 表示足行程，可以通过调节 L_{of} 和 d_s 的大小来改变一个步态周期内的旋转角度。在一个运动周期内，足行程 d_s 与旋转角度 θ_T 的关系为

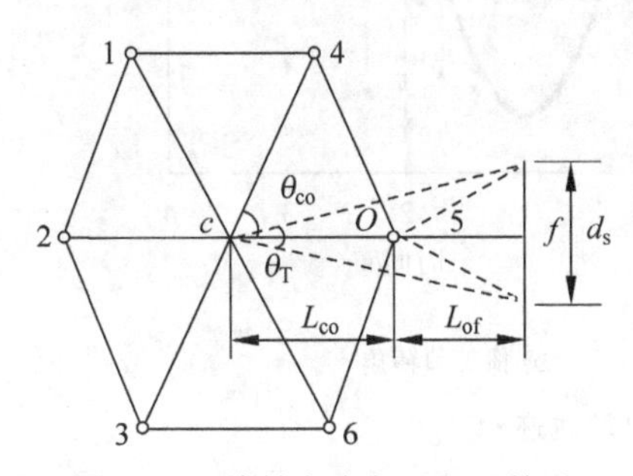

图 6.13 旋转角度与足行程关系

$$\theta_T = 2\arctan(d_s/2(L_{co}+L_{of})) \tag{6.24}$$

旋转步态时，在一个步态周期内，六条腿相对于质心的旋转角应该相同，否则每条腿之间的相对位置将发生变化，无法进行周期性旋转。因为前腿与后腿的

L_{co} 值大于中腿的 L_{co} 值。在一个步态周期内，要使每条腿转过相同的角度，在 L_{of} 相同的情况下，前腿与后腿的足行程 d_s 应该大于中腿；在足行程 d_s 相同的情况下，前腿与后腿的 L_{of} 值应该小于中腿。采用相同的 L_{of} 值，通过改变足端的足行程大小来使每条腿转过相同的角度。每条腿的参数如表 6.4 所示，θ_{co} 为腿 4 和腿 5 之间的方位夹角，如图 6.13 所示。

表 6.4　旋转步态每条腿的参数

参　数	腿 1	腿 2	腿 3	腿 4	腿 5	腿 6
φ/rad	$\pi-\theta_{co}$	π	$\theta_{co}-\pi$	θ_{co}	0	$-\theta_{co}$
L_{co}/m	0.207	0.14	0.207	0.207	0.14	0.207
L_{of}/m	0.122	0.122	0.122	0.122	0.122	0.122
d_s/m	0.15	0.12	0.15	0.15	0.12	0.15

将表 6.4 中的参数代入式(6.24)，可以计算出一个步态周期内，机器人的旋转角度为 0.51rad。可以改变足行程的大小来调整旋转角度，但是腿 1、腿 3，腿 4、腿 6 和腿 2、腿 5 的足行程不同。可以先根据需要，确定一个周期内的旋转角度大小，然后根据式(6.24)分别计算出各腿的足行程。

设计旋转步态的足端轨迹如式(6.25)和式(6.26)所示，式(6.25)是摆动相足端轨迹，为正弦曲线；式(6.26)为支撑相足端轨迹，为直线，N 为采样点数，N 取 60。

$$\begin{cases} x_c = \cos\varphi(L_{co}+L_{of}) - \sin\varphi(d_s k/N - d_s/2) \\ y_c = \sin\varphi(L_{co}+L_{of}) + \cos\varphi(d_s k/N - d_s/2) \\ z_c = -0.15 + 0.05\cos(\pi(d_s k/N - d_s/2)/d_s) \end{cases}, \quad k = 0,1,\cdots,N \tag{6.25}$$

$$\begin{cases} x_c = \cos\varphi(L_{co}+L_{of}) - \sin\varphi(d_s k/N - d_s/2) \\ y_c = \sin\varphi(L_{co}+L_{of}) + \cos\varphi(d_s k/N - d_s/2), \\ z_c = -0.15 \end{cases} \quad k = 0,1,\cdots,N \tag{6.26}$$

由表 6.3 中的参数可知，因为腰部的腿和前后腿之间的足行程大小不同、L_{co} 值不同，所以关节转角的幅值也会不同，以左侧腿 1 和右侧腿 4 为例，画出左侧腿和右侧腿的各关节转角和足端空间轨迹分别如图 6.14 和图 6.15 所示。

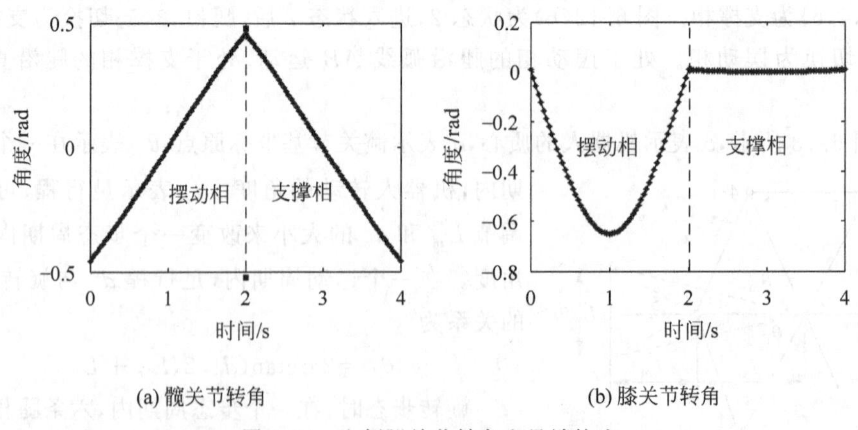

(a) 髋关节转角　　(b) 膝关节转角

图 6.14　左侧腿关节转角和足端轨迹

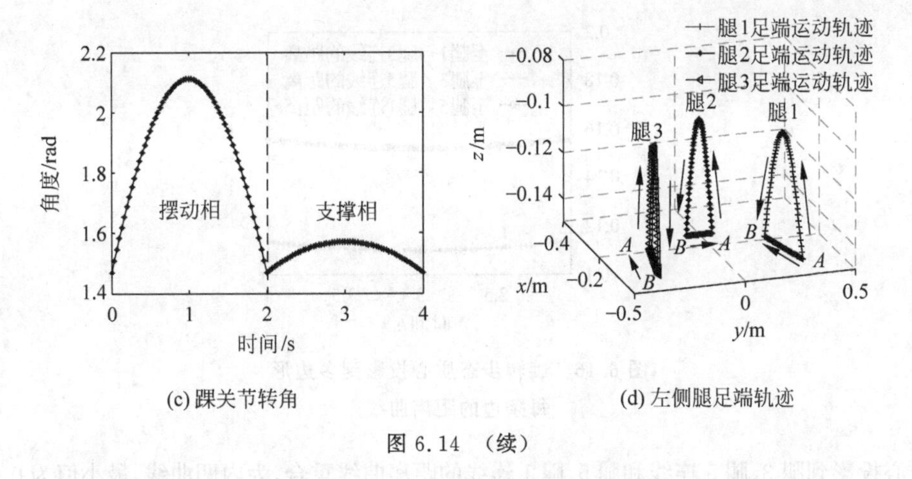

(c) 踝关节转角　　(d) 左侧腿足端轨迹

图 6.14 （续）

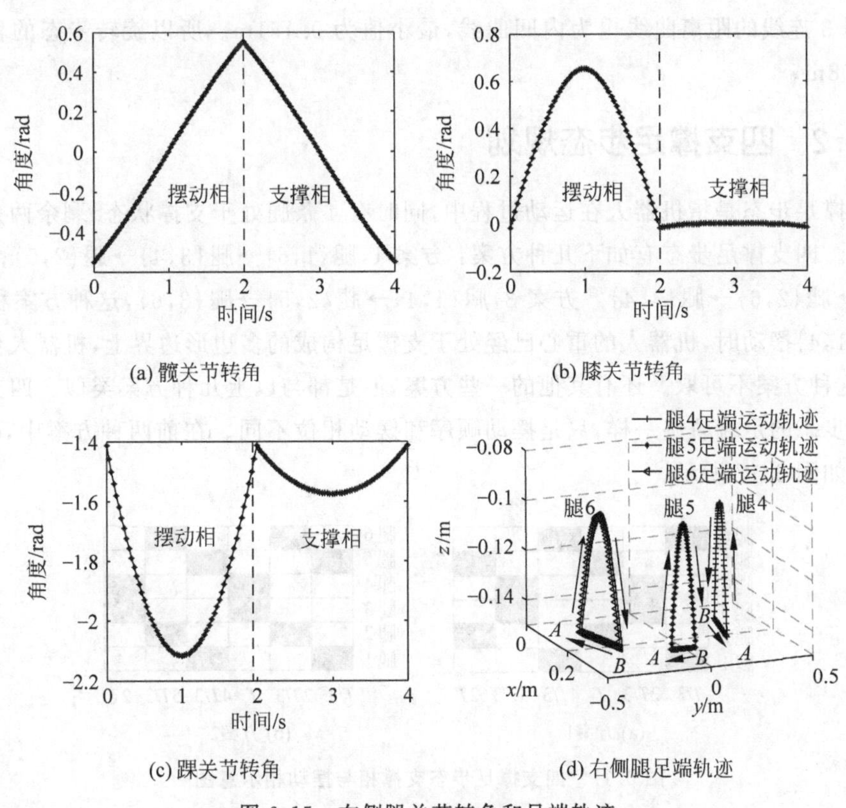

(a) 髋关节转角　　(b) 膝关节转角

(c) 踝关节转角　　(d) 右侧腿足端轨迹

图 6.15　右侧腿关节转角和足端轨迹

如图 6.14 和图 6.15 所示，左、右侧腿的足端轨迹以质心为对称中心，足端轨迹平面之间有夹角，腿 1、腿 3 与腿 4、腿 6 的足行程大于腿 2、腿 5 的足行程，这样才能使每条腿相对于质心的摆角相等。左侧腿 3 的各关节转角与腿 1 相同，因为腿 2 的足行程较小，所以各关节的转角范围小于腿 1 和腿 3，但是关节转角的变化规律相同。类似地，腿 6 的关节转角与腿 4 相同，腿 5 的各关节转角范围小于腿 4 和腿 6。计算出质心投影到支撑面多边形每条边的距离曲线如图 6.16 所示。

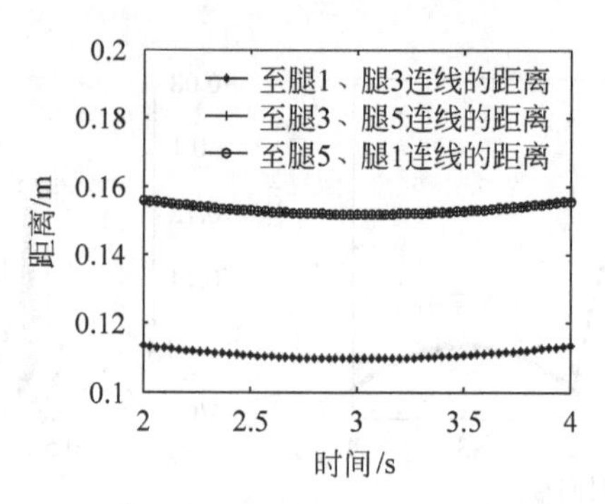

图 6.16 旋转步态质心投影到多边形每条边的距离曲线

质心投影到腿 3、腿 5 连线和腿 5、腿 1 连线的距离曲线重合,为内凹曲线,最小值为 0.108m。到腿 1、腿 3 连线的距离曲线也为内凹曲线,最小值为 0.151m。所以旋转步态的稳定裕度值为 0.108m。

6.2.2 四支撑足步态规划

四支撑足步态是指机器人在运动过程中,同时有 4 条腿处于支撑状态,剩余两条腿处于摆动状态。四支撑足步态有如下几种方案:方案 1,腿{1,6}→腿{3,4}→腿{2,5};方案 2,腿{1,5}→腿{2,6}→腿{3,4}。方案 3,腿{1,4}→腿{2,5}→腿{3,6},这种方案稳定性较差,当腿{1,4}摆动时,机器人的重心已经处于支撑足构成的多边形边界上,机器人会发生倾斜,所以这种方案不可取。还有其他的一些方案,但是都与以上几种方案类似。四支撑步态与三支撑步态的足端轨迹一样,只是摆动顺序和摆动相位不同。在前两种方案中,6 条腿的相位关系如图 6.17 所示。

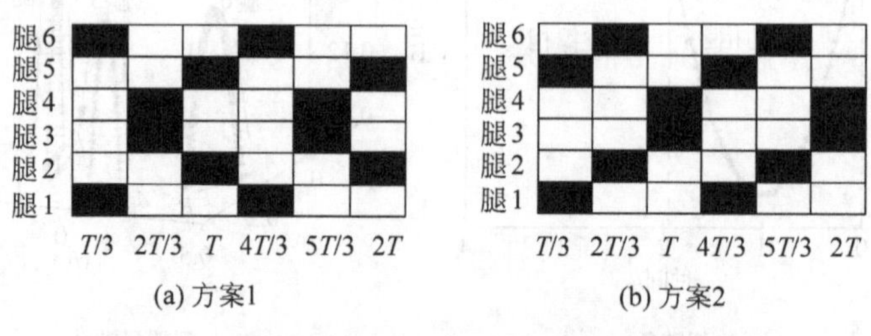

图 6.17 四支撑足步态支撑相与摆动相示意图

以方案 1 直行步态为例,对各腿摆动位置和相位关系进行说明,如图 6.18 所示。

四支撑足直行步态规划共分为 3 个状态,图 6.18(a)表示状态 1,腿{1,6}足端位于 A 点,腿{2,5}足端位于 B 点,腿{3,4}足端位于 AB 直线中点;腿{1,6}先沿弧线 AB 向前摆动一个足行程,同时腿{2,5}和腿{3,4}关节扭动,向后支撑半个足行程;腿{2,5}的足端位置从 B 点移动到 AB 中点,腿{3,4}足端从 AB 中点移动到 A 点,进入状态 2,如图 6.18(b)所示。然后腿{3,4}沿弧线 AB 向前摆动一个足行程到达 B 点,同时腿{1,6}和腿{2,5}发生扭动向后支撑半个足行程,腿{1,6}从 B 点移动到 AB 中点,腿{2,5}从 AB 中点移动到

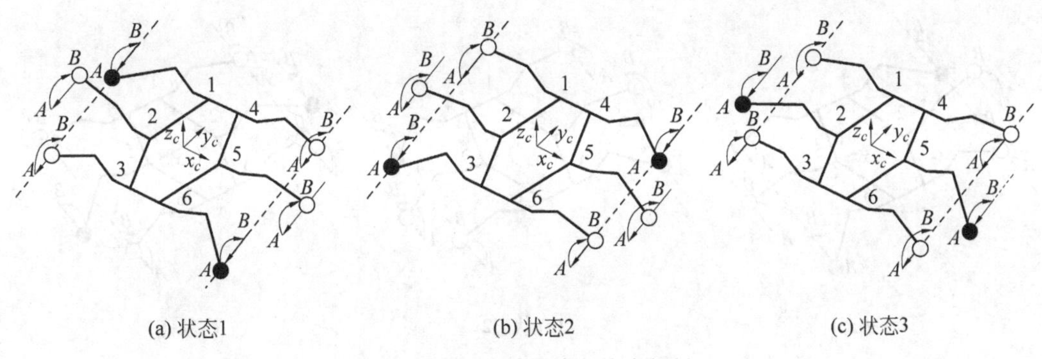

图 6.18 四支撑足直行步态规划

A 点，进入状态 3，如图 6.18(c)所示。然后腿{2,5}向前摆动一个足行程到达 B 点，腿{1,6}和腿{3,4}向后支撑，半个足行程，回到状态 1。经过 3 个状态之间的切换，完成一个周期运动。总而言之，每个状态中，都会有一组腿向前摆动一个足行程，其他两组腿向后支撑半个足行程。每个周期内都会使机器人质心向前移动一个步长。横行步态和旋转步态原理类似，只是方向不同，此处不再赘述。

四支撑足步态方案 1 的直行步态、横行步态和旋转步态的稳定裕度值分别为 0.0657m、0.079m、0.116m；方案 2 的直行步态、横行步态和旋转步态的稳定裕度值分别为 0.038m、0.075m、0.108m；与方案 1 相比，方案 2 的 3 种步态的稳定裕度值都小于方案 1，所以采用方案 1。

6.2.3 五支撑足步态规划

五支撑足步态指机器人在运动的过程中，总是有 5 条腿处于支撑状态，只有一条腿处于摆动状态，6 条腿依次摆动。五支撑足步态又称为波动步态。波动步态速度慢，但是负载能力大。五支撑足有两种方案，如图 6.19 所示，腰部的腿最后摆动或者首尾部的腿最后摆动。方案 1，腿 1→腿 2→腿 3→腿 4→腿 5→腿 6；方案 2，腿 1→腿 6→腿 4→腿 3→腿 5→腿 2；足端轨迹与三支撑足步态规划的轨迹相同，只是腿的摆动顺序和相位关系不同。

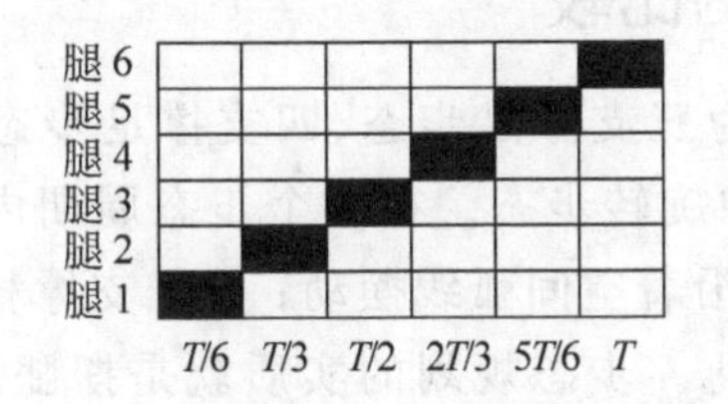

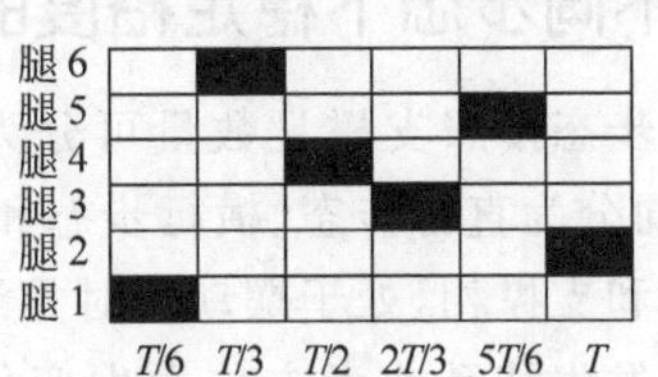

图 6.19 五支撑足步态支撑相与摆动相示意图

五支撑足也有直行、横行、旋转 3 种步态，以直行步态为例进行说明，如图 6.20 所示。

图 6.20(a)为五支撑足直行步态的状态 1，腿 1 足端位于 A 点，腿 2 足端位于 $|AB|/5$ 位置，腿 3 足端位于 $2|AB|/5$ 位置，以此类推，腿 6 位于 B 点。然后腿 1 沿弧线 AB 摆动到 B 点，其他 5 条腿足端沿 BA 直线移动 $|AB|/5$ 的距离，进入状态 2，如图 6.20(b)所示；然后腿 2 沿弧线摆动到 B 点，同时其他 5 条腿沿 BA 方向移动 $|AB|/5$ 的距离，进入状态 3，如图 6.20(c)所示；以此类推，直到所有腿都向前摆动一个足行程。五支撑足步态将一个步

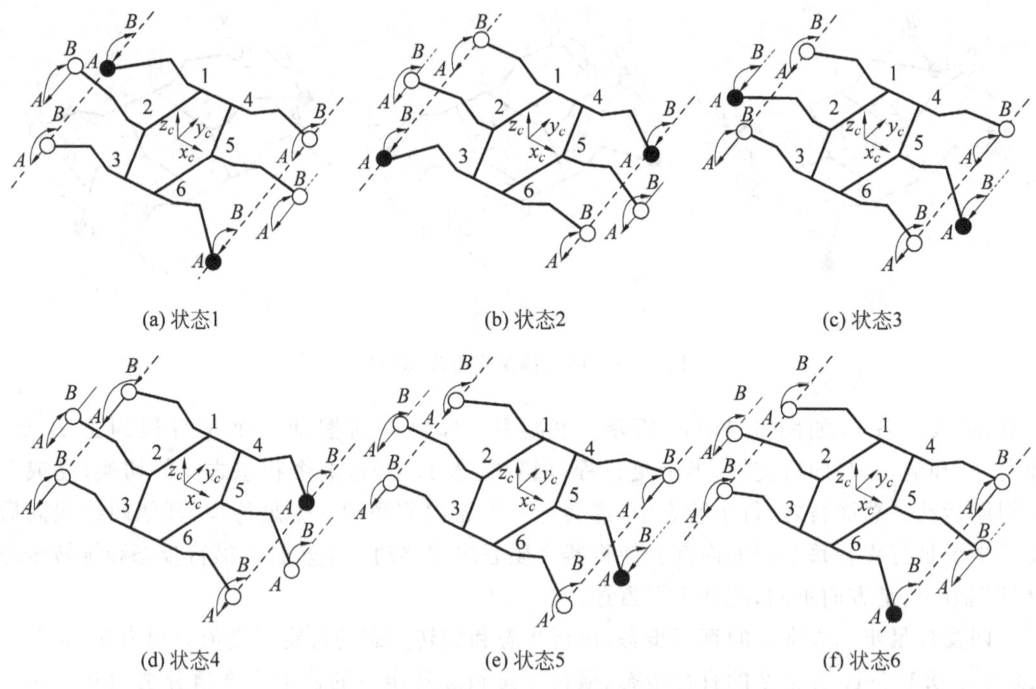

图 6.20 五支撑足步态规划

态周期分为 6 等份,在 $T/6$ 时间内,只有一条腿摆动一个足行程,其他 5 条腿向后支撑 1/5 个足行程。整个周期内所有的腿都向前摆动一个足行程,向后支撑一个足行程,从而实现了连续的周期性运动。横行步态和旋转步态与直行步态也是如此。方案 2 与方案 1 类似,只是摆动腿的顺序不同。

方案 1 的直行步态、横行步态和旋转步态的稳定裕度值分别为 0.061m、0.076m、0.131m;方案 2 的直行步态、横行步态和旋转步态的稳定裕度值分别为 0.082m、0.084m、0.139m;与方案 1 相比,方案 2 的 3 种步态的稳定裕度均大于方案 1。

6.2.4 不同步态下稳定裕度的比较

六足机器人步态按照支撑足数量可分为三支撑足步态、四支撑足步态、五支撑足步态,按照行走方向分为直行步态、横行步态和旋转步态。在一个步态周期内,每条腿都会经历一个摆动相和支撑相,处于摆动相时是沿着空间弧线摆动;处于支撑相时,关节扭动使机器人的质心发生移动或者方位发生变化。步态规划的实质就是摆腿顺序与足端轨迹的规划。

如表 6.5 所示,将选择的各种步态稳定裕度值进行对比,发现随着支撑足的个数增加,稳定裕度值增大,机器人在行走过程中稳定性越好。但是并不是所有的方案都是这种情况,例如,四支撑足方案 1 直行和横行步态的稳定裕度值大于五支撑足方案 1。所以步态规划不仅要考虑足端运动轨迹,还需要综合考虑迈腿顺序。支撑足增加,会增加一个步态周期内摆腿的次数,步态周期会变长,从而减慢机器人的行走速度。

表 6.5 不同步态下机器人稳定裕度比较 单位：m

稳定裕度	直行步态	横行步态	旋转步态
三支撑足	0.038	0.072	0.108
四支撑足方案 1	0.065	0.079	0.116
五支撑足方案 2	0.082	0.084	0.139

6.3 行走控制仿真

中枢模式发生器(Central Pattern Generator,CPG)是一个神经环路,由多个中间神经元构成,神经元之间相互抑制,产生相位差稳定的自激振荡信号,控制生物的节律运动。Handi Liu 等使用相互耦合的 Hopf 振荡器构成的 CPG,通过调整 Hopf 振荡器参数来实现运动的开始与停止。他们提出的 CPG 网络是对称网络,实现了两种典型的步态模式(walk 和 trot),并且能够在不改变网络结构的情况下实现两种步态之间的切换。上述六足机器人的腿间协调运动利用 6 个耦合的 Hopf 振荡器实现。其数学模型如下：

$$\begin{cases}\dot{x}_i = \alpha(\mu - r_i^2)x_i - \omega_i y_i \\ \dot{y}_i = \beta(\mu - r_i^2)y_i + \omega_i x_i + \delta\sum_j \Delta_{ji} \\ \Delta_{ji} = (y_j\cos\theta_j^i - x_j\sin\theta_j^i)\end{cases} \tag{6.27}$$

式中,δ 表示振荡器之间的耦合强度,θ_j^i 表示第 i 个振荡器与第 j 个振荡器之间的相位差,Δ_{ji} 为耦合值。ω_i 为第 i 个振荡器的振荡频率。

取 $\omega_1=\omega_2=\pi$,$\omega_{\text{stance}}=\omega_{\text{swing}}$,收敛系数 $\alpha=\beta=1$,幅值 $\mu=1$,$t=15\text{s}$,通过设定不同的相位差 θ_2^1,得到第 1 个和第 2 个振荡器的输出曲线,振荡器状态变量 y 作为髋关节控制信号,如图 6.21 所示。根据六足机器人的步态种类,通过设定两条腿之间相位差实现不同步态。

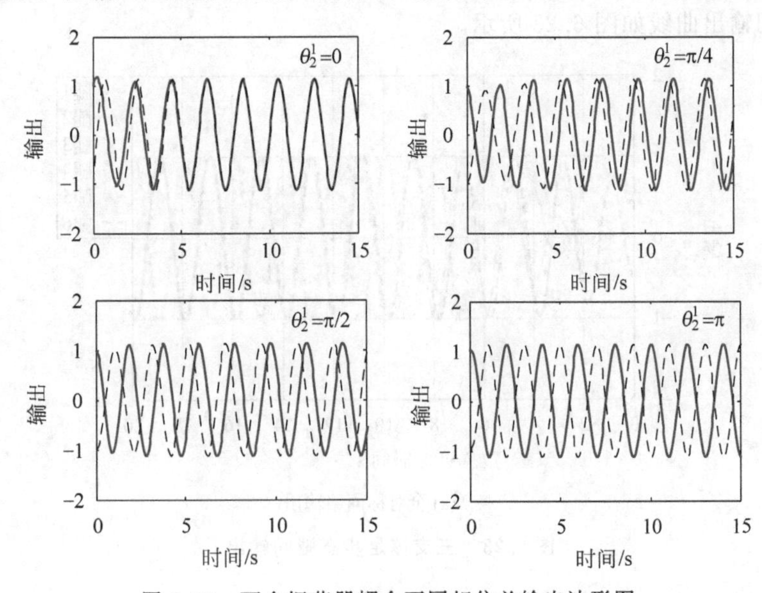

图 6.21 两个振荡器耦合不同相位差输出波形图

六足机器人的行走步态按支撑足个数可以分为三支撑足步态、四支撑足步态、五支撑足步态，按行走方向分为直行步态、横行步态和旋转步态，无论是何种行走方向，机器人腿之间的相位差都是由于腿抬放次序不同产生的，与行走方向无关。现以直行步态为例，说明不同支撑足步态下机器人腿部相位差的不同。

三支撑足步态特点是将六足机器人腿分成两组，腿{1,3,5}为一组，腿{2,4,6}为另一组，同组腿相位相同，相位差为0，异组腿相位相反，相位差π，以腿1为基准腿，全对称网络方式连接，相位如图6.22(a)所示，环状网络连接相位如图6.22(b)所示。

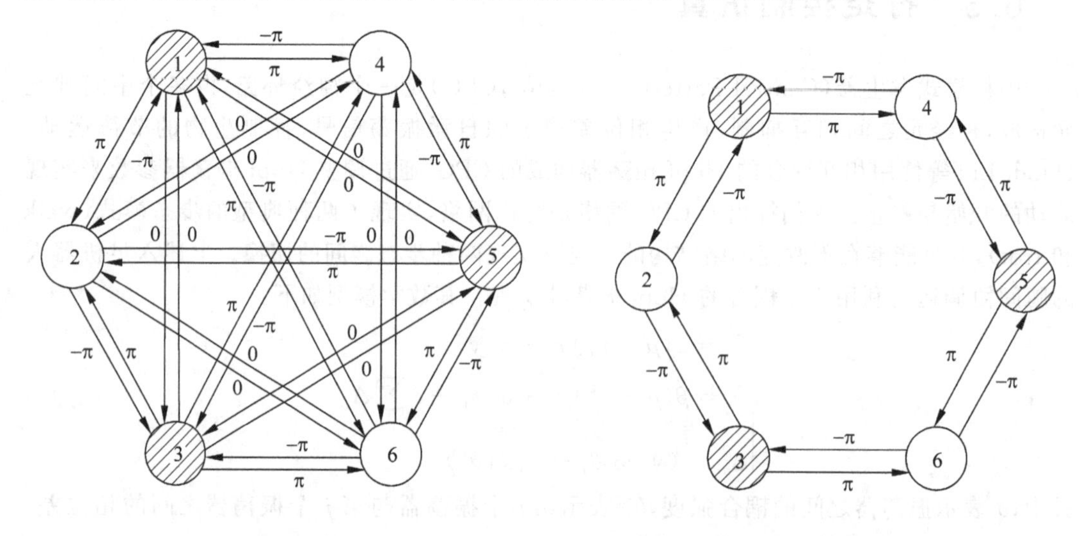

图6.22 三支撑足步态网络连接示意图

设置 $\alpha=\beta=1, \mu=1, \omega_{\text{swing}}=\omega_{\text{stance}}=2\pi, b=50, \delta=0.01, t=20\text{s}$，得到两种网络下三支撑足步态腿间输出曲线如图6.23所示。

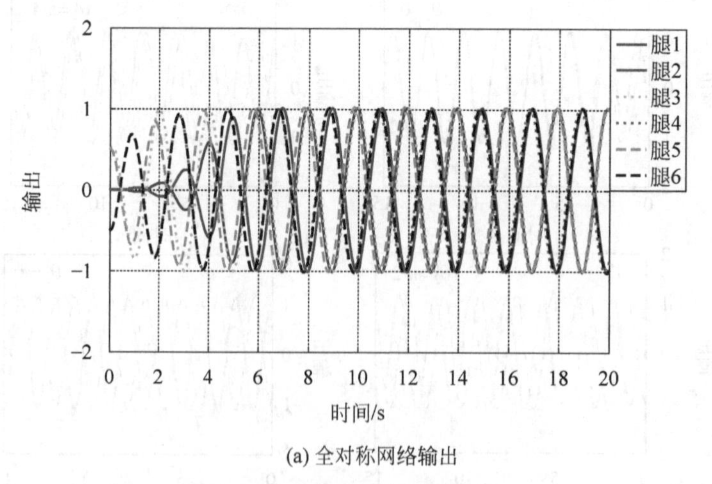

图6.23 三支撑足步态腿间输出

彩色图片

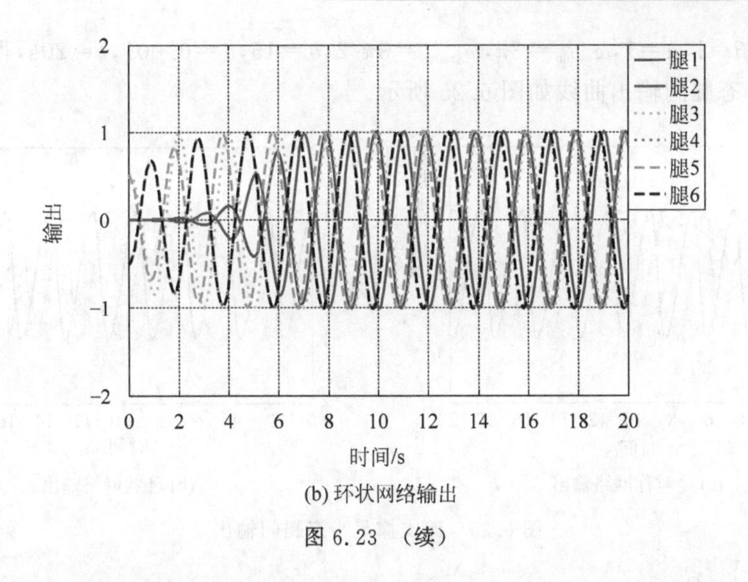

(b) 环状网络输出

图 6.23 （续）

全对称网络和环状网络均能生成三支撑足步态控制信号，由于每组腿之间的相位相差π，腿与腿之间相位差较固定，CPG 网络计算简便，两个网络生成稳定的振荡信号所需时间基本一致，振荡器之间的耦合属于弱耦合，按全对称网络参数同样设置环状网络参数。全对称网络可实现稳定的相位差，腿间耦合强度系数 $\delta=0.01$，而同样参数 δ，环状网络中腿 2 相位超前同组腿相位，随着时间推移，腿 2 相位仍与同组腿存在差异，即耦合性稍差。在三支撑足步态下，优先选用全对称网络作为信号发生网络，该网络能较好地生成稳定相位差的 CPG 振荡曲线。

四支撑足步态是指在行走过程中始终有 4 条腿支撑地面，剩余两条腿搭配处于摆动状态。这种步态有多种搭配方案，选择稳定裕度较大的方案 1 作为示例，即腿{1,6}为一组，腿{3,4}为一组，腿{2,5}为一组，同组腿相位相同，相位差为 0，异组腿相位差为 2π/3，以腿 1 为基准腿。其全对称连接相位如图 6.24(a)所示，环状网络连接相位如图 6.24(b)所示。

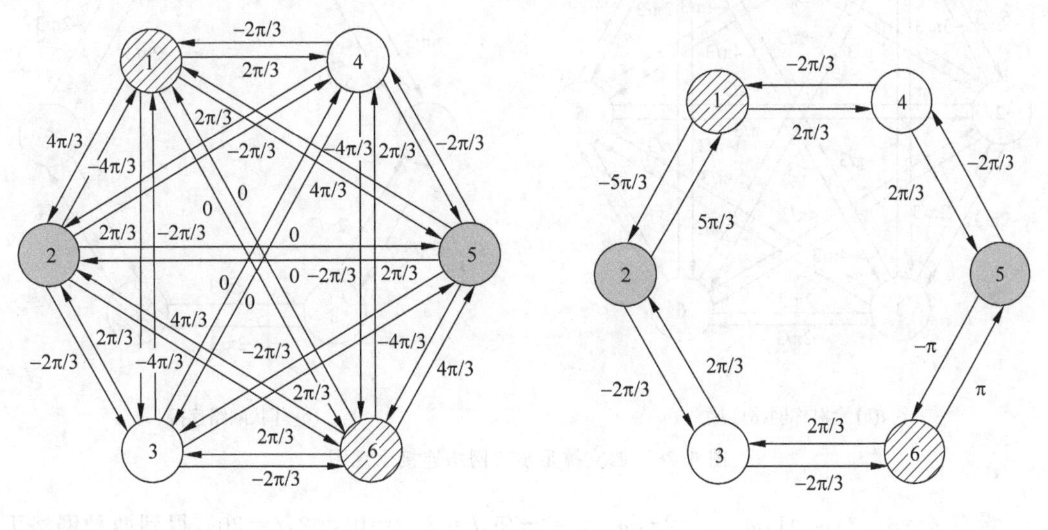

(a) 全对称网络连接　　(b) 环状网络连接

图 6.24　四支撑足步态网络连接示意图

设置 $\alpha=\beta=1,\mu=1,\omega_{\text{swing}}=3\pi,\omega_{\text{stance}}=3\pi/2,b=15,\delta=0.001,t=20\text{s}$，得到两种网络下三支撑足步态腿间输出曲线如图 6.25 所示。

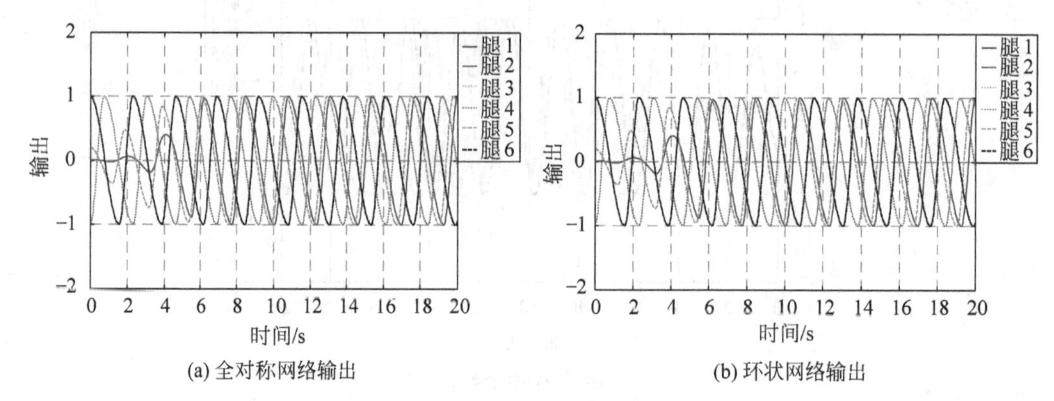

(a) 全对称网络输出 (b) 环状网络输出

图 6.25 四支撑足步态腿间输出

四支撑足步态均可以用两种网络实现。环状网络由于腿间耦合较少，通过设定合理弱耦合强度系数 δ，输出理想。如图 6.25(b)所示，在环状网络下，腿 2 和腿 5 的耦合程度偏低。全对称网络每两条腿之间均有耦合，虽然计算量稍大，但输出信号相位差恒定，结果理想。两种网络均可以很好地实现四支撑足步态运动。

五支撑足步态是指在行走过程中始终有五条腿支撑地面，每次运动中只有一条腿摆动。由于这种步态步行顺序有多种方案，分别对不同方案下稳定裕度进行了计算，选择稳定裕度较大的方案 2 作为示例，即腿 1→腿 6→腿 4→腿 3→腿 2→腿 5，相位依次延迟 $\pi/3$，以腿 1 为基准腿，两种网络连接方式如图 6.26 所示。

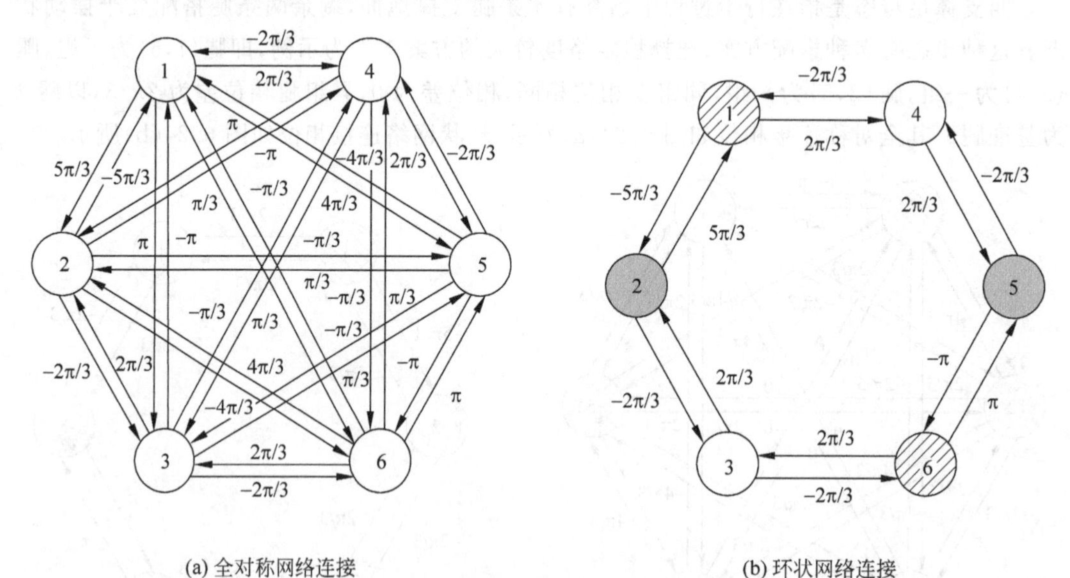

(a) 全对称网络连接 (b) 环状网络连接

图 6.26 四支撑足步态网络连接示意图

设置 $\alpha=\beta=3,\mu=1,\omega_{\text{swing}}=2\pi,\omega_{\text{stance}}=2\pi/5,b=8,\delta=0.002,t=20\text{s}$，得到两种网络下五支撑足步态腿间输出曲线如图 6.27 所示。

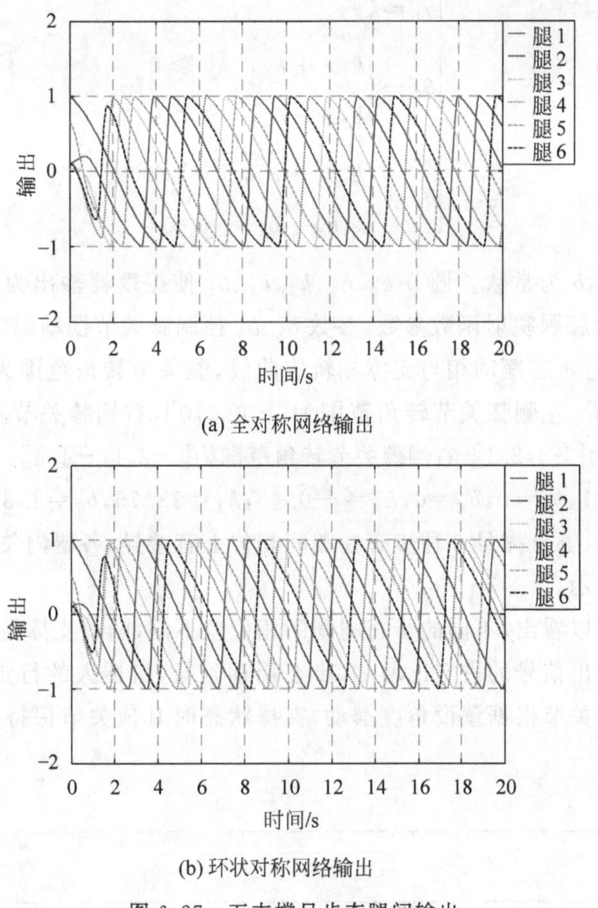

(a) 全对称网络输出

(b) 环状对称网络输出

图 6.27　五支撑足步态腿间输出

五支撑足步态微分方程初值的设定对网络的影响较大，虽然最终都会产生稳定的相位差，合适的初值设定能很快实现稳定相位差。

全对称网络产生的相位差略有偏差，且生成 CPG 网络的时间随着耦合强度 δ、支撑相与摆动相等参数的增大而增加。相比之下，环状网络生成 CPG 网络的速度较快，每条步行腿与上一摆动腿之间的相位差稳定在 $\pi/3$，输出能较理想的实现六足机器人五支撑步态运动。

确定好六足机器人腿间相位差问题后，要实现机器人正常行走，还需要确定每条腿的关节摆动角度，根据六足机器人摆动相与支撑相和 CPG 步态曲线之间的对应关系，通过映射函数的方法实现腿内各个关节的耦合。六足机器人具有步态多样性的特点，参照 6.2 节的介绍，分别对六足机器人的三支撑足、四支撑足及五支撑足的直行步态、横行步态与旋转步态 9 种步态进行分析与关节角度仿真。需要说明的是，将状态变量 x、y 通过映射函数赋予具体的关节转角后，输出曲线的上升段不再仅仅表示摆动相，而是表示具体的关节角度，随着步态的变化代表摆动相或代表支撑相的含义。

根据 6.2 中每一种步态各个关节角度变化范围，通过映射函数的方法将振荡器输出由原来无量纲量变为关节角度值。髋关节角度 θ_1 通过振荡器输出 y 乘以比例系数 k_0 得到，膝关节角度 θ_2 通过振荡器输出 x 的分段函数得到，踝关节角度 θ_3 通过膝关节转角 θ_2 的分段一次函数得到。单腿各个关节角度函数定义如下：

$$\begin{cases}\theta_1 = k_0 y \\ \theta_2 = \begin{cases} k_1 x + b_1, & \dot{y} \geqslant 0 \\ k_2 x + b_2, & \dot{y} < 0 \end{cases} \\ \theta_3 = \begin{cases} k_3 \theta_2 + b_3, & \dot{y} \geqslant 0 \\ k_4 \theta_2 + b_4, & \dot{y} < 0 \end{cases}\end{cases} \tag{6.28}$$

式中,k 为比例系数,b 为常数。调节 k_0、k_1、k_2、b_1、b_2 使振荡器输出为髋关节、膝关节角度值。k_3、k_4、b_3、b_4 为膝踝映射函数参数,参数 b_3、b_4 控制膝关节摆动幅度。

根据规划的直行步态摆动相与支撑相轨迹曲线,髋关节转角范围为[−0.5,0.5],由于左右侧腿坐标系差异,左侧膝关节转角范围为[−0.6,0],右侧膝关节转角范为[0,0.6],左侧踝关节转角范围为[1.4,2.1],右侧踝关节转角范围为[−2.1,−1.4]。设置参数 $k_0=0.5$,$k_1=-0.6$,$k_2=0.01$,$b_1=0$,$b_2=0$,$k_3=-0.45$,$k_4=18.75$,$b_3=1.3$,$b_4=1.25$,$t=20\text{s}$。三支撑足、四支撑足、五支撑足 3 种步态在腿间相位上有差异,各腿内关节角度保持一致,仿真曲线如图 6.28 所示。

从图 6.28 中可以看出,不同的步态腿间的相位差不同,随着支撑足数量的增加,支撑相的时间长度增加,输出信号的占空比增加,步态周期延长,机器人的行走速度变慢。机器人处于摆动状态时,各关节根据预设角度摆动,支撑状态时其他关节保持不动,髋关节摆动带动身体向前扭动。

彩色图片

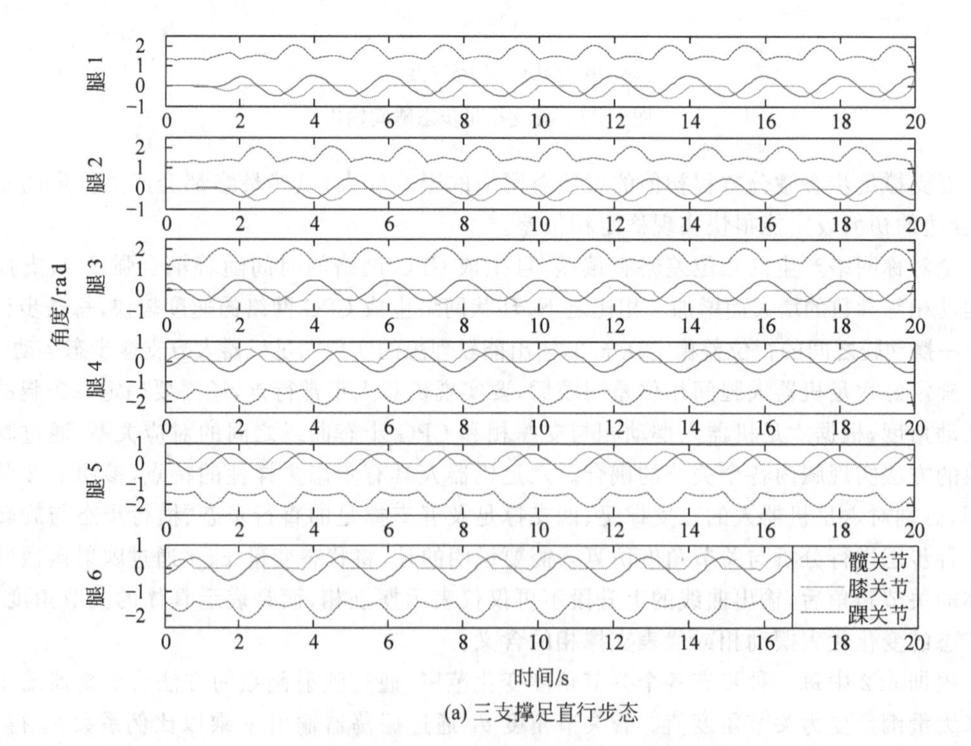

(a) 三支撑足直行步态

图 6.28 直行步态仿真曲线

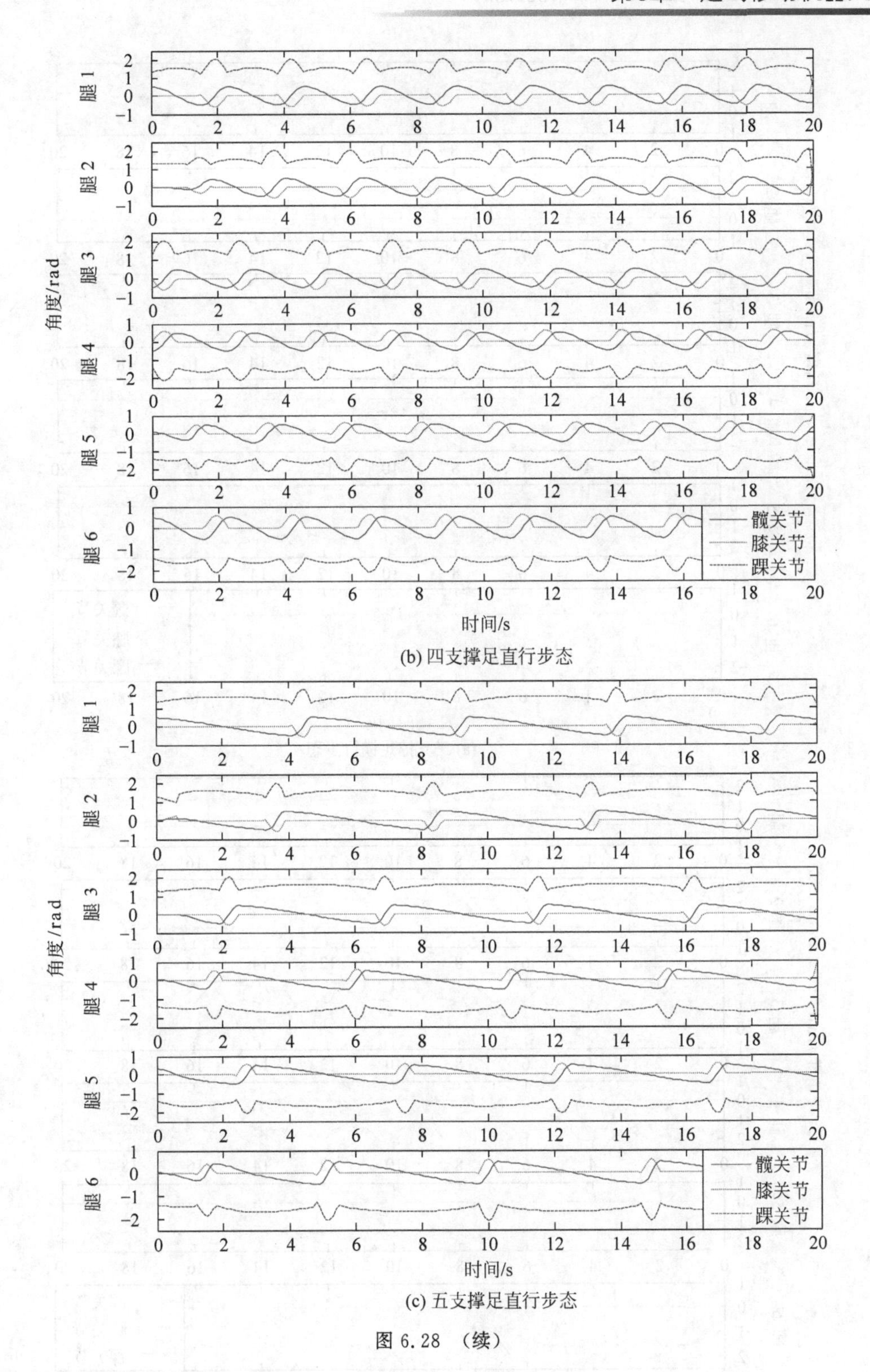

(b) 四支撑足直行步态

(c) 五支撑足直行步态

图 6.28 (续)

根据规划的横行步态摆动相与支撑相轨迹曲线，由于横行步态运动的特殊性，髋关节转角始终保持 0，膝关节、踝关节的关节转角情况与直行步态一致，设置参数 $k_0=0$，其他参数保持不变。三支撑足横行步态、四支撑足横行步态、五支撑足横行步态仿真曲线如图 6.29 所示。

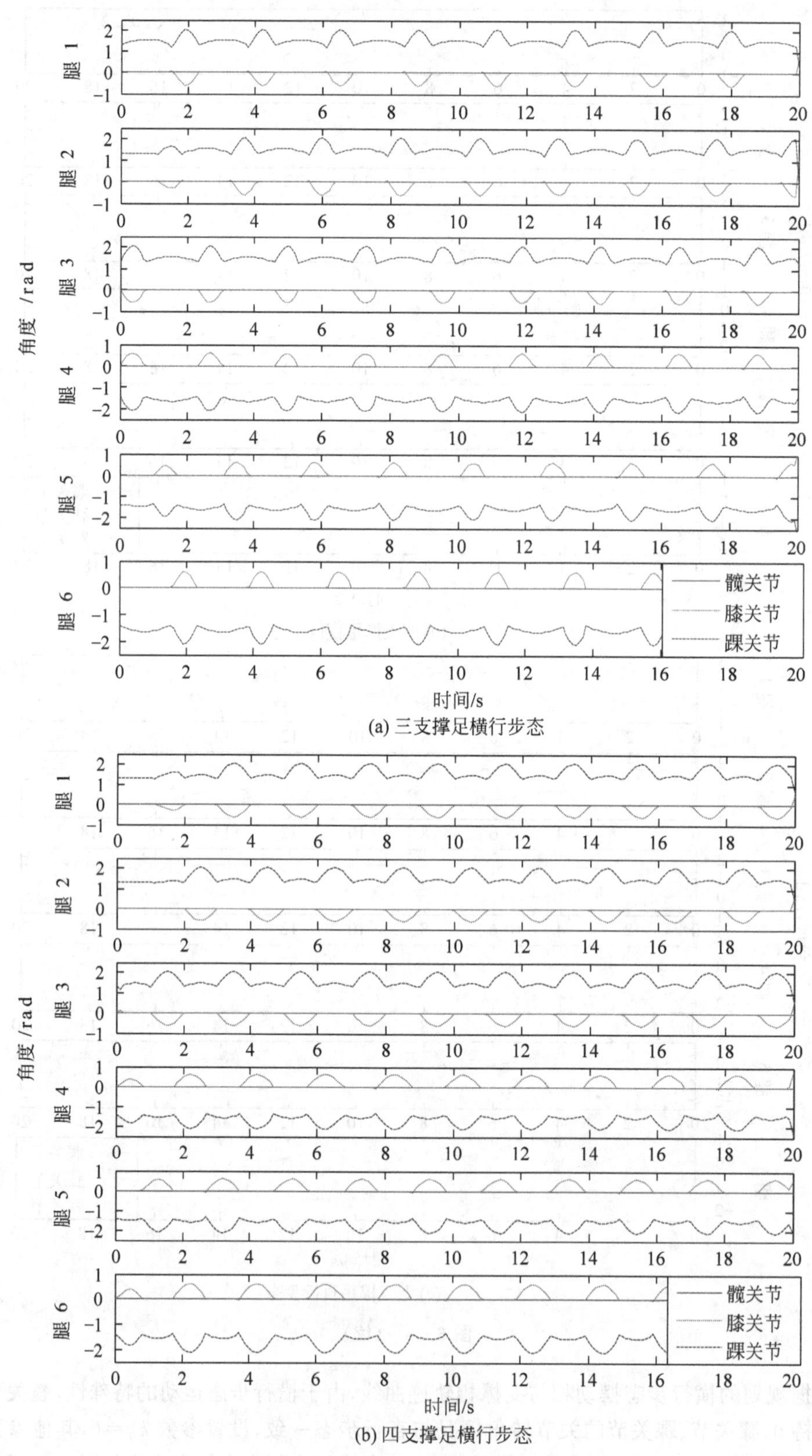

(a) 三支撑足横行步态

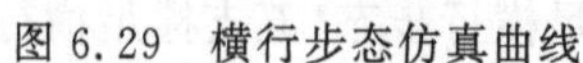

(b) 四支撑足横行步态

彩色图片

图 6.29 横行步态仿真曲线

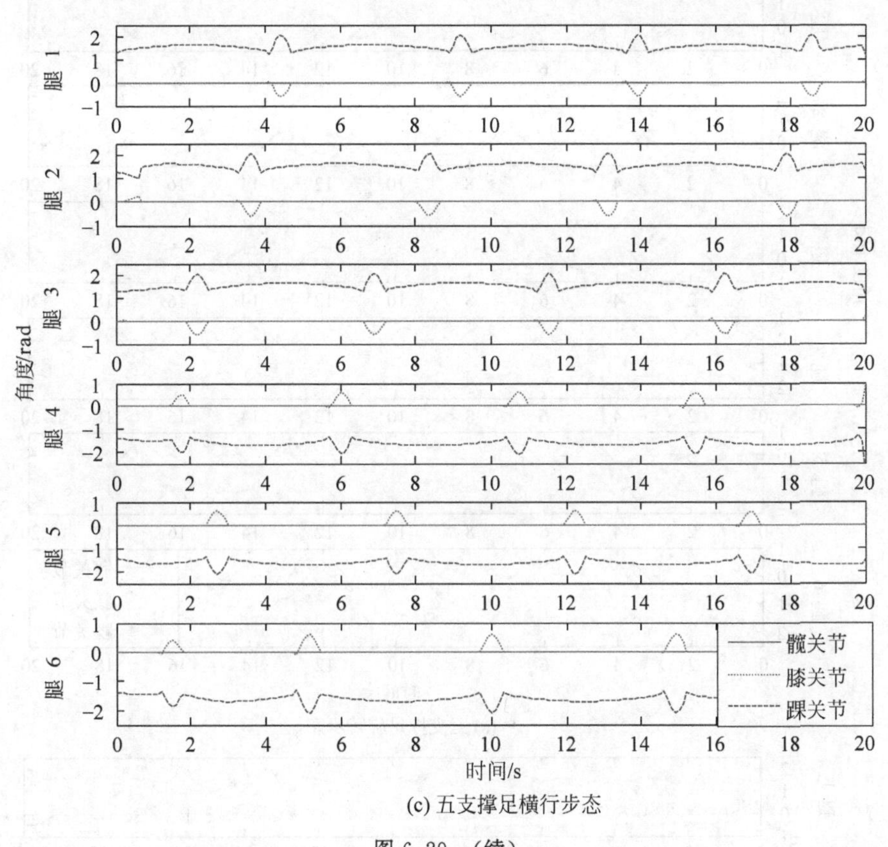

(c) 五支撑足横行步态

图 6.29 （续）

旋转步态下所有腿的转动方向一致。若顺时针旋转，则右侧处于摆动相的腿运动，且髋关节转角由直行步态下的 0 正向增大变为由 0 负向增大，支撑相髋关节转角由直行步态下的正向最大值减小到负向最大值变为负向最大值增加到正向最大值，膝关节与踝关节转动角度与直行步态一致；左侧 3 条腿的运动状态与直行步态下一致。若逆时针旋转，则左侧处于摆动相的腿运动，髋关节转角由直行步态下的 0 正向增大变为由 0 负向增大，支撑相髋关节转角由直行步态下的正向最大值减小到负向最大值变为负向最大值增加到正向最大值，膝关节与踝关节转动角度与直行步态一致；右侧 3 条腿的运动状态与直行步态下一致。

例如，设定机器人以三支撑足向右旋转运动，在状态 1 下，腿{2,4,6}处于摆动相，腿 2 的髋关节向前摆动，腿 4 与腿 6 的髋关节向后摆动，膝关节与踝关节提起，腿{1,3,5}处于支撑相，髋关节向后摆动，足端接触地面，完成状态 1 的动作；在状态 2 下，腿{2,4,6}切换为支撑相，腿 4 与腿 6 髋关节前摆，足端接触地面，腿 2 髋关节后摆足端接触地面，腿{1,3,5}处于摆动相，髋关节前摆，完成一个周期的运动。

规划的旋转步态摆动相与支撑相轨迹曲线，髋关节转角范围[−0.6,0.6]，膝关节、踝关节的关节转角情况与直行步态一致。设置参数 $k_0=0.6$，其他参数保持不变，仿真曲线如图 6.30 所示。

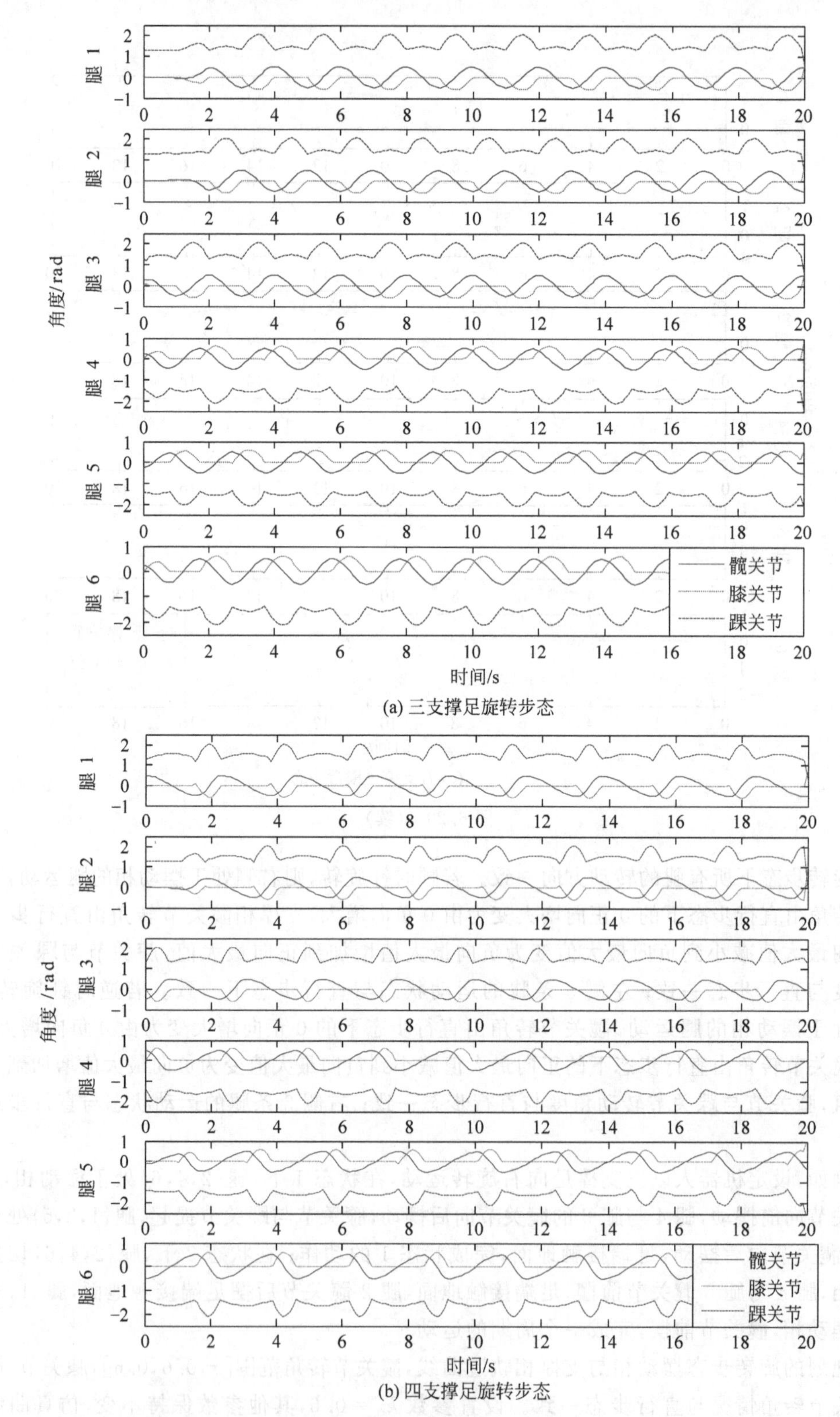

(a) 三支撑足旋转步态

(b) 四支撑足旋转步态

图 6.30　旋转步态仿真曲线

彩色图片

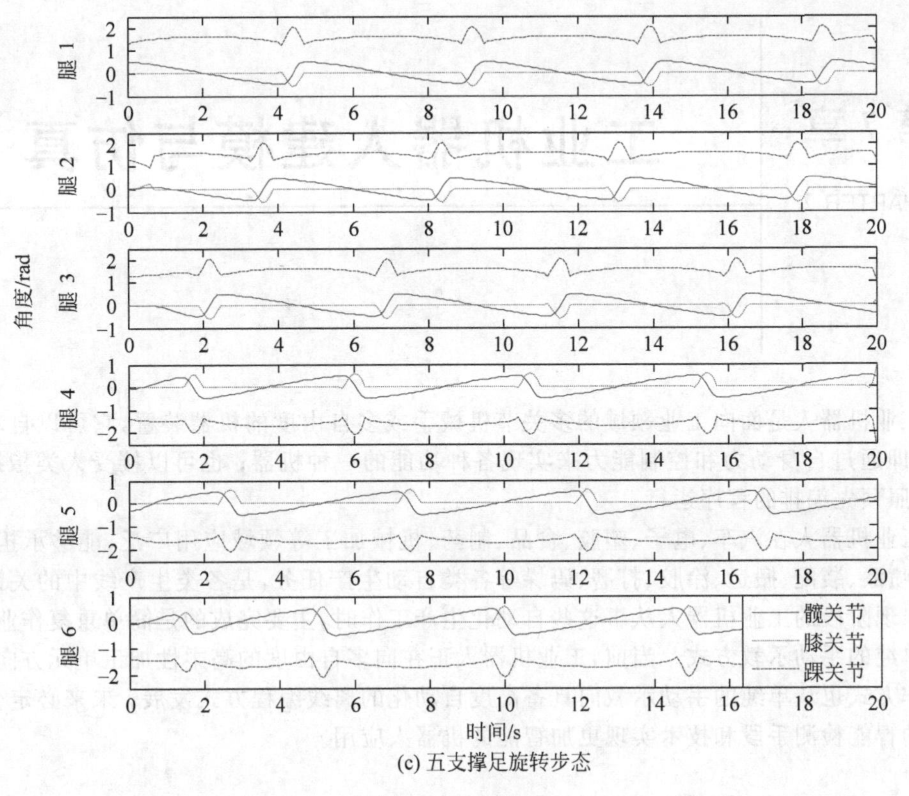

(c) 五支撑足旋转步态

图 6.30 (续)

习题

6.1 简述足式机器人静力学、动力学、运动学的关系。

6.2 简述足式机器人的分类以及其行走机构的特点和适用的场合。

6.3 什么是机器人的步态？如何提高机器人步态的稳定性？

6.4 简述三角步态、跟导步态、交替步态的特点。

6.5 已知如图 6.31 所示的六足机器人简化图，试用 MATLAB 软件仿真其运动步态，其中 6 个 θ 分别为 $-120°$、$-60°$、$0°$、$60°$、$120°$、$180°$。

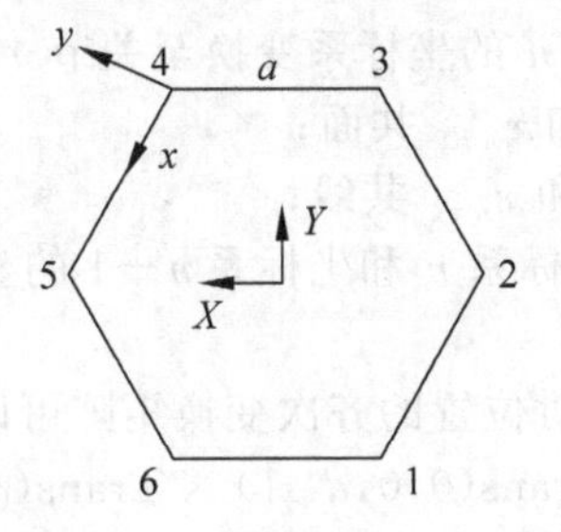

图 6.31 六足机器人简化图

第7章 工业机器人建模与仿真

CHAPTER 7

工业机器人是面向工业领域的多关节机械手或多自由度的机器装置，它可以自动执行工作，即通过自身动力和控制能力来实现各种功能的一种机器；也可以接受人类指挥或命令，按照预先编排的程序运行。

工业机器人在汽车、电子、塑胶、食品、制药、机械加工等领域应用广泛，能够承担点焊、弧焊、喷漆、装配、搬运、涂胶、打磨、码垛等各类自动生产任务，是各类生产线中的关键设备之一。现阶段的工业机器人从事这些自动化生产工作时，主要完成的是简单重复作业，采用的是单纯的手动示教方式。当前，工业机器人正在向多自由度的高柔性加工单元方向发展，其工作方式也从单纯的手动示教向具备高度自动化的离线编程方式发展；未来必定会结合大量的智能检测手段和技术实现更加智能的机器人应用。

7.1 工业机器人建模和分析

7.1.1 机器人运动学分析与建模

前面介绍了改进的D-H坐标系建模方法，以关节 i 上固连的是 $\{i\}$ 坐标系，确定各连杆之间的相对运动以及位姿关系。本章将使用标准型D-H坐标系建模的方法，在关节 $i+1$ 上固连的是 $\{i\}$ 坐标系，即坐标系建在连杆的输出端，该方法适用于链式机器人，便于理解分析。

下面针对三关节二连杆机构进行分析，如图7.1所示。其中关节连接处为旋转关节，关节 n、$n+1$ 和 $n+2$ 分别与坐标系 n、$n+1$ 和 $n+2$ 固连，连杆 n 位于关节 n 与关节 $n+1$ 之间，连杆 $n+1$ 位于关节 $n+1$ 与关节 $n+2$ 之间，a 为连杆长度，θ 为关节转角，d 为关节偏移，α 为扭转角。关节 n 之前和关节 $n+2$ 之后可以连接其他关节，当关节自由度增加时，计算方法类同。

通过以下4个步骤可将关节 n 的坐标系变换至关节 $n+1$ 的坐标系中：

(1) 绕 z_n 旋转 θ_{n+1}，使 x_n 和 x_{n+1} 共面；

(2) 沿 z_n 平移 d_{n+1}，使 x_n 和 x_{n+1} 共线；

(3) 沿 x_{n+1} 平移 a_{n+1}，使坐标系 n 和坐标系 $n+1$ 的坐标原点重合；

(4) 绕 x_{n+1} 旋转 a_{n+1}。

上述连杆 $n+1$ 对连杆 n 相对位置的齐次变换矩阵可以表示为

$$
\begin{aligned}
{}^{n}\boldsymbol{T}_{n+1} &= \mathrm{Rot}(z,\theta_{n+1}) \times \mathrm{Trans}(0,0,d_{n+1}) \times \mathrm{Trans}(a_{n+1},0,0) \times \mathrm{Rot}(x,\alpha_{n+1}) \\
&= \begin{bmatrix} \cos\theta_{n+1} & -\sin\theta_{n+1}\cos\alpha_{n+1} & \sin\theta_{n+1}\sin\alpha_{n+1} & a_{n+1}\cos\theta_{n+1} \\ \sin\theta_{n+1} & \cos\theta_{n+1}\cos\alpha_{n+1} & -\cos\theta_{n+1}\sin\alpha_{n+1} & a_{n+1}\sin\theta_{n+1} \\ 0 & \sin\alpha_{n+1} & \cos\alpha_{n+1} & d_{n+1} \\ 0 & 0 & 0 & 1 \end{bmatrix}
\end{aligned} \tag{7.1}
$$

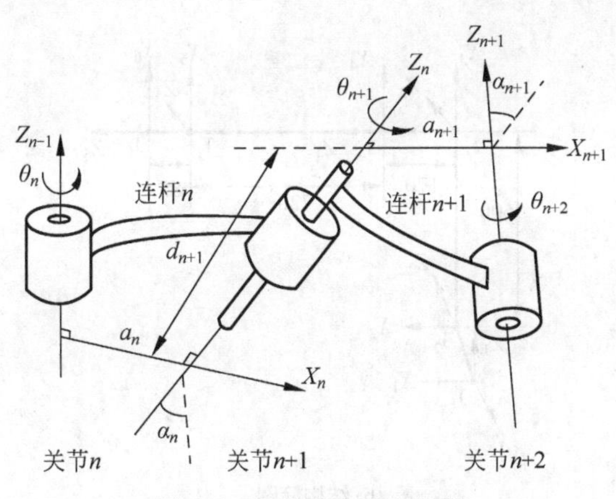

图 7.1　三关节二连杆机构

当规定机器人各连杆的坐标系后，就能表达出各个连杆的常量参数，变化矩阵可参考式(7.1)求得。

ABB IRB1410 机器人是典型的链式结构，根据 ABB 公司提供的机器人结构参数，建立了 IRB1410 机器人的标准 D-H 坐标系。机器人的 6 个关节都是转动关节，根据上述运动学分析，首先根据结构参数图 7.2(a)为每个关节建立指定的坐标系，如图 7.2(b)所示。以机器人的基座为坐标系 0，将 J_1 指定为坐标系 1，J_2 指定为坐标系 2，以此类推，J_6 指定坐标系为 6，在关节 6 处安装力传感器和气动夹爪，即末端执行器。

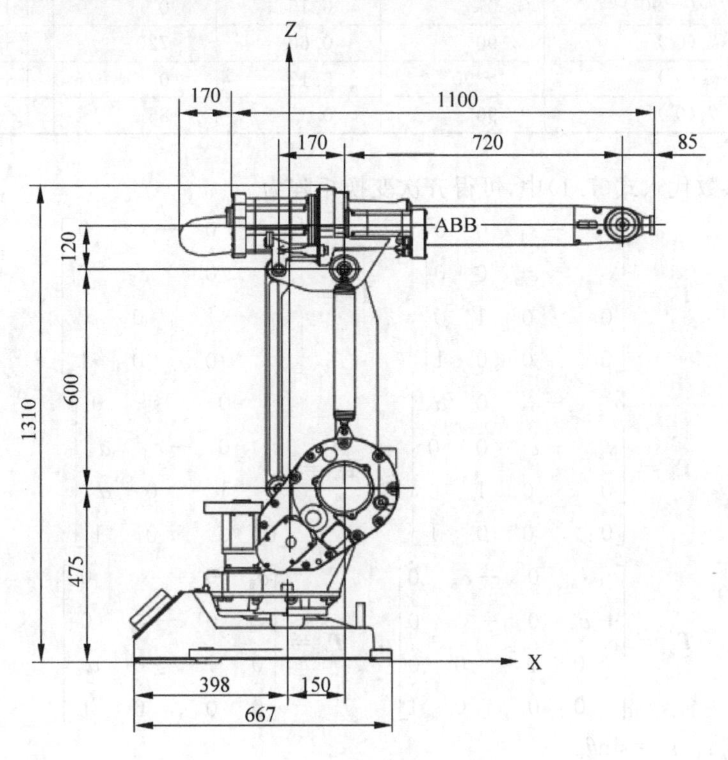

(a) 机器人结构图(单位：mm)

图 7.2　机器人 D-H 坐标系

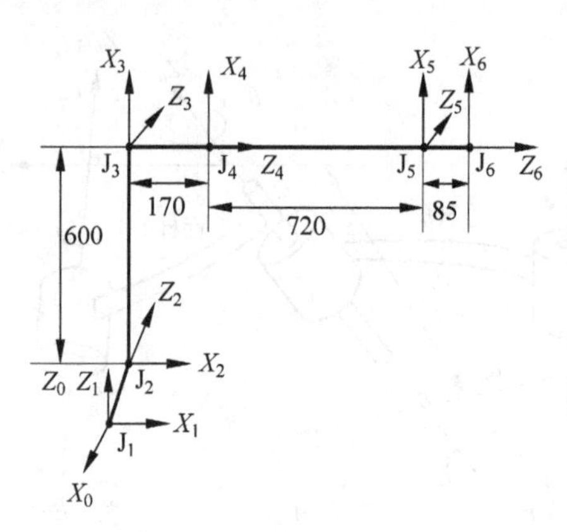

(b) 结构简图

图 7.2 （续）

参考图 7.2(b)建立机器人的 D-H 坐标系，根据 ABB 公司提供的 IRB1410 机器人的每个关节的活动范围，将整理后的数据放在 D-H 参数表中，如表 7.1 所示。

表 7.1 关节的 D-H 参数表

关节 i	变量（当前值）	α_{i-1}	a_{i-1}	d_i	变量范围
1	$\theta_1(90°)$	0°	0	0	[+170°,−170°]
2	$\theta_2(0°)$	−90°	0	0.475	[+70°,−70°]
3	$\theta_3(-90°)$	0°	0.15	0	[+70°,−65°]
4	$\theta_4(0°)$	90°	0.60	720	[+150°,−150°]
5	$\theta_5(0°)$	−90°	0.12	0	[+115°,−115°]
6	$\theta_6(0°)$	90°	0	85	[+300°,−300°]

将 D-H 参数代入式(7.1)中，可得齐次变换矩阵为

$$\boldsymbol{T}_1=\begin{bmatrix} c_1 & -s_1 & 0 & 0 \\ s_1 & c_1 & 0 & 0 \\ 0 & 0 & 1 & 0 \\ 0 & 0 & 0 & 1 \end{bmatrix},\quad \boldsymbol{T}_2=\begin{bmatrix} c_2 & 0 & -s_2 & 0 \\ s_2 & 0 & c_2 & 0 \\ 0 & -1 & 0 & d_2 \\ 0 & 0 & 0 & 1 \end{bmatrix},$$

$$\boldsymbol{T}_3=\begin{bmatrix} c_3 & -s_3 & 0 & a_3 \\ s_3 & c_3 & 0 & 0 \\ 0 & 0 & 1 & 0 \\ 0 & 0 & 0 & 1 \end{bmatrix},\quad \boldsymbol{T}_4=\begin{bmatrix} c_4 & 0 & s_4 & 0 \\ s_4 & 0 & -c_4 & a_4 \\ 0 & 1 & 0 & d_4 \\ 0 & 0 & 0 & 1 \end{bmatrix},$$

$$\boldsymbol{T}_5=\begin{bmatrix} s_5 & 0 & -c_5 & 0 \\ -c_5 & 0 & -s_5 & 0 \\ 0 & 1 & 0 & 0 \\ 0 & 0 & 0 & 1 \end{bmatrix},\quad \boldsymbol{T}_6=\begin{bmatrix} c_6 & 0 & s_6 & 0 \\ s_6 & 0 & -s_6 & 0 \\ 0 & 1 & 0 & d_6 \\ 0 & 0 & 0 & 1 \end{bmatrix} \tag{7.2}$$

其中，$c_i=\cos\theta_{n+1}$，$s_i=\sin\theta_{n+1}$。

则根据以上齐次变换矩阵，可得机器人末端的位姿矩阵为

$$\boldsymbol{T}=\boldsymbol{T}_1\boldsymbol{T}_2\boldsymbol{T}_3\boldsymbol{T}_4\boldsymbol{T}_5\boldsymbol{T}_6 \tag{7.3}$$

在实际的机器人运动控制过程中，由于采用ABB控制柜封装，且其底层封装算法的不对外开放性，所以在对机器人进行控制的过程中不需要对机器人的运动学进行计算和规划，但是在仿真过程中机器人的运动学系统需要自己搭建。由于在实际的抛光作业中机器人的运动幅度比较小，在仿真和实际的运动作业过程中只需对机器人的两个关节运动调节即可，所以在建模及求解逆运动学时，对二连杆机器人进行建模分析。

对于机器人的逆运动求解有多种方式，如代数解、欧拉角变换解法及RPY变化解法等。由于几何投影法比较直观，在仿真过程中便于计算及提高运算速度，所以在求解过程中运用上述的几何求解方法来计算机器人的逆运动学状态，建立的平面二连杆机器人如图7.3所示。

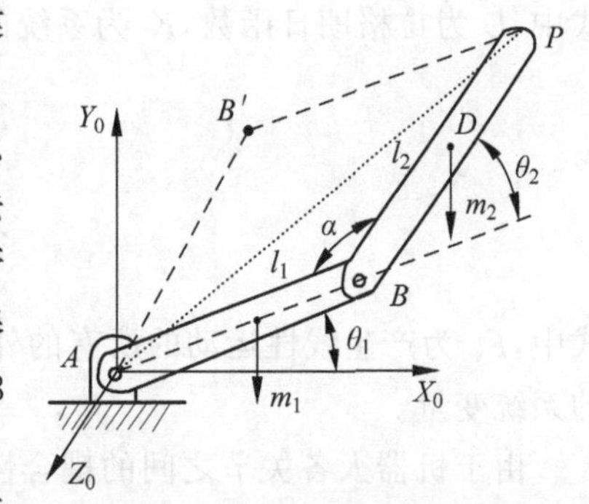

图7.3 二连杆机器人简图

如图7.3所示，l_1 和 l_2 以及连接 A 点和 P 点，共同构成了一个三角形，图中对于 $P(x,y)$ 点坐标可以有多种姿态实现，如图7.3中的虚线所示。连杆 l_1 和 l_2 之间的夹角为 α，m_1、m_2 分别为连杆1、连杆2的集中质量，θ_1 和 θ_2 为关节角度值。采用几何方法，根据余弦定理可得

$$x^2+y^2=l_1^2+l_2^2-2l_1l_2\cos\alpha \tag{7.4}$$

即有

$$\alpha=\arccos\left(\frac{l_1^2+l_2^2-x^2-y^2}{2l_1l_2}\right) \tag{7.5}$$

为了保证关系式能够成立，则 A、P 点之间的距离要小于或等于二连杆长度的总和，当目标点超出机器人的工作空间时，与条件相违背，此时的逆运动学无解，在求得连杆 l_1 和 l_2 之间的夹角 α 之后，通过平面内的几何关系即可求得 θ_1 和 θ_2

$$\theta_2=\pi-\alpha \tag{7.6}$$

$$\theta_1=\arctan\left(\frac{y}{x}\right)-\arctan\left(\frac{l_2\sin\theta_2}{l_1+l_2\cos\theta_2}\right) \tag{7.7}$$

当 $\alpha'=-\alpha$ 时，机器人的另外一组结果为

$$\theta'_2=\pi+\alpha \tag{7.8}$$

$$\theta'_1=\arctan\left(\frac{y}{x}\right)+\arctan\left(\frac{l_2\sin\theta_2}{l_1+l_2\cos\theta_2}\right) \tag{7.9}$$

通过几何方法求解之后便可以得到机器人各个关节的角度值，求出的结果便为机器人逆运动学的全部解。

7.1.2 动力学分析及建模

为了保证机器人的每个自由度都能够独立地运动或者加速，需要对机器人施加力进行驱动。驱动具有转动关节的机器人产生角加速度，需要对机器人连杆施加力矩，如图7.4所示。机器人连杆运动需要的力、力矩为

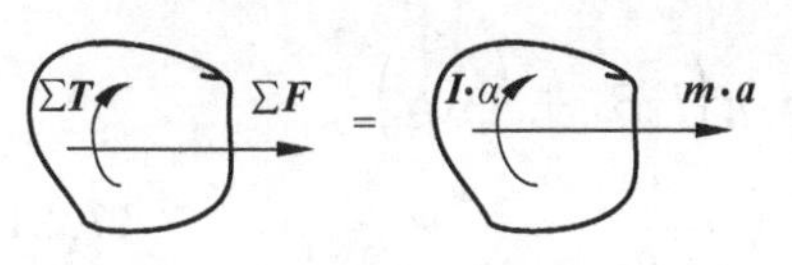

图7.4 连杆的力、力矩示意图

$$\sum\boldsymbol{F}=\boldsymbol{m}\cdot\boldsymbol{a},\ \sum\boldsymbol{T}=\boldsymbol{I}\cdot\alpha \tag{7.10}$$

式中，$\boldsymbol{I}$ 为转动惯量，α 为两个连杆之间的夹角。

拉格朗日方程的基础是系统能量对系统变量及时间的微分。在求解过程中以直线运动和旋转运动为基础，定义拉格朗日函数为

$$L = K - P \tag{7.11}$$

式中，L 为拉格朗日函数，K 为系统的动能，P 为系统的势能。

$$F_i = \frac{\partial}{\partial t}\left(\frac{\partial L}{\partial \dot{x}_i}\right) - \frac{\partial L}{\partial x_i} \tag{7.12}$$

$$T_i = \frac{\partial}{\partial t}\left(\frac{\partial L}{\partial \dot{\theta}_i}\right) - \frac{\partial L}{\partial \theta_i} \tag{7.13}$$

式中，F_i 为产生线性运动的所有的外力和，T_i 为产生转动的所有的力矩和，θ_i 和 x_i 为对应的系统变量。

由于机器人各关节之间的耦合性、复杂性，以及机器人手臂的截面径相对于其长度比较小，在对 2 自由度连杆机器人进行分析时忽略了轴向变形（即剪切变形）对整个系统的影响。对机器人的模型进行简化，如图 7.3 所示。采用拉格朗日求解法，求取连杆 2 的质心位置的速度，首先在基坐标系下，D 点的坐标为

$$x_D = l_1 c_1 + 0.5 l_2 c_{12} \tag{7.14}$$

$$y_D = l_1 s_1 + 0.5 l_2 s_{12} \tag{7.15}$$

式中，c_1 为 $\cos\theta_1$，c_{12} 为 $\cos(\theta_1+\theta_2)$，s_1 为 $\sin\theta_1$，s_{12} 为 $\sin(\theta_1+\theta_2)$，后面同理。

对式(7.14)和式(7.15)求导得到质心点 D 的速度为

$$\dot{x}_D = -l_1 s_1 \dot{\theta}_1 - 0.5 l_2 s_{12}(\dot{\theta}_1 + \dot{\theta}_2) \tag{7.16}$$

$$\dot{y}_D = -l_1 c_1 \dot{\theta}_1 - 0.5 l_2 c_{12}(\dot{\theta}_1 + \dot{\theta}_2) \tag{7.17}$$

$$v_D^2 = \dot{x}_D^2 + \dot{y}_D^2 = \dot{\theta}_1^2(l_1^2 + 0.25 l_2^2 + l_1 l_2 C_2) + \dot{\theta}_2^2(0.25 l_2^2) + \dot{\theta}_1\dot{\theta}_2(0.5 l_2^2 + l_1 l_2 C_2) \tag{7.18}$$

连杆 1 和连杆 2 的动能之和为系统的总动能，则连杆绕定点 A 转动和连杆 2 绕质心点的动能计算方程为

$$K = K_1 + K_2 = \left[\frac{1}{2}\left(\frac{1}{3}m_1 l_1^2\right)\dot{\theta}_1^2\right] + \left[\frac{1}{2}\left(\frac{1}{12}m_2 l_2^2\right)(\dot{\theta}_1 + \dot{\theta}_2)^2 + \frac{1}{2}m_2 v_D^2\right] \tag{7.19}$$

将式(7.18)代入式(7.19)中，系统的总动能简化为

$$\begin{aligned} K = {} & \dot{\theta}_1^2\left(\frac{1}{6}m_1 l_1^2 + \frac{1}{6}m_2 l_2^2 + \frac{1}{2}m_2 l_1^2 + \frac{1}{2}m_2 l_1 l_2 c_2\right) + \dot{\theta}_2^2\left(\frac{1}{6}m_2 l_2^2\right) + \\ & \dot{\theta}_1\dot{\theta}_2\left(\frac{1}{3}m_2 l_2^2 + \frac{1}{2}m_2 l_1 l_2 c_2\right) \end{aligned} \tag{7.20}$$

系统的总势能为二连杆的势能之和，系统的势能为

$$\begin{aligned} L = K - P = {} & \dot{\theta}_1^2\left(\frac{1}{6}m_1 l_1^2 + \frac{1}{6}m_2 l_2^2 + \frac{1}{2}m_2 l_1^2 + \frac{1}{2}m_2 l_1 l_2 c_2\right) + \dot{\theta}_2^2\left(\frac{1}{6}m_2 l_2^2\right) + \\ & \dot{\theta}_1\dot{\theta}_2\left(\frac{1}{3}m_2 l_2^2 + \frac{1}{2}m_2 l_1 l_2 c_2\right) - m_1 g\,\frac{l_1}{2}s_1 - m_2 g\left(l_1 S_1 + \frac{l_2}{2}s_{12}\right) \end{aligned} \tag{7.21}$$

将式(7.20)和式(7.21)代入式(7.11)中，求得二连杆机器人的拉格朗日函数为

$$L=K-P=\dot{\theta}_1^2\left(\frac{1}{6}m_1l_1^2+\frac{1}{6}m_2l_2^2+\frac{1}{2}m_2l_1^2+\frac{1}{2}m_2l_1l_2c_2\right)+\dot{\theta}_2^2\left(\frac{1}{6}m_2l_2^2\right)+$$
$$\dot{\theta}_1\dot{\theta}_2\left(\frac{1}{3}m_2l_2^2+\frac{1}{2}m_2l_1l_2c_2\right)-m_1g\,\frac{l_1}{2}s_1-m_2g\left(l_1s_1+\frac{l_2}{2}s_{12}\right) \tag{7.22}$$

对拉格朗日函数求导并代入到式(7.13)中，得到关节1和关节2的驱动方程的矩阵形式为

$$\begin{bmatrix}\tau_1\\ \tau_2\end{bmatrix}=\begin{bmatrix}\left(\frac{1}{3}m_1l_1^2+m_2l_1^2+\frac{1}{3}m_2l_2^2+m_2l_1l_2c_2\right) & \left(\frac{1}{3}m_2l_2^2+\frac{1}{2}m_2l_1l_2c_2\right)\\ \left(\frac{1}{3}m_2l_2^2+\frac{1}{2}m_2l_1l_2c_2\right) & \left(\frac{1}{3}m_2l_2^2\right)\end{bmatrix}\begin{bmatrix}\ddot{\theta}_1\\ \ddot{\theta}_2\end{bmatrix}+$$
$$\begin{bmatrix}0 & -\left(\frac{1}{2}m_2l_1l_2s_2\right)\\ \left(\frac{1}{2}m_2l_1l_2s_2\right) & 0\end{bmatrix}\begin{bmatrix}\dot{\theta}_1^2\\ \dot{\theta}_2^2\end{bmatrix}+\begin{bmatrix}-(m_2l_1l_2s_2) & 0\\ 0 & 0\end{bmatrix}\begin{bmatrix}\dot{\theta}_1\dot{\theta}_2\\ \dot{\theta}_2\dot{\theta}_1\end{bmatrix}+$$
$$\begin{bmatrix}\left(\frac{1}{2}m_1+m_2\right)gl_1c_1+\frac{1}{2}m_2gl_2c_{12}\\ \frac{1}{2}m_2gl_2c_{12}\end{bmatrix} \tag{7.23}$$

由式(7.23)求得的2自由度连杆机器人的动力学方程可表示为

$$\boldsymbol{\tau}=\boldsymbol{M}(\theta)\ddot{\theta}+\boldsymbol{C}(\theta,\dot{\theta})\dot{\theta}+\boldsymbol{G}(\theta,\dot{\theta}) \tag{7.24}$$

式中，$\boldsymbol{M}(\theta)$为对称正定惯性矩阵，$\boldsymbol{C}(\theta,\dot{\theta})$包括科氏力、离心力，$\boldsymbol{G}(\theta,\dot{\theta})$为重力和作用在关节的其他力向量，$\boldsymbol{\tau}$为机器人的驱动力矩。

式(7.24)可表示机器人在自由空间下的动力学模型。当机器人在运动过程中与外界产生接触力时，此时出现的意外接触或者碰撞会影响关节的驱动力，此时对于机器人与外界环境产生接触时的机器人的动力学模型为

$$\boldsymbol{\tau}+\boldsymbol{\tau}_{\mathrm{f}}=\boldsymbol{M}(\theta)\ddot{\theta}+\boldsymbol{C}(\theta,\dot{\theta})\dot{\theta}+\boldsymbol{G}(\theta,\dot{\theta}) \tag{7.25}$$

式中，$\boldsymbol{\tau}_{\mathrm{f}}$为意外碰撞力。

7.1.3 机器人虚拟样机建模

机器人在实际作业中，当与外界环境接触或者发生碰撞时，如果接触力突变或者碰撞力过大则会导致机械本体或者其他外设的损坏，影响作业的进行，因此在实际的机器人作业中，能够准确判断接触力的力值对实际作业具有重要的意义。由于多自由度机器人操作的复杂性，在进行实验之前，需要建立虚拟样机系统，模拟机器人与外界环境接触的过程及接触过程中产生的力值，通过传感器或者其他外设获取到的力值评估机器人的运动状态、通过在机器人位置内环的基础上加入外环的导纳算法对力值进行分析调节。

SolidWorks能够提供主流的三维CAD设计方案，对于提高产品的设计水平具有很好

的帮助；ADAMS 在分析建立虚拟样机的静力学、动力学方面具有优越性，并且具有开放式的接口，可以和其他软件很好地融合，便于在后期进行二次开发。由于 ADAMS 不是专业的机构设计软件，所以在仿真实验中通过 SolidWorks 设计机器人的本体，并将设计的机构导入 ADAMS 中，图 7.5 为通过 SolidWorks 设计的机械机构本体，将 SolidWorks 软件设计好的三维图另存为. x_t 的格式，然后通过 FileImport 的方式导入到 ADAMS 中，如图 7.6 所示。由于在实际的抛光作业中机器人与外界环节通过控制两个关节运动就可以实现接触，因此在设计过程中建立 2 自由度连杆机器人机构。

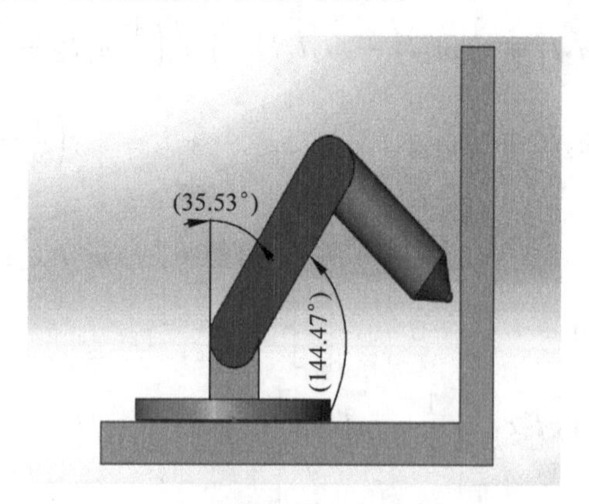

图 7.5　SolidWorks 中机器人三维图

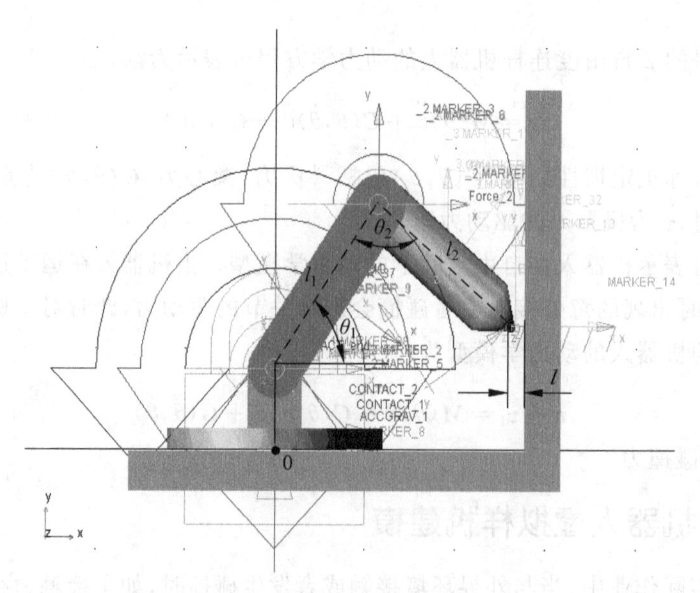

图 7.6　ADAMS 中机器人视图

本节利用 SolidWorks 搭建的 2 自由度连杆机器人是参照 ABB IRB1410 机器人的机构，由于在实验环节中采用 ABB IRB1410 机器人进行实验验证，所以在本体设计时，材质选取为钢。简化的机构模型如图 7.6 所示，机械结构导入 ADAMS 中后，模型的各参数设置如表 7.2 所示。

表 7.2　机器人的模型参数

参　　数	符　　号	取　　值
连杆 1/mm	l_1	130
连杆 1 初始角度/(°)	θ_0	54.47
连杆 2/mm	l_2	80
连杆 2 初始角度/(°)	θ_1	90.05
机器人末端点距离目标点/mm	l	5
连杆 1 质量/kg	m_1	0.86752
连杆 2 质量/kg	m_2	0.40523

由于设置的机构简化，将设计的连杆尺寸缩小为原来的 1/10。在 ADAMS 中导入虚拟样机几何体后，需要在各个关节之间添加约束，包括质量特性、运动副约束、驱动及接触设置等，组成一个完整的机械系统。

(1) 坐标系统的定义如图 7.6 所示，以机器人的底座 O 点为基准建立坐标系，规定机器人的运动方向，x 轴的负方向是前进方向，俯仰运动被定义为绕 z 轴的旋转，y 轴的正方向是垂直向上的，与重力方向相反，ADAMS 中设置重力加速度为－9.80N/kg。

(2) 设置各关节之间的约束条件，关节材料的不同，之间的摩擦系数不同，根据关节材料为钢，设置摩擦系数。基座与关节 1、关节 1 与关节 2 之间的动摩擦系数为 0.25，静摩擦系数为 0.3。

(3) 设置机器人与环境之间的接触关系，由于这里设置的是机器人的末端与外界接触，因此在设置接触关系的时候为实体对应实体，设置末端与环境的动摩擦系数为 0.1，静摩擦系数为 0.3，并将该接触产生的力定义为输出。

(4) 通过 ADAMS 创建虚拟样机与 MATLAB/Simulink 联合仿真的输入/输出的接口，其中两个关节的力矩驱动被作为输入，该信号由 MATLAB 中的函数产生，机器人末端的位置及关节角度值作为输出，设置的输入/输出如图 7.7 所示。

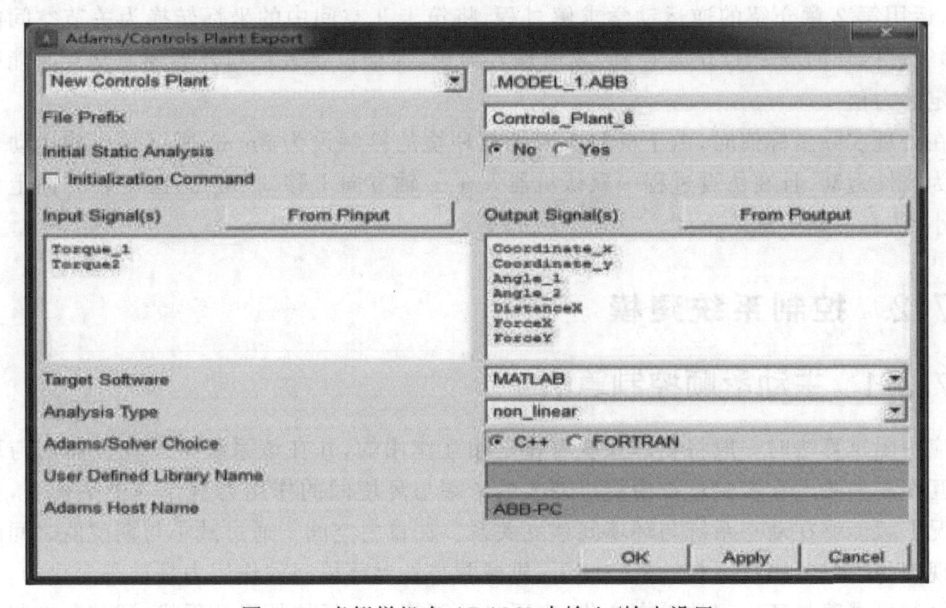

图 7.7　虚拟样机在 ADAMS 中输入/输出设置

7.1.4 ADAMS 和 Simulink 联合仿真方案设计

在 ADAMS 软件中搭建完整的虚拟样机后，虽然 ADAMS 软件可以通过函数编辑器编写指令来驱动虚拟样机的运动，但若要通过算法来实现对虚拟样机控制优化，则需借助 MATLAB/Simulink 软件来实现。将 ADAMS 生成的虚拟样机模型导入到 MATLAB 中，根据抛光作业的控制框图在 Simulink 中搭建仿真环境，其框图如图 7.8 所示。

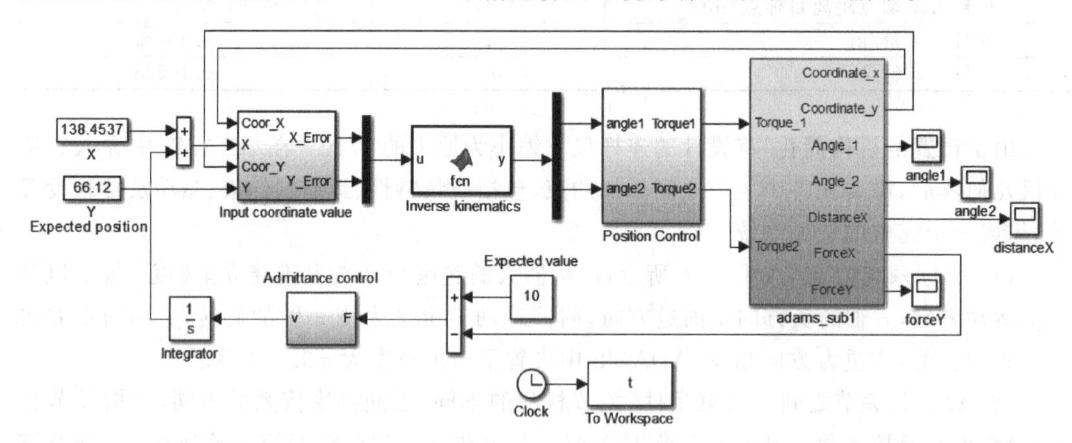

图 7.8 仿真环境框图

MATLAB/Simulink 和创建的虚拟样机之间通过接口实现信息的互相传递，设置期望的位置和期望的力值，通过计算得到机器人的驱动力矩，信息传输到 ADAMS 模块中。在联合仿真过程中，机器人会根据输入的力矩值调整机器人的运动及姿态，同时可以实时检测机器人的信息，例如，机器人与环境中接触产生的力值、机器人的转动角度及机器人末端点的位置坐标等，并将采集到的信息反馈到 MATLAB/Simulink 中，然后根据采集到的力值进行反馈处理，经过外环的导纳控制求得位置偏差量，与期望的力值做偏差修正实际的位置坐标，运用第 2 章介绍的逆运动学求解过程，将笛卡儿空间中的坐标转换为关节空间的角度，并经过内环的双 PID 位置控制，求取输入力矩，保证机器人在与外界环境交互时能够保持恒定的力值。

在处理实际坐标值时，由于机器人末端与环境的接触设为 5mm，所以微小的运动可以近似为线性运动，且在仿真过程中默认机器人在 x 轴方向上移动 5mm，在 y 轴方向上的移动微小，仿真过程中忽略不计。

7.2 控制系统建模

7.2.1 主动柔顺控制算法

应用阻抗算法时一般将物理系统看作是相互作用的，并在该系统中研究机器人与环境的相互作用关系。在实验过程中将机器人的末端与环境间的作用力看作一个平衡点，在这种情况下就能够在动态系统与环境间建立关系。在自由空间下通过减小与期望值之间的差值实现理想的位置跟踪。在约束空间下，机械臂与外界环境间的作用力是动态变化的，要更好地协调机械臂与环境间的动态变化，应通过控制算法来抵抗外界的干扰，调节和控制机器人与外界环境的接触力，从而达到预期的效果。

通过刚度控制协调机器人与环境之间状态时，受控系统的动力学依赖于非线性和耦合的机器人操纵器。如果是完成非常精密的操作或者目标，则需要末端执行器具有良好的动态行为，而实现上述目标的关键点在于控制运动加速度，通过调节控制逆动力学的控制律，对具有多关节及耦合关系复杂的非线性机器人的动力学进行解耦和线性化。在与环境相互作用的情况下，对于力的控制涉及刚度控制和阻尼控制，其中，刚度控制即控制期望力值与位置偏差值之间的关系，阻尼控制即控制期望力值与速度偏差值之间的关系，而阻抗控制模型融合了刚度控制和阻尼控制。

考虑不同的偏差，传统的阻抗控制有如下 3 种表达式：

(1) 只考虑位置出现偏差的情况

$$M_d\ddot{x}+B_d\dot{x}+K_d(x-x_d)=-f_e \tag{7.26}$$

(2) 考虑位置和速度的偏差情况

$$M_d\ddot{x}+B_d(\dot{x}-\dot{x}_d)+K_d(x-x_d)=-f_e \tag{7.27}$$

(3) 考虑位置、速度、加速度偏差

$$M_d(\ddot{x}-\ddot{x}_d)+B_d(\dot{x}-\dot{x}_d)+K_d(x-x_d)=-f_e \tag{7.28}$$

式中，M_d、B_d 和 K_d 分别为末端执行器的惯性系数、阻尼系数和刚度系数。

3 个参数的设置是由闭环系统设计决定的，类似于目标阻抗，对于系统达到预期的理想值具有重要的意义。$(x-x_d)$为与刚度控制相关的位置偏差值、$(\dot{x}-\dot{x}_d)$为与阻尼系数相关的速度偏差值。阻抗控制系统的框图如图 7.9 所示。

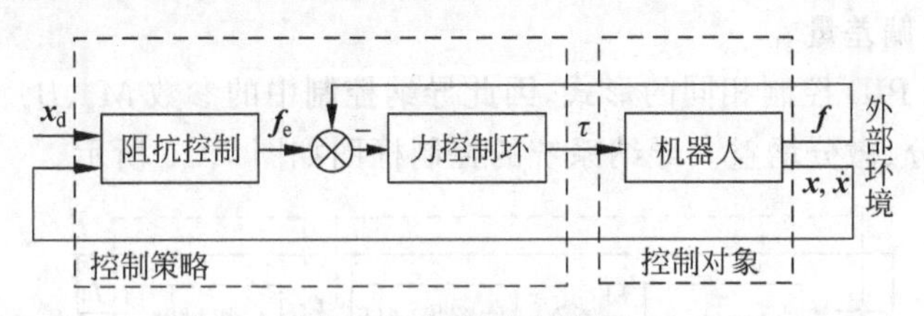

图 7.9 阻抗控制框图

在阻抗控制系统的控制对象与外界交互的过程中，当控制对象表现为导纳特性时，外部环境表现为阻抗特性。

为保证整个系统的稳定性及系统目标的实现，通过将运动控制与导纳控制分离，实现分段目标的同时实现，以保证系统的运行效率。运动控制的目的是在抑制外界干扰的同时，确保跟踪目标的末端执行器的位置和方向能够根据参考位置接近目标，导纳控制则是根据实测力值与参考目标的微小偏差值，调和在该方向上产生的位置或角度。控制对象和外部环境之间的力值偏差作为导纳算法的输入，通过积分环节，产生作为运动控制在位置和方向上的参考，这就是给定所需的运动，使用测量的力(输入)来计算柔性框架(输出)的运动；以力作为输入位置或速度对应于机械导纳输出的映射。

间接力控制不需要对环境有明确的认知，但是为了达到理想的动态行为，控制参数必须针对特定的任务进行调优。如果要实现对力值的直接控制，则需要一个交互任务的模型。导纳控制的模型与式(7.28)的形式相似，一维导纳关系式可以表示为

$$f=m(\ddot{x}-\ddot{x}_0)+b(\dot{x}-\dot{x}_0)+k(x-x_0) \tag{7.29}$$

式中，f 为操作对象与环境之间的相互作用力，m 为虚拟质量，b 为虚拟阻尼，k 为虚拟刚度，x_0 为平衡点，即期望的目标点。

若在模拟自由运动的过程中，需要将虚拟刚度值 k、期望位置 x_0、期望的速度及加速度均设置为0，则此时的导纳关系式可以简化为

$$f = m\ddot{x} + b\dot{x} \tag{7.30}$$

机器人遵循一定的轨迹运动，可以将实现该轨迹的目标点和速度设为期望值，对式(7.29)进行拉普拉斯变换，得到期望的速度与接触力之间的关系式

$$\frac{\dot{x}(s)}{f(s)} = R(s) = M_a s + B_a + \frac{K_a}{s} \tag{7.31}$$

导纳控制可以采用两种基本的控制方法来实现。第一种是通过导纳控制来产生参考信号

$$x_d(s) = \frac{1}{M_i s^2 + B_i s + K_i} f_d(s) \tag{7.32}$$

但是阻抗滤波器可能会导致机构位置与期望位置之间的差异较大，在使用阻抗滤波器时可能出现不能保证零接触力的情况。考虑到阻抗滤波器的不足，采用第二种方法来实现导纳关系，将式(7.31)进行变化得到导纳关系式

$$\dot{x}_d(s) = \left(M_a s + B_a + \frac{K_a}{s}\right) f_d(s) \tag{7.33}$$

$$x_d(s) = \int_0^t \dot{x}_d(v)\mathrm{d}v \tag{7.34}$$

式中，$f_d(s)$ 表示力传感器采集到的力或者扭矩，而对于 M_a、B_a、K_a 是导纳控制的设计参数，$x_d(s)$ 表示位移偏差量。

该方法具有与PID控制相同的形式，因此导纳控制中的参数 M_a、B_a、K_a 类比于PID控制器中的比例、积分、微分增益。导纳系统的控制框图如图7.10所示。

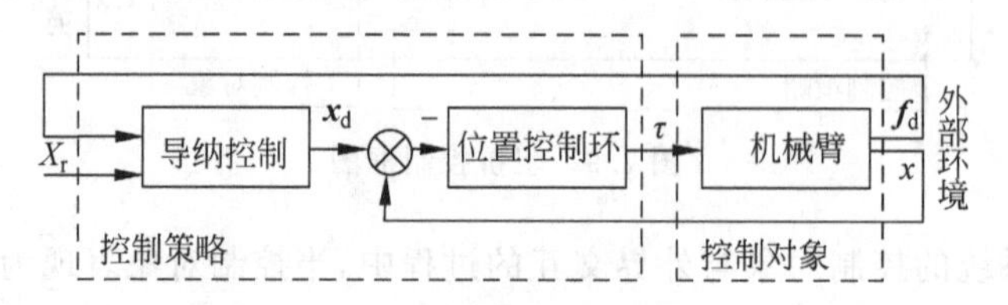

图7.10 导纳控制框图

在导纳控制系统中，控制对象表现为阻抗特性，在与外部环境接触的过程中外部环境表现为导纳特性，构成一个闭环反馈的控制系统。

7.2.2 控制策略分析

在抛光作业过程中，纯粹的运动控制是不够的，因为不可避免的建模误差和不确定性可能导致接触力的突变，最终导致在相互作用期间的不稳定行为，特别是在存在刚性环境的情况下。考虑位置和速度的偏差情况，强制反馈和力控制成为强制性的举措，以便在结构不良的环境中实现机器人系统稳定行为，以及保证操作员在现场情况下的安全可靠操作。本章从分析力控制策略开始，设想通过确保对末端执行器的合适的顺应行为来保持接触力的限制，然后分析交互任务建模的问题。考虑到刚性环境和兼容环境的情况，在机器人的抛光作

业中，一方面要对机器人的动作进行规划，另一方面需要通过算法对于机器人在抛光作业中的动作进行修正，保证机器人在抛光过程中能够保持恒定的力值并完成抛光作业。

工业机器人具有6个关节自由度，各个关节之间存在着紧密的耦合关系，对于机器人控制系统来说，机器人是一个多级递阶控制系统。机器人在完成一项作业的时候需要通过一系列不同的动作和路径规划来实现，因此在机器人作业及求解过程中存在多种解，此时需要处理约束条件来优化决策和控制问题。

工业机器人典型的控制方式主要有点位式、轨迹式、速度控制方式、力(力矩)控制方式及智能控制方式等。本章采用力(力矩)控制与智能控制相结合的方式，完成机器人对水龙头的抛光作业。在实际的抛光作业中，由于机器人系统的非线性比较强，及多种外界因素的干扰等，机器人的状态和运动通过数学模型的方式可以表述为一个具有时变结构和参数的非线性模型。为了便于分析计算，在仿真和实验过程中需将非线性的系统模型近似为线性化的问题。由于机器人在抛光作业中微小的动作可以简化为两关节机器人的运动，遂在搭建控制框图的过程中只对机器人的两个关节进行控制，实现对机器人在微小空间中的接触力的控制。选择导纳算法作为主要的控制策略，实现对机器人的控制，对于抛光作业的控制框图如图7.11所示。

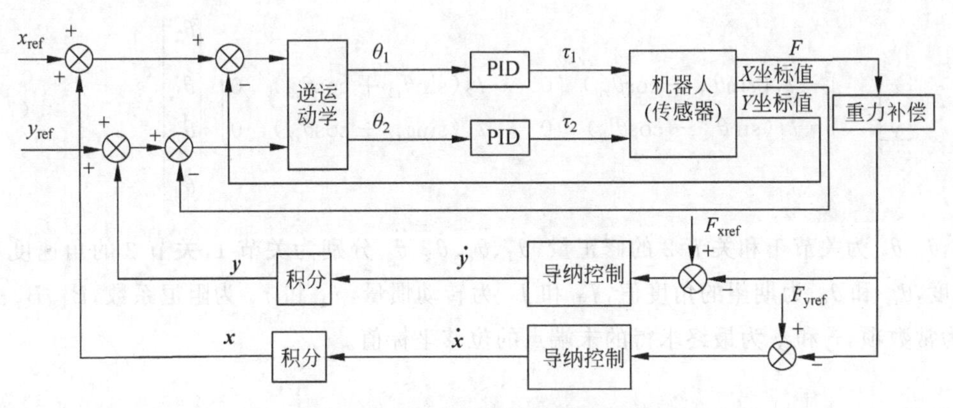

图7.11 抛光作业控制策略框图

图7.11中x_{ref}和y_{ref}为期望的位置坐标，θ_1、θ_2为关节1、关节2的角度值，τ_1、τ_2为机器人的关节驱动力矩，F为机器人末端执行器与外界环境的接触力值，F_{ref}为期望的力值，$\dot{x}$、$\dot{y}$为经过导纳控制算法得到的速度量，x、y为位置修正量。

采用以位置控制为内环、导纳控制为外环的控制方式对接触力进行控制。由于工业机器人的发展已经比较成熟，所以在实际的机器人控制过程中，机器人的位置控制精度相对较高。在抛光作业的仿真实验中，内环(位置控制环)主要是采用PID控制策略，外环(力控制环)通过重力补偿后，可以测得机器人末端与环境的接触力，然后采用导纳控制。若要使系统能够表现出良好的控制效果，则需要对内环的两组PID参数分别进行设置。而对于外环的导纳控制需要根据机器人在与外界交互过程中产生的力值来调整式(7.32)中的3个参数，从而实现外环的微小控制并作用于整个系统的内环控制。通过数学方法来寻找参数调节的规律，并通过后续的仿真实验进行验证。

导纳控制的目的就是使整个系统表现出期望的导纳特性，而系统具有期望刚度、期望阻尼以及期望惯性是实现期望导纳特性的必要条件。

将二连杆机器人的动力学模型式(7.23)简化后，取中间变量 $\dot{\theta}_1$、$\ddot{\theta}_1$、$\dot{\theta}_2$、$\ddot{\theta}_2$，其状态空间表达式为

$$\begin{bmatrix}\dot{\theta}_1\\ \ddot{\theta}_1\\ \dot{\theta}_2\\ \ddot{\theta}_2\end{bmatrix}=\begin{bmatrix}0 & 1 & 0 & 0\\ \dfrac{1}{J_1}\left(\dfrac{1}{2}m_1gl_1+m_2gl_2\right)(\cos\theta_{r1}-\sin\theta_{r1}) & -\dfrac{f_1}{J_1} & 0 & 0\\ 0 & 0 & 0 & 1\\ 0 & 0 & -\dfrac{\cos\theta_{r2}-\sin\theta_{r2}}{J_2} & -\dfrac{f_2}{J_2}\end{bmatrix}\begin{bmatrix}\theta_1\\ \dot{\theta}_1\\ \theta_2\\ \dot{\theta}_2\end{bmatrix}+\begin{bmatrix}0 & 0\\ \dfrac{1}{J_1} & 0\\ 0 & 0\\ 0 & \dfrac{1}{J_2}\end{bmatrix}\begin{bmatrix}\tau_1-B_1\\ \tau_2-B_2\end{bmatrix} \tag{7.35}$$

$$\begin{bmatrix}x\\ y\end{bmatrix}=\begin{bmatrix}-l_1(\sin\theta_{r1}+\cos\theta_{r1}) & 0 & -l_2(\sin\theta_{r2}+\cos\theta_{r2}) & 0\\ l_1(\sin\theta_{r1}-\cos\theta_{r1}) & 0 & l_2(\sin\theta_{r2}-\cos\theta_{r2}) & 0\end{bmatrix}\begin{bmatrix}\theta_1\\ \dot{\theta}_1\\ \theta_2\\ \dot{\theta}_2\end{bmatrix} \tag{7.36}$$

式中，θ_1、θ_2 为关节 1 和关节 2 的修正量，$\dot{\theta}_1$、$\ddot{\theta}_1$、$\dot{\theta}_2$、$\ddot{\theta}_2$ 分别为关节 1、关节 2 的角速度和角加速度，θ_{r1} 和 θ_{r2} 为期望的角度值，J_1 和 J_2 为转动惯量，f_1 和 f_2 为阻尼系数，B_1、B_2、D_1、D_2 为常数项，x 和 y 为最终求得的末端点的位移坐标值。

7.3 主动柔顺控制仿真

本节基于前面建立的运动学、动力学模型，通过位置控制内环、导纳控制外环的方法来调节力值，通过 ADAMS 和 MATLAB 联合仿真实验分析、验证基于位置内环、导纳外环的控制策略在机器人控制过程中的有效性。

联合仿真实验是在理想环境中完成的，主要做了两组实验：

(1) 机器人在位置控制下的运动情况；

(2) 机器人在以位置控制为内环，加入外环通过导纳控制实现力控制的运动情况。

在仿真过程中，为了保证接触力尽量准确，在设置接触力时，将机器人夹持工件的一端简化为一点，保证机器人在与环境接触过程中测量该接触力的大小。

机器人的关节 1 和关节 2 在力矩的驱动下运动，完成相应的动作，从自由的空间向接触空间进行动作转换，在仿真中设定的期望位置接触坐标点为(138.4537mm，66.12mm)，对于机器人的位置控制参照图 7.6。仿真过程中去除了外环的导纳控制环节，笛卡儿空间中的期望位置坐标经过逆运动求解得到关节空间下的角度值，分别对两个关节角度进行位置

控制(即 PID 控制)，通过多次调节两个关节互相影响的 PID 的 3 个参数值，保证机器人模型在与外界环境接触时接近期望的抛光力值为 10N。当关节 1、关节 2 的 PID 参数调节过小时，机器人与环境之间的接触力及摩擦力不足以维持机器人在仿真环境中的稳定性，如图 7.12(a)所示，当设置的参数过大时，机器人与环境之间的接触力过大，导致机器人在运行中会报错，如图 7.12(b)所示。

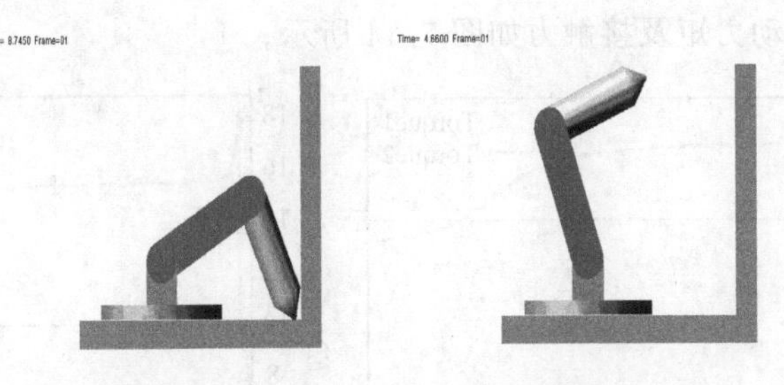

(a) 位置控制参数过小　(b) 位置控制参数过大

图 7.12　不合理的位置控制参数

图 7.12(a)中位置控制参数设置过小时，两个关节的输入力矩、机器人与外界环境的接触力值及 x、y 的坐标值如图 7.13 所示，其中 SetForce 为理想阈值力的大小。

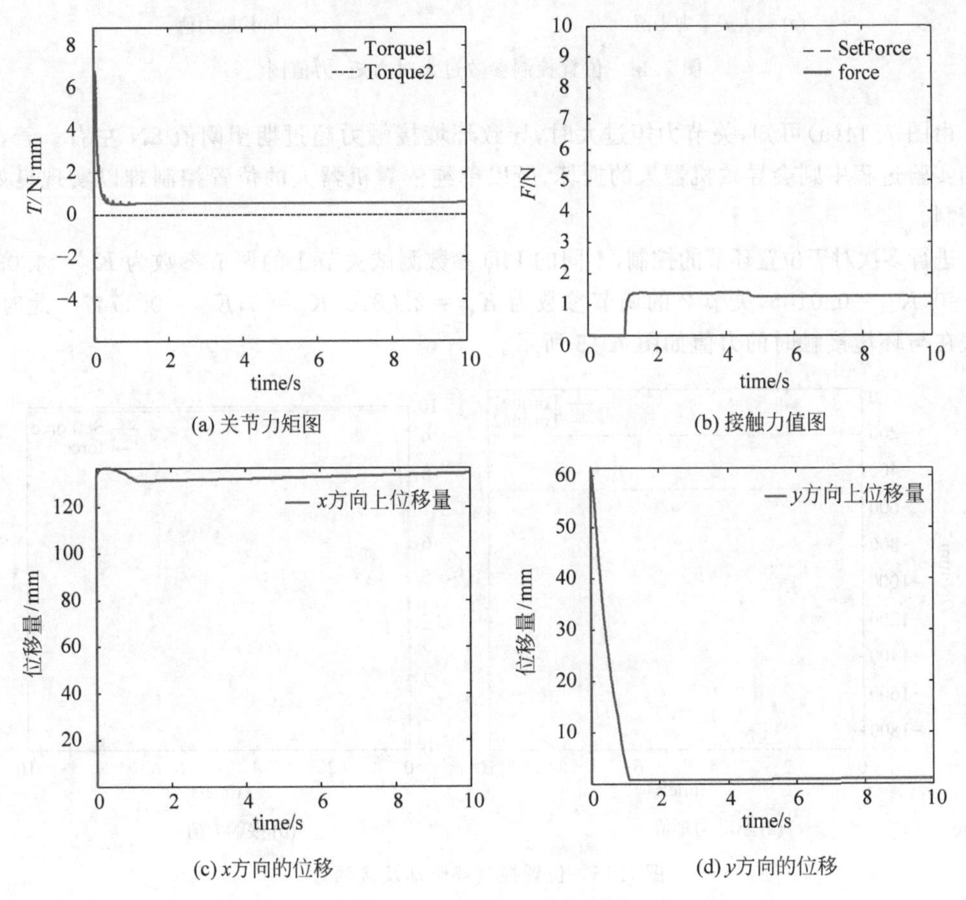

(a) 关节力矩图　(b) 接触力值图

(c) x方向的位移　(d) y方向的位移

图 7.13　机器人运动状态图

由图 7.13 可知，在机器人的运动过程中，前 1s 左右与环境基本没有接触，接触力值为 0N，1s 后机器人的末端点与设置的地面接触，在 1～10s 的时间中，接触力值稳定在 1.5N 左右，机器人末端点在 x 和 y 方向上的位移量比较小，需设置合理的位置控制参数才能保证机器人趋近于期望的位置坐标。

当位置控制参数调节过大时，会导致关节力矩突变，导致机器人在与环境接触时的力值超过期望的力值，驱动力矩及接触力如图 7.14 所示。

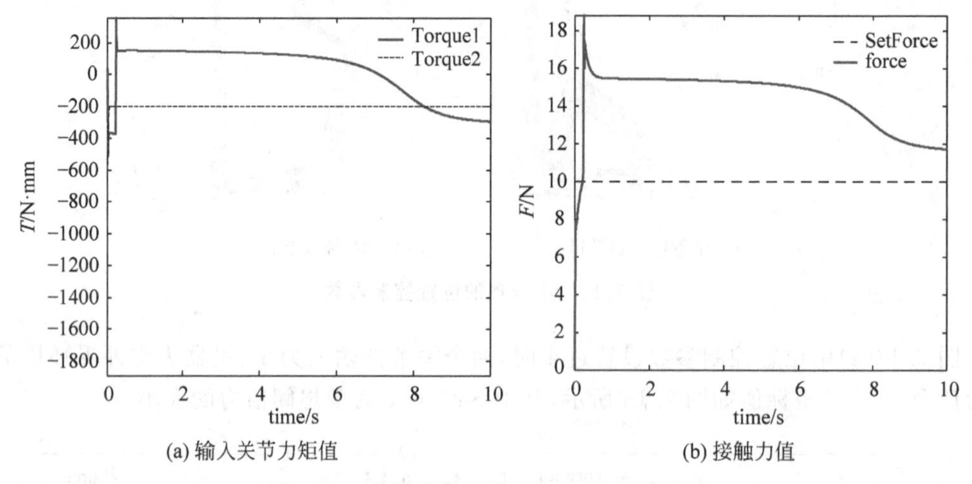

(a) 输入关节力矩值　(b) 接触力值

图 7.14　位置控制参数过大时力矩、力值图

由图 7.14(a)可知，关节力矩过大时，导致环境接触力超过期望阈值 8N 左右。若在实际的实验过程中则会导致机器人的损坏，所以单纯依靠机器人的位置控制难以实现良好的力控制。

进行多次对于位置环节的控制，不同的 PID 参数测试关节 1 的调节参数为 $K_{p1}=4.0310$，$K_{i1}=0$，$K_{d1}=0.0105$，关节 2 的调节参数为 $K_{p2}=2.0810$，$K_{i2}=0$，$K_{d2}=0.1747$。此时，机器人在与环境接触时的力值如图 7.15 所示。

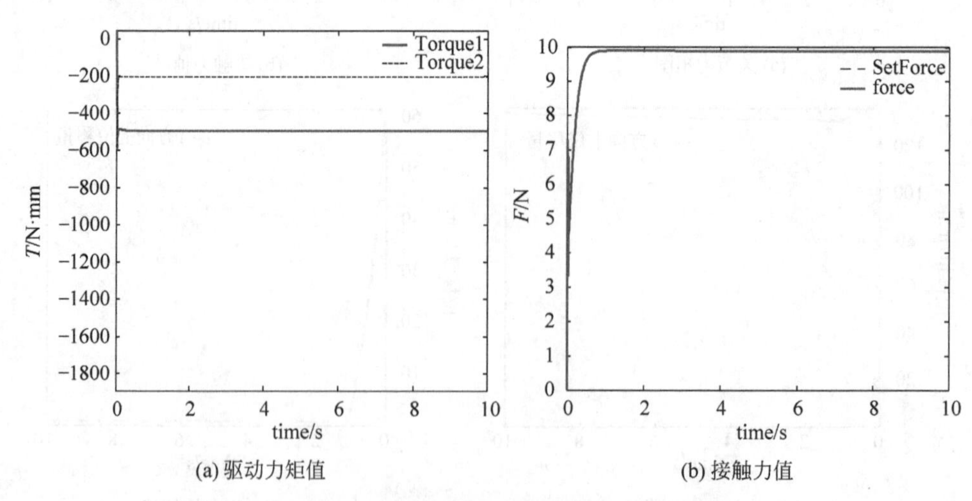

(a) 驱动力矩值　(b) 接触力值

图 7.15　位置控制环驱动及接触力

由图 7.15 可知，在由自由空间向接触空间转换的过程中接触力会突变到 7N 左右，这类似于机器人在与外界环境接触时的试探过程，由于在设定的阈值之内，造成的影响会比较小。由图 7.15(b)可知，在机器人保持稳定时，与外界环境接触时的力值在 9.7N 左右，与期望的阈值(10N)比较接近；而如果要非常接近 10N，那么单纯采用位置控制难以实现使力值稳定在理想的阈值(10N)左右。

通过上述的位置控制试验测试，需在位置控制环的基础上添加导纳控制外环。如前所述，实验采用基于位置的阻抗控制，即导纳控制，控制的仿真如图 7.8 所示。通过位置控制可知，接触力值与期望的阈值存在一定的误差，需要通过外环的导纳控制减小误差值，调节接触力接近期望阈值。

由于参数的调节对于导纳控制的实现具有重要的意义，在进行参数调节时，根据总结的参数灵敏度调节规律，调节仿真实验中的 3 个控制参数。由于在导纳控制中刚度参数 K_a 的变化相对于阻尼参数 B_a、惯性参数 M_a 的变化对输出力值的影响较为敏感。因此在调节参数时，在控制仿真中通过着重调节刚度参数对于接触力值的影响如图 7.16 所示。

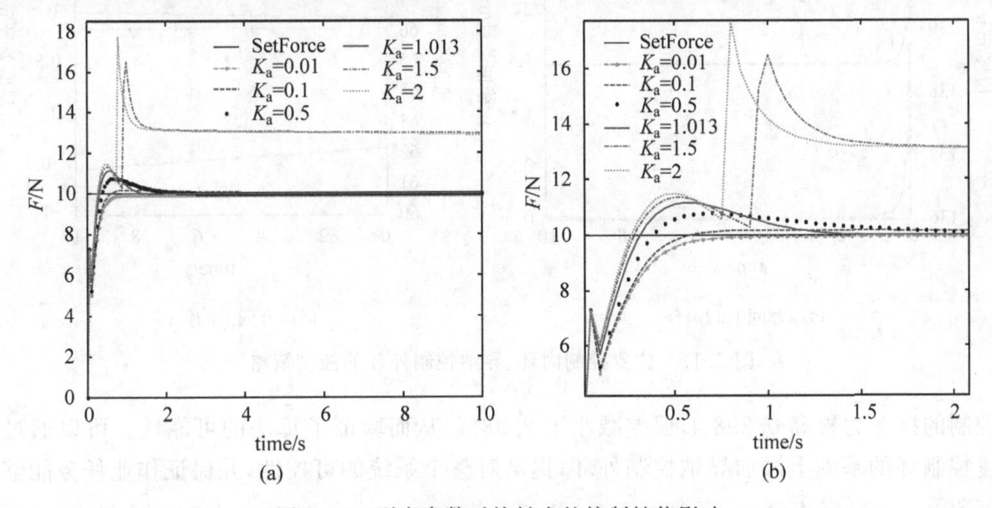

图 7.16　刚度参数对接触力的控制性能影响

图 7.16(b)为图 7.16(a)在前 2s 的局部放大图，在 0.1s 时，机器人由自由空间向接触空间过渡，该过程中主要以位置控制为主，变化 7N 左右，此处通过导纳控制对于接触时的瞬间力值调整时间没有改变，但此时的接触力值小于期望阈值，对于实际的机器人运动能够保证安全性。

根据参数灵敏度的规律主要调节对整个系统刚度系数 K_a，当参数调节过大时，会导致接触力值过大，最终稳定值也超出期望的阈值 4N 左右。由图 7.16 可知，当 $K_a=1.013$ 时的上升时间为 0.2s、超调量为 9.98%、稳定时间为 1.5s 左右，稳定值为 9.998N 左右。

由于阻尼系数和惯性系数对于整个系统的灵敏度影响比较小，对于控制参数 B_a 和 M_a 微调即可，取 $B_a=0.0545$，$M_a=0.2000$，此时的驱动力矩、接触力值及末端点的位移如图 7.17 所示。

在 x 方向上的位移量与期望的理想值非常接近，误差为 0.001，位置偏差量如图 7.17(c)所示。接触力的超调量相对于图 7.16(a)减小 0.5N 左右，稳定的力值为 9.998N，相对于位

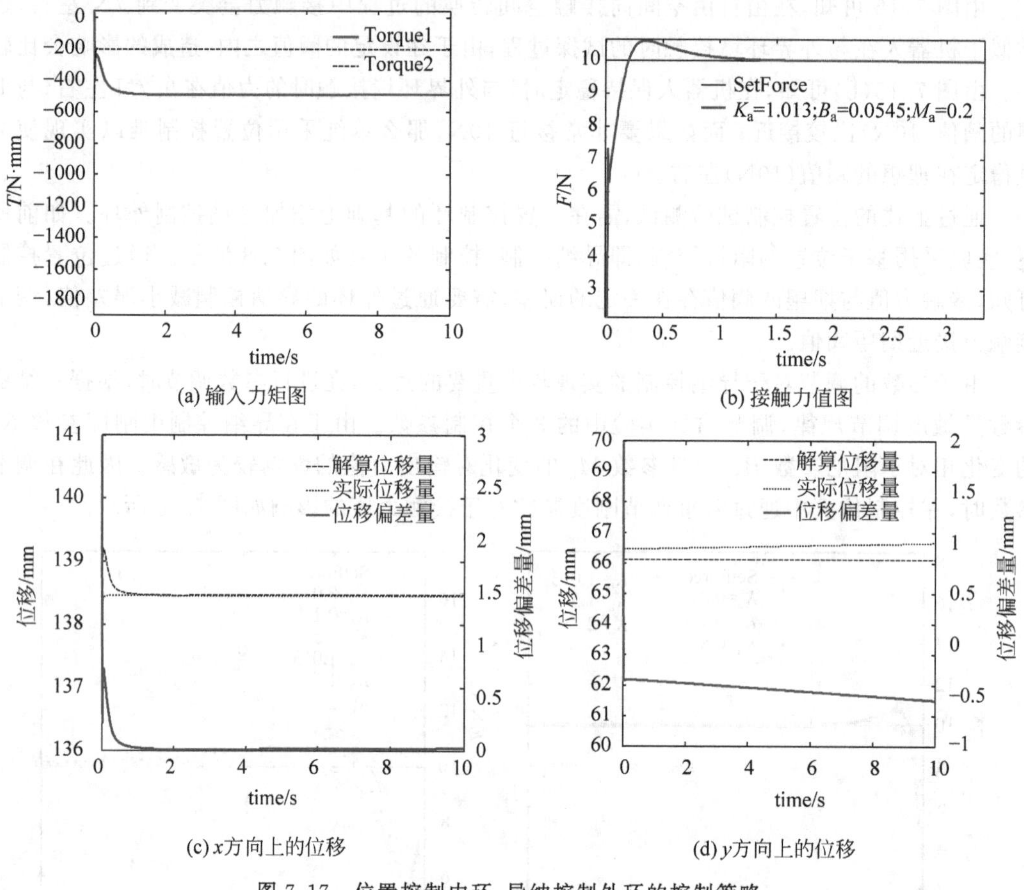

(a) 输入力矩图

(b) 接触力值图

(c) x方向上的位移

(d) y方向上的位移

图 7.17　位置控制内环、导纳控制外环的控制策略

置控制的接触力提高 0.298N，误差减小了 2.98%，从而验证了算法的可靠性。可以通过在位置控制环的基础上添加导纳控制外环，提高对整个系统的可控性，并保证作业任务能够顺利完成。

习题

7.1　简述 ADAMS 创建的虚拟样机与 MATLAB/Simulink 联合仿真的信息交互过程。

7.2　什么是阻抗控制？简述其优点与缺点。

7.3　什么是导纳控制？它与阻抗控制有什么不同？

7.4　若导纳关系式表示为 $f=m(\ddot{x}-\ddot{x}_0)+b(\dot{x}-\dot{x}_0)+k(x-x_0)$，试采用两种方法来实现导纳关系。

7.5　设定一个单质量块（参数自定），根据一维导纳公式 $f=m(\ddot{x}-\ddot{x}_0)+b(\dot{x}-\dot{x}_0)+k(x-x_0)$，使用 MATLAB/Simulink 进行模型的搭建，并测试该物体期望运动为静止和正弦曲线时的导纳控制效果。

第8章 工业机器人本体校准技术

CHAPTER 8

8.1 6自由度工业机器人本体校准概述

视频讲解

视频讲解

近年来,我国很多制造企业面临招工难、用工难以及劳动力成本迅速上升的问题。为了加快推动企业实现转型升级,不少地区正在全力推进"机器换人"战略,这进一步推动了我国工业机器人技术和应用的迅猛发展。2014 年被称为中国的"机器人元年";2015 年末,我国工业机器人保有量已经超过 40 万台,在 2020 年年底达到 100 万台。2021 年我国规模以上企业工业机器人产量为 36.3 万套,同比增长 44.9%,当前我国工业机器人保有量世界第一,已经成为全球最大的工业机器人市场。工业机器人技术已经被我国《中国制造 2025》行动纲领列为重点发展领域,也是我国实现"工业 4.0"的关键。

实现工业机器人作业离线编程的前提是工业机器人系统本身须有较高的位姿控制精度,包括具备较好的位置准确度、姿态准确度、距离准确度、轨迹准确度、拐角偏差等工业机器人性能评测指标(见国家标准 GBT 12642—2013 或国际标准 ISO 9283:1998)。工业机器人本体校准(部分文献也称为"标定")是实现这些共性关键指标的前提和基础。

此外,随着生产线上的工业机器人的使用时间累积,由于工业机器人本体关节减速器磨损和关节连杆变形等问题,机器人位姿精度很可能会逐步降低。由于我国多数机器人使用单位还未形成对于工业机器人控制精度周期性校准维护的制度,使用时间较长的工业机器人的关键性能指标往往处于"失控"状态,这是机器人生产线产品质量控制环节中的一个隐患,尤其是在一些对工业机器人位姿控制精度要求较高的工业生产领域,例如激光切割、机器人手术等领域。随着工业机器人使用年限的增加,机器人位姿和轨迹精度与稳定性都很可能明显降低,需要及时进行工业机器人本体的重新校准,以保证其在实际应用中的精度符合工作要求。由于多数工业机器人的运动误差主要是由于运动学几何模型参数误差导致,因此当前工业机器人的本体校准工作主要是指完成其运动学模型参数的辨识,包括各关节之间的连杆长度、连杆扭角、关节偏移等。实际中,关节转角作为机器人运动的控制变量。

工业机器人本体校准工作包括 4 个步骤,分别是建模、测量、参数辨识和误差补偿。第一步"建模"一般进行工业机器人运动学建模,包括基础 D-H 模型和改进 D-H 模型等是最常用的模型,同时也要实现测量设备、TCP 工具中心点(末端测量点)的坐标变换建模。有的机器人校准方案还要求在运动学模型基础上推导建立工业机器人微分运动学误差模型,得出位置和姿态误差与运动学模型几何参数误差的关系。第二步“测量”则采用高精度坐标测量设备对机器人末端 TCP 的位置或姿态进行测量，为后续参数辨识提供数据基础；这一步也可以基于固定点、平面、球面等实现 TCP 工具中心点的空间几何约束，从而为后续运动学模型几何参数的辨识提供约束条件。第三步“参数辨识”是指基于机器人运动学模型和 TCP 工具中心点位置（或姿态）数据，利用一些求解方法实现机器人运动学模型参数自身或参数误差的计算，求解方法可以是优化算法，包括最小二乘法、梯度下降法等。第四步“误差补偿”是指基于前述辨识得到的机器人运动学模型参数结果，对机器人控制器中的机器人参数进行更新，从而提高机器人运动控制精度。

有的学者把工业机器人校准（标定）分为两个级别：第一个级别是关节转角的校准；第二个级别是每个关节对应的连杆长度、连杆扭角、关节偏移（即 6 个关节共 3×6＝18 个参数）的校准。

第一级校准的目的是保证从关节传感器中读出正确的关节转角位置。在目前的工业水平下，关节传感器的增益一般都被设定得很准确。第一级校准的补偿也很简单，通常为关节转角的线性补偿。在很多情况下，这一个步骤是作为机器人生产过程中的一部分，当然用户有时候也可以自己完成这一校准工作。

第二级校准的目标是提高机器人运动学模型的准确性，以及关节传感器和实际关节位置之间的关系。第二级校准决定了关节和连杆之间的空间运动学关系，这也是一般工业界对机器人校准所需要达到的目的。第二级校准必须考虑机器人运动学建模问题。

考虑到工业生产中 6 自由度串联关节型工业机器人的应用普遍性，本章后续介绍的机器人校准技术都是针对该类型的工业机器人进行介绍，其他例如 Scara 机器人、并联机器人和直角坐标机器人等不同类型机器人的校准方法可以自行查阅资料和举一反三。

视频讲解

8.2 工业机器人本体校准数学建模和编程

视频讲解

工业机器人主要部件包括基座、腰部、大臂、小臂、手部、腕部，其中小臂一般包含了摆动和旋转两个关节，而基座一般固定不动（见图 8.1）。因此总共 6 个活动关节，分别记为关节 $i(i=1,2,\cdots,6)$，而基座可以记为关节 0。为不失一般性，本章基于基础 D-H 模型进行工业机器人运动学分析，逐个关节完成从机器人腕部（关节 6）坐标系到机器人基座坐标系（关节 0）的 6 次坐标变换。

例如，从关节 i 到关节 $i-1(i=1,2,\cdots,6)$ 对应的坐标系变换涉及 4 个几何参数，包括连杆长度 a_i、连杆扭角 α_i、关节偏移 d_i、关节转角 θ_i。那么，根据 D-H 模型理论，从关节 i 到关节 $i-1$ 这两个关节坐标系之间的变换矩阵为

$$
{}_{i-1}^{\;\;i}\boldsymbol{T}=\begin{bmatrix} \cos\theta_i & -\sin\theta_i\cos\alpha_i & \sin\theta_i\sin\alpha_i & a_i\cos\theta_i \\ \sin\theta_i & \cos\theta_i\cos\alpha_i & -\cos\theta_i\sin\alpha_i & a_i\sin\theta_i \\ 0 & \sin\alpha_i & \cos\alpha_i & d_i \\ 0 & 0 & 0 & 1 \end{bmatrix} \tag{8.1}
$$

其中 $i=1,2,\cdots,6$，则 6 自由度工业机器人的末端（腕部，关节 6）坐标系转换为基座坐标系的转换矩阵 $\boldsymbol{T}$ 可以表示为

$$
\boldsymbol{T}=\boldsymbol{T}_0^1\cdot\boldsymbol{T}_1^2\cdot\boldsymbol{T}_2^3\cdot\boldsymbol{T}_3^4\cdot\boldsymbol{T}_4^5\cdot\boldsymbol{T}_5^6 \tag{8.2}
$$

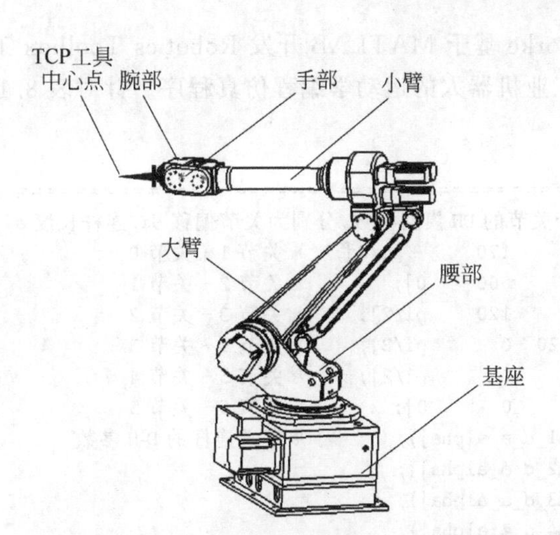

图 8.1　6 自由度工业机器人的主要部件

若假设机器人末端 TCP 工具中心点在第六关节坐标系中的坐标为$[x_t,y_t,z_t]^T$，则其在机器人基座坐标系中的坐标$[x_j,y_j,z_j]^T$为

$$[x_j,y_j,z_j,1]^T=T\cdot[x_t,y_t,z_t,1]^T \tag{8.3}$$

由式(8.1)～式(8.3)可见，TCP 工具中心点在机器人基座坐标系中的坐标$[x_j,y_j,z_j]^T$由连杆长度a_i、连杆扭角α_i、关节偏移d_i和关节转角θ_i决定，其中连杆长度a_i、连杆扭角α_i、关节偏移d_i为常量，关节转角θ_i是变量。工业机器人控制系统通过改变伺服电机的转角改变关节转角θ_i，实现机器人不同位姿的控制。

所谓机器人运动学正解，即基于各关节转角θ_i和已知的各关节的连杆长度a_i，连杆扭角α_i，关节偏移d_i，计算机器人末端或者 TCP 工具中心点的位置和姿态，其中位置坐标根据式(8.3)计算，姿态信息包含于式(8.2)表示的坐标系转换矩阵当中。

所谓机器人运动学逆解，即根据已知的各关节的连杆长度a_i、连杆扭角α_i、关节偏移d_i以及要求的工业机器人末端或者 TCP 工具中心点的位置和姿态，计算各关节转角θ_i。机器人逆解有时候非唯一，需要根据关节转角的运动范围或者适合位姿进行取舍。

本章以 ABB IRB1410 工业机器人参数(见表 8.1)为例，介绍机器人正解和逆解的计算实现。限于篇幅本章不考虑关节 4、关节 5、关节 6 这 3 个关节的耦合问题。实际当中，应当先判断工业机器人关节 4、关节 5、关节 6 判断有无耦合运动，有则先校准耦合比。

表 8.1　ABB 公司 IRB1410 工业机器人运动学模型参数

对 应 关 节	关节偏移 d_i(mm)	连杆长度 a_i(mm)	连杆扭角 α_i(rad)
基座-1	475	170	$-\pi/2$
1-2	0	600	0
2-3	0	120	$\pi/2$
3-4	−720	0	$\pi/2$
4-5	0	0	$\pi/2$
5-6	85	0	0

本章利用 Peter Corke 基于 MATLAB 开发 Robotics Toolbox 工具箱(版本 10.3.1)，给出 ABB IRB 1410 工业机器人的运动学编程仿真程序。针对表 8.1 的机器人运动学正解程序如下：

```
% ==================================================================
%工业机器人的6个关节的DH模型参数,分别为关节偏移di,连杆长度ai,连杆扭角αi
L1_d_a_alpha=[475     170      -pi/2];    %关节1-关节0
L2_d_a_alpha=[0       600      0];        %关节2-关节1
L3_d_a_alpha=[0       120      pi/2];     %关节3-关节2
L4_d_a_alpha=[-720    0        pi/2];     %关节4-关节3
L5_d_a_alpha=[0       0        pi/2];     %关节5-关节4
L6_d_a_alpha=[85      0        0];        %关节6-关节5
L1=Link([0       L1_d_a_alpha]);          %定义连杆的D-H参数
L2=Link([0       L2_d_a_alpha]);
L3=Link([0       L3_d_a_alpha]);
L4=Link([0       L4_d_a_alpha]);
L5=Link([pi      L5_d_a_alpha]);
L6=Link([0       L6_d_a_alpha]);          %计算位姿的时候使用机器人自身的参数,不包括TCP
robot6=SerialLink([L1 L2 L3 L4 L5 L6],'name','6R_Robot'); %定义机器人
TCPxyzInJoint6=[100 0 300];               %定义TCP工具中心点在第六个关节坐标系中的坐标
ThetaInput=[0 -pi/2 0 0 0 0]; %定义6个关节的关节转角(可理解为伺服电机经减速器输出的转角)
%下面利用工具箱API函数实现正解
T=fkine(robot6,ThetaInput);               %DH正解,T为变换矩阵
TransRotaMatrixExact=[T.n T.o T.a T.t]; %精确的转换矩阵
TransRotaMatrixExact=[TransRotaMatrixExact;[0 0 0 1]]; %补上第四行
PositionEnd=transl(T);                    %计算机器人末端坐标
%计算T对应的姿态,默认单位弧度
%RPY是1x3向量[R,P,Y],对应依次绕着Z轴、Y轴和X轴的旋转角
RPY = tr2rpy(T);
%计算得到TCP点在机器人基坐标下的坐标ExactPositionTCP
TCPxyzInJoint1Exact=TransRotaMatrixExact*[TCPxyzInJoint6 1]';
ExactPositionTCP=TCPxyzInJoint1Exact(1:3);
ExactPositionTCP=ExactPositionTCP';
%显示机器人位姿仿真图
robot6.plot(ThetaInput);
robot6.display();
% ==================================================================
```

基于上述程序和 Robotics Toolbox 工具箱，该 6 自由度机器人的位置和姿态三维仿真图输出如图 8.2 所示。

Robotics Toolbox 工具箱具有强大的机器人建模分析功能。此外，也可以基于上述程序和 Robotics Toolbox 工具箱，进一步进行机器人运动学逆解仿真计算，得出的 6 个关节转角。对于有的末端位姿，该工具箱有时并不能给出逆解。

```
% ==================================================================
%下面为运动学逆解程序示例
DesiredPosition=[900,250,550];          %机器人需要的末端位置坐标
DesiredPose=[pi -pi/4 0];               %机器人需要的末端姿态角
Tall=rpy2tr(DesiredPose);               %根据末端姿态计算转换矩阵
Tall(1:3,4)=DesiredPosition';           %把位置信息放在转换矩阵第四列的上面3个位置
Qi_inv=ikine(robot6,Tall);              %可以逆解得到对应的6个关节转角Qi_inv,单位为弧度
% ==================================================================
```

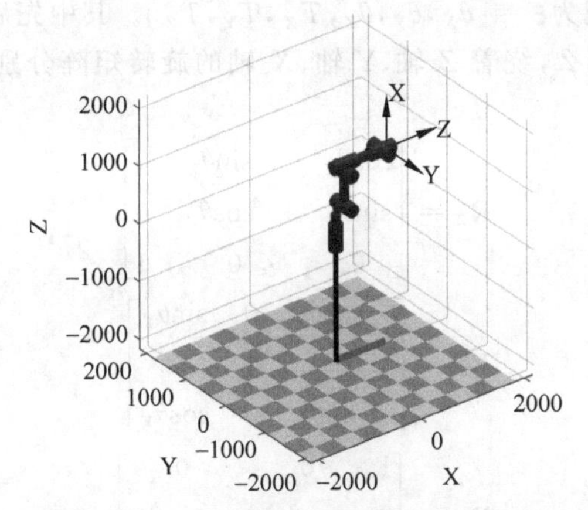

图 8.2 仿真得到的 6 自由度机器人位姿图

对于工业机器人校准,常用微分运动学误差模型,得到机器人末端位置误差和机器人运动学模型参数误差之间的数学解析关系。再基于该数学解析关系,利用实验得到的机器人末端位置误差,求解机器人运动学模型参数误差,实现运动学模型参数补偿,完成机器人校准工作。对于一个给定的机器人,记各关节的关节转角为向量 $\boldsymbol{Q}=[\theta_1,\theta_2,\theta_3,\theta_4,\theta_5,\theta_6]$,该向量与机器人末端位置 $\boldsymbol{S}$ 的关系可以用机器人运动学正解 $F(\cdot)$ 和逆解 $I(\cdot)$ 分别表示为

$$\boldsymbol{S}=F(\boldsymbol{Q},\boldsymbol{\Phi}) \tag{8.4}$$

$$\boldsymbol{Q}=I(\boldsymbol{S},\boldsymbol{\Phi}) \tag{8.5}$$

其中,$\boldsymbol{\Phi}$ 表示 6 个关节对应的连杆长度、连杆扭角、关节偏移等参数组成的参数向量(如前所述共 18 个参数)。假设 $\boldsymbol{Q}$、$\boldsymbol{S}$、$\boldsymbol{\Phi}$ 的真实值分别记为 $\boldsymbol{Q}_a$、$\boldsymbol{S}_a$、$\boldsymbol{\Phi}_a$,并且也有

$$\boldsymbol{S}_a=F(\boldsymbol{Q}_a,\boldsymbol{\Phi}_a) \tag{8.6}$$

由式(8.4)和式(8.6)得

$$\boldsymbol{S}-\boldsymbol{S}_a=\boldsymbol{S}=F(\boldsymbol{Q},\boldsymbol{\Phi})-F(\boldsymbol{Q}_a,\boldsymbol{\Phi}_a) \tag{8.7}$$

记 $\Delta\boldsymbol{S}=\boldsymbol{S}-\boldsymbol{S}_a$,$\Delta\boldsymbol{\Phi}=\boldsymbol{\Phi}-\boldsymbol{\Phi}_a$,$\Delta\boldsymbol{Q}=\boldsymbol{Q}-\boldsymbol{Q}_a$,则

$$\Delta\boldsymbol{S}=\frac{\partial F}{\partial \boldsymbol{\Phi}}\Delta\boldsymbol{\Phi}+\frac{\partial F}{\partial \boldsymbol{Q}}\Delta\boldsymbol{Q} \tag{8.8}$$

大部分机器人校准的原理都是基于式(8.8)的误差模型实现的。

工业机器人校准的过程可以认为是基于 $\Delta\boldsymbol{S}$,确定机器人运动学模型参数误差 $\Delta\boldsymbol{\Phi}$ 和 $\Delta\boldsymbol{Q}$ 的过程;另一方面,工业机器人校准的过程也是基于 $\Delta\boldsymbol{S}$,确定机器人运动学模型参数真实值 $\boldsymbol{\Phi}_a$ 和 $\boldsymbol{Q}_a$ 的过程。这两种视角本质上是一致的。

这里需要说明的是,从机器人控制系统中读取的 6 个关节的关节转角向量 $\boldsymbol{Q}=[\theta_1,\theta_2,\theta_3,\theta_4,\theta_5,\theta_6]$,由于和机器人各关节坐标系定义的关节转角的零点不同,因此 $\boldsymbol{Q}$ 和 $\boldsymbol{Q}_a$ 有可能差值较大,但是一般可以假定这个差值是确定的。

不少文献介绍的工业机器人校准过程都是基于式(8.8),采用最小二乘法、牛顿法进行 $\Delta\boldsymbol{\Phi}$ 和 $\Delta\boldsymbol{Q}$ 的辨识计算。本章把机器人校准问题视为参数优化辨识问题,介绍如下。

假定机器人校准时,使用测量设备测量机器人末端(或 TCP 点)位置,而机器人基坐标系(关节 0 坐标系)到测量坐标系的坐标变换可以用旋转向量 $[\theta_X,\theta_Y,\theta_Z]$ 和平移向量

$[T_X, T_Y, T_Z]$刻画，标记为$\boldsymbol{\xi}=[\theta_X, \theta_Y, \theta_Z, T_X, T_Y, T_Z]$。其中先后绕着 Z 轴、Y 轴、X 轴旋转，然后完成平移。那么，绕着 Z 轴、Y 轴、X 轴的旋转矩阵分别记为$\boldsymbol{R}_Z$、$\boldsymbol{R}_Y$、$\boldsymbol{R}_X$，表示如下：

$$\boldsymbol{R}_Z=\begin{bmatrix}\cos\theta_Z & -\sin\theta_Z & 0\\ \sin\theta_Z & \cos\theta_Z & 0\\ 0 & 0 & 1\end{bmatrix} \tag{8.9}$$

$$\boldsymbol{R}_Y=\begin{bmatrix}\cos\theta_Y & 0 & \sin\theta_Y\\ 0 & 1 & 0\\ -\sin\theta_Y & 0 & \cos\theta_Y\end{bmatrix} \tag{8.10}$$

$$\boldsymbol{R}_X=\begin{bmatrix}1 & 0 & 0\\ 0 & \cos\theta_X & -\sin\theta_X\\ 0 & \sin\theta_X & \cos\theta_X\end{bmatrix} \tag{8.11}$$

从机器人基坐标系变换到测量坐标系的旋转矩阵为$\boldsymbol{R}_{\text{all}}=\boldsymbol{R}_X\boldsymbol{R}_Y\boldsymbol{R}_Z$，为 3×3 矩阵。也就是说，如果平移向量为$[T_X, T_Y, T_Z]$，假设原坐标系的坐标为$[x_C, y_C, z_C]$，则新坐标系的坐标$[x_j', y_j', z_j']$可以计算如下

$$[x'_j, y'_j, z'_j, 1]^{\mathrm{T}}=\boldsymbol{T}_{\mathrm{M}}^0\cdot[x_C, y_C, z_C, 1]^{\mathrm{T}} \tag{8.12}$$

其中考虑到平移变换和计算简便，从机器人基坐标系变换到测量坐标系的变换矩阵可以表示为 4×4 的矩阵 $\boldsymbol{T}_{\mathrm{M}}^0$

$$\boldsymbol{T}_{\mathrm{M}}^0=\begin{bmatrix}\boldsymbol{R}_{\text{all}} & [T_X T_Y T_Z]'\\ \boldsymbol{0}_{1\times3} & \boldsymbol{1}\end{bmatrix} \tag{8.13}$$

基于上述计算公式，任意两个坐标系之间的坐标变换程序如下所示，对应的 MATLAB 程序如下：

```
function PnewV = CoordinTransformRobotInstrunment(PoldV,PtransV,RotateV)
% 两个坐标系之间的坐标变换程序,先绕着 Z 轴旋转,再 Y 轴,再 X 轴,再平移
% PoldV 是老的三维坐标,3x1
% RotateV 是旋转向量  3x1 [θX = alpha, θY = theta, θZ = phi]'
% PtransV 是平移向量  3x1 [TX, TY, T]'
% PnewV 是输出的新的三维坐标,3x1
alpha = RotateV(1);
theta = RotateV(2);
  phi = RotateV(3);
Ralpha = [1      0            0;
          0 cos(alpha) - sin(alpha);
          0 sin(alpha) cos(alpha)];
Rtheta = [cos(theta)    0    sin(theta);
             0          1     0;
          - sin(theta)  0   cos(theta)];
Rphi = [cos(phi)       - sin(phi)     0;
        sin(phi)         cos(phi)     0;
          0               0           1];
PnewV = Ralpha * Rtheta * Rphi * PoldV + PtransV;   % 先绕着 Z 轴旋转,再 Y 轴,再 X 轴,再平移
```

因此，假设机器人某位姿下其端部或者 TCP 点的坐标在测量坐标系下分别为$[x_{\text{ot}}, y_{\text{ot}}, z_{\text{ot}}]^{\mathrm{T}}$和$[x_{\text{tt}}, y_{\text{tt}}, z_{\text{tt}}]^{\mathrm{T}}$。而其端部和 TCP 点关节 6 坐标系下的坐标可以分别表示$[0\ 0\ 0]^{\mathrm{T}}$ 和

$[x_t, y_t, z_t]^T$，则可得

$$[x_{ot}, y_{ot}, z_{ot}, 1]^T = \boldsymbol{T}_M^0 \cdot \boldsymbol{T} \cdot [0,0,0,1]^T \tag{8.14}$$

$$[x_{tt}, y_{tt}, z_{tt}, 1]^T = \boldsymbol{T}_M^0 \cdot \boldsymbol{T} \cdot [x_t, y_t, z_t, 1]^T \tag{8.15}$$

将式(8.2)代入式(8.14)和式(8.15)可得

$$[x_{ot}, y_{ot}, z_{ot}, 1]^T = \boldsymbol{T}_M^0 \cdot \boldsymbol{T}_0^1 \cdot \boldsymbol{T}_1^2 \cdot \boldsymbol{T}_2^3 \cdot \boldsymbol{T}_3^4 \cdot \boldsymbol{T}_4^5 \cdot \boldsymbol{T}_5^6 \cdot [0,0,0,1]^T \tag{8.16}$$

$$[x_{tt}, y_{tt}, z_{tt}, 1]^T = \boldsymbol{T}_M^0 \cdot \boldsymbol{T}_0^1 \cdot \boldsymbol{T}_1^2 \cdot \boldsymbol{T}_2^3 \cdot \boldsymbol{T}_3^4 \cdot \boldsymbol{T}_4^5 \cdot \boldsymbol{T}_5^6 \cdot [x_t, y_t, z_t, 1]^T \tag{8.17}$$

工业机器人校准时，一般很难测量端部的位置(即关节6坐标系原点)，而是测量某机器人端部上面的某固定点(即TCP点)。

式(8.15)给出了从关节6坐标系变换到测量仪器坐标系的坐标转换计算方法。由式(8.1)和式(8.12)可以看出，该坐标转换计算一共涉及：

(1) 基坐标系(关节0)到测量坐标系的坐标变换参数有6个，记为$\boldsymbol{\xi}$；

(2) 6个关节对应的连杆长度、连杆扭角、关节偏移等参数$\boldsymbol{\Phi}$；

(3) 以及关节转角误差$\Delta\boldsymbol{Q}$(必须注意的是，在不同的机器人位置，6个关节的关节转角读数是不同的，但是可以假设各关节的关节转角误差是不变的)；

(4) TCP点在关节6坐标系中的3个坐标值$[x_t, y_t, z_t]$。因此，式(8.15)表示的关节6坐标系变换到测量仪器坐标系的坐标转换共包含$6+3\times6+6+3=33$个参数。工业机器人校准时，必须固定测量仪器以及工业机器人基座，而机器人关节间的D-H模型参数也是不变的，并且TCP点在关节6坐标系中的3个坐标值也是相对固定的。因此在某次机器人校准中，上述33个参数是固定的。综上所述，可以用一个函数标记$f_T(\cdot)$来表示式(8.12)的变换关系，即：

$$[x_{tt}, y_{tt}, z_{tt}] = f_T(x_t, y_t, z_t, \Delta\boldsymbol{Q}, \boldsymbol{\Phi}, \boldsymbol{\xi}) \tag{8.18}$$

工业机器人校准就是要辨识出上述33个参数：$\Delta\boldsymbol{Q}$、$\boldsymbol{\Phi}$和$\boldsymbol{\xi}$以及TCP点在关节6坐标系中的3个坐标值。

工业机器人校准的参数辨识可以建模为优化问题，优化目标是机器人某位姿下其TCP点的位置测量结果$[x_{tm}, y_{tm}, z_{tm}]^T$和坐标变换结果$[x_{tt}, y_{tt}, z_{tt}]^T$尽可能接近。假定TCP点测量位置共$N$个，该优化问题可以表示为

$$\begin{aligned}&\min\sum\nolimits_N \|[x_{tm}, y_{tm}, z_{tm}] - [x_{tt}, y_{tt}, z_{tt}]\| \\ &= \min\sum\nolimits_N \sqrt{(x_{tm}-x_{tt})^2 + (y_{tm}-y_{tt})^2 + (z_{tm}-z_{tt})^2}\end{aligned} \tag{8.19}$$

式(8.19)可以根据校准测量方案或者校准约束方案进行修改。

本章介绍的工业机器人校准方法是：根据式(8.18)，在某组给定的参数ΔQ、$\boldsymbol{\Phi}$和$\boldsymbol{\xi}$下，计算得到变换坐标$[x_{tt}, y_{tt}, z_{tt}]^T$；然后，基于式(8.19)计算坐标转换点和测量的距离作为评估函数输出；最后利用一种优化算法，求解式(8.19)的最优问题，得到参数ΔQ、$\boldsymbol{\Phi}$和$\boldsymbol{\xi}$的辨识结果，其中ΔQ和$\boldsymbol{\Phi}$就是需要的机器人D-H参数。参数$\boldsymbol{\Phi}$在很多文献中也表示为$\Delta\boldsymbol{\Phi}$，即参数真实值与当前参数值之间的误差，由于存储在机器人控制器中的当前参数值已知，辨识结果是参数$\boldsymbol{\Phi}$还是$\Delta\boldsymbol{\Phi}$本质上是一样的。

此外，由于每个测量点有x_{tm}、y_{tm}、z_{tm}三个坐标值，考虑到优化问题中的方程式数量和未知变量(即33个参数)的数目关系，工业机器人校准时一般可以选择50个左右的测量点。

误差补偿是机器人本体标定的最后一个环节，一般通过误差补偿可以有效提升机器人的绝对定位精度。在机器人厂家开放了机器人控制器 D-H 模型修改接口的情况下，误差补偿可以直接输入控制器模型参数列表，形成新的 D-H 模型参数；根据指令位姿，机器人控制器基于机器人运动学反向求解，计算机器人反向求解新的关节转角。但是部分机器人厂家并不对用户提供底层控制器模型修改接口。因此，这时候为了实现模型补偿并提高机器人绝对精度，可以在外部利用新 D-H 模型计算关节转角值，并通过通信接口将这些值直接传输给机器人控制器完成动作。

视频讲解

8.3 工业机器人本体校准测量设备简介

视频讲解

工业机器人校准时应当根据测量方案，获取不同姿态下机器人末端执行器的精确位置或位姿数据。测量系统的精度应高于机器人校准精度的要求。采用约束构建封闭运动链，也可以实现工业机器人的校准。

当前，我国工业界仍然普遍采用顶尖对齐的测量（约束）方式，或者使用球面约束方式，并通过校准人员的肉眼观察和比较，完成工业机器人几何参数误差自校准和补偿（式(8.19)的优化目标改为这些测量点之间的距离最小）。然而，采用人工肉眼观察的方式，无法给出精确定位结果和定位误差，有些情况下在校准之后甚至导致定位误差进一步加大，难以保证工业机器人的校准效果。因此，优良的工业机器人校准必须依赖高精密的测量系统，主要采用的测量系统包括视觉测量系统、激光跟踪仪、关节臂测量机、拉线传感器测量系统、激光位置传感器和三坐标测量机等。

图 8.3 激光跟踪仪实物

如图 8.3 所示，激光跟踪仪是一种高精度的大尺寸工业测量系统。它涉及激光测距技术、光电探测技术、精密机械技术、计算机测控技术等各种先进技术，对空间运动目标进行跟踪并实时测量目标的空间三维坐标。它具有高精度、高效率、实时跟踪测量、安装快捷、操作简便等特点，适合于大尺寸工件装配测量。激光跟踪仪必须配合靶球（SMR）使用，靶球固定安装于机器人末端法兰某处。激光跟踪仪发射激光，通过靶球对激光的反射，对靶球进行位置跟踪。激光跟踪仪安装有高精度编码器，配合激光测距技术，可以得到靶球反射点（测量点）的球心坐标，即俯仰角、偏航角和距离，据此可以转换为三维直角坐标，精度可达微米级。

激光跟踪仪的激光测距有两种模式：一种是 ADM（相对距离模式），根据激光飞行时间测距；另一种是 IFM（干涉仪模式）模式，根据激光干涉原理进行测距。在 ADM 模式下，允许激光束被遮断，但是测量动态性能较差；在 IFM 模式下，不允许激光束被遮断，但是测量动态性能较好。

由于激光跟踪仪的优点，目前在专业的工业机器人校准工作中应用最广泛，但是该仪器价格昂贵，机器制造企业和用户中无法普及。应用激光跟踪仪可以获得较好的校准效果，例如有研究案例中对 KUKA 公司某 6 自由度机器人进行校准和绝对定位误差测量，校准前后的绝对定位误差从 3.5mm 下降到 0.3mm。

视觉测量系统是工业机器人校准性价比较高的测量方案，主要为双目视觉测量系统。双目视觉测量系统(见图 8.4)是机器视觉的一种重要应用，该系统基于视差原理并利用至少两幅图像来计算物体三维几何信息的方法。双目视觉测量系统一般由双摄像机从不同角度同时获得被测物(一般可以是特定颜色的靶球)的两幅数字图像，然后基于视差原理恢复出物体的三维几何信息(如靶球球心坐标)，有的系统也能重建物体三维轮廓及位置。双目视觉测量系统价格不高，测量精度也一般，在工业机器人校准领域有一定的应用。

关节臂测量机是一种便携式三坐标设备，如图 8.5 所示。它也是一种旋转关节中安装有高精度编码器的多关节多自由度串联机器人手臂，但各关节一般没有驱动电机，依靠手臂端部的外加牵引力运动，根据各关节编码器给出的转角读数计算端部的三维坐标。赵俊伟等将工业机器人与关节臂测量机对接，由工业机器人带动关节臂测量机在工作空间进行自动测量、误差检测与补偿。张绪烨等应用带有激光扫描装置的关节臂测量机进行 6 自由度工业机器人运动学校准。

图 8.4 双目立体视觉三维测量系统

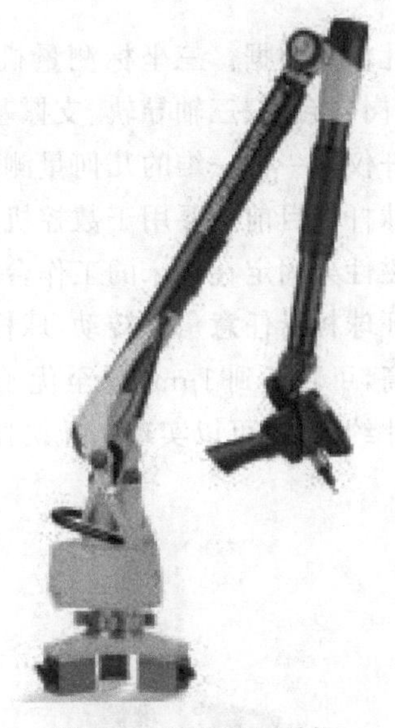

图 8.5 关节臂测量机

采用 3 或 4 个高精度拉线位移传感器与机器人末端相连，可测量机器人在不同姿态下线缆的长度，称为拉线传感器系统，如图 8.6 所示。

此外，激光位置传感器(Position Sensitive Detector，PSD)也可以应用于工业机器人校准研究，如图 8.7 所示。

三坐标测量机作为最传统的几何量测量设备之一，可以应用于工业机器人校准中，如图 8.8 所示。三坐标测量机的基本原理是将被测零件置于测量空间，利用测头精密地测出被测零件表面某点在 X、Y、Z 三个坐标位置的数值，然后根据这些点的数值经过计算机数据处理，拟合形成测量元素，如圆、球、圆柱、圆锥、曲面等，经过数学计算得出形状、位置公差

图 8.6　拉线传感器系统

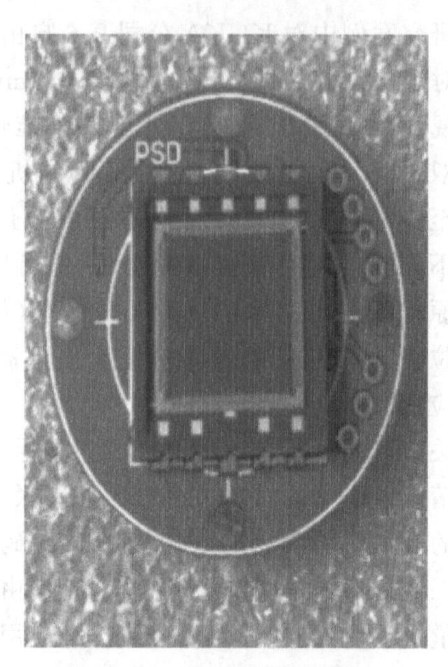

图 8.7　激光位置传感器

及其他几何量数据。三坐标测量机主要由测头系统、测控系统、电气驱动系统和机械部件(包括花岗岩台面、三轴导轨、支撑基架等)等组成，目前广泛适用于各类制造企业。

球杆仪是一种一维的几何量测量装置，可将之视为一种升级版的电子千分表，如图 8.9 所示。球杆仪目前主要用于数控机床的性能测试和诊断。球杆仪的两端均为精密球体，一端通过磁性架固定在机床的工作台上，另一端则固定在机床的主轴上，球杆和球座的连接方式能保证球杆沿任意角度转动，球杆中靠近主轴一端带有线性位移传感器。球杆仪的优点是精度高，可以达到 1μm，甚至优于 0.1μm，价格适中。利用球杆仪实现机器人端部 TCP 点的尺寸约束，也可以实现工业机器人校准。

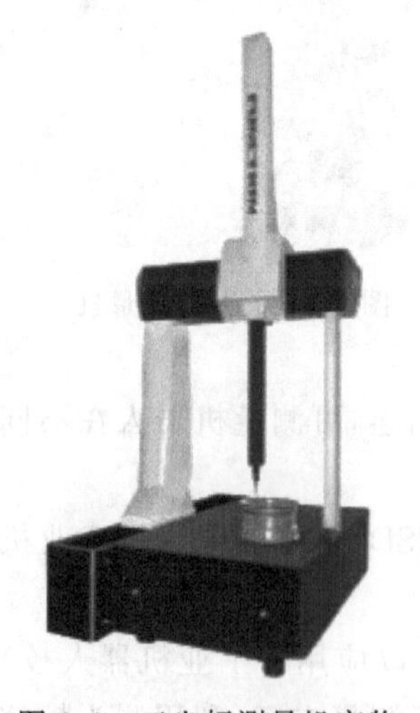

图 8.8　三坐标测量机实物

图 8.9　球杆仪实物

上述工业机器人校准测量系统对比分析总结如表 8.2 所示。

表 8.2 工业机器人校准测量系统对比

系统名称	测量精度示例	测量范围示例	价格示例	缺点
视觉跟踪系统	1500μm	2m×2m×1m	4 万元	测量误差大,不能满足常规机器人校准
激光跟踪仪	10±6μm/m	100m	80 万元	价格昂贵,单台设备无法动态测量机器人姿态
关节臂测量机	25μm	1.5m	65 万元	价格昂贵,不便于携带
拉线传感器测量系统	150μm	2m×2m×2m	50 万元	测量精度相对较差,性价比低
激光位置传感器	15μm	8mm×8mm	3 万元	测量范围很小,只适用于校准需求的点约束
三坐标测量机	5μm	2m×2m×1m	70 万元	设备移动困难,无法实现机器人动态测量
球杆仪	0.1μm	1mm	10 万元	只能测量单方向微小位移,操作不方便
点/平面/球面约束装置	—	—	0.3 万元	依靠肉眼观察约束接触状况,校准精度低

8.4 工业机器人本体校准仿真分析

本节介绍工业机器人校准仿真,给出仿真的 MATLAB 程序,帮助读者了解机器人校准工作的实质内容和存在问题。

工业机器人校准仿真一般的工作步骤如图 8.10 所示,仿真程序如后所示。其中假定采用激光跟踪仪进行工业机器人的 TCP 点位置测量,测量点的数量为 50 个。本节涉及的长度参数单位均为 mm,角度参数单位均为弧度。

仿真中首先应当给定参数,如图 8.10 的第 1 步所示,包括设定机器人 D-H 模型参数真实值$\boldsymbol{\Phi}_a$及其参数误差 $\Delta\boldsymbol{\Phi}$(或者控制器内名义值$\boldsymbol{\Phi}$和参数误差 $\Delta\boldsymbol{\Phi}$),各个关节的转角误差 $\Delta\boldsymbol{Q}$,以及机器人基坐标系和测量仪器坐标系的坐标变换参数(描述两个坐标系的坐标变换关系)。本节仿真的连杆长度 a_i、连杆扭角 α_i、关节偏移 d_i 的参数误差如表 8.3 所示。另一方面,6 个关节的关节转角误差 $\Delta\boldsymbol{Q}$ 依次合并为一个行向量,记为[−0.0005 −0.0001 0.0004 0.0003 0.0001 −0.0002],单位为弧度。机器人基坐标系和测量仪器坐标系的坐标变换: 旋转向量为[0.011,0.032,0.5],单位为弧度; 平移向量为[2232,803,−254],单位为 mm,仿真程序中这两个参数向量合并为一个,记为 ksi。

表 8.3 仿真中机器人连杆长度、连杆扭角、关节偏移的参数误差

对应关节	关节偏移 d_i 误差/mm	连杆长度 a_i 误差/mm	连杆扭角α_i 误差/rad
基座-1	0.492	−0.195	−0.13572
1-2	0.279	−0.193	0.04948
2-3	0.279	−0.193	−0.05005
3-4	0.045	−0.557	0.06600
4-5	−0.285	0.029	0.00864
5-6	−0.471	−0.001	0.01755

激光跟踪仪能测得 TCP 点的三维坐标，这里 TCP 点是指安装固定在机器人端部的靶球（SMR）中心点。激光跟踪仪测量时必须有靶球配合反射激光束。而靶球固定在机器人端部之后，不论机器人怎么运动，靶球在关节 6 的坐标系的相对位置是不变的，如图 8.10 的第 2 步所示参数，这个参数设置为$[x_t, y_t, z_t]=[20,33,2]$。此外，设定机器人的 50 个测量点坐标。受机器人运动学模型的正解和逆解求解特性，以及后续说明的参数辨识优化方法的寻优特性影响，测量点位置和姿态经常会影响最终的机器人参数校准结果。本节为说明校准原理，只是随机选择了 50 个测量点。由仿真程序示例中可见，这些测量点存储在变量 DesignedPoints 中。同时，为简单起见，这些 50 个测量点的姿态都设置为相同，存储在变量 DesiredPose 中。

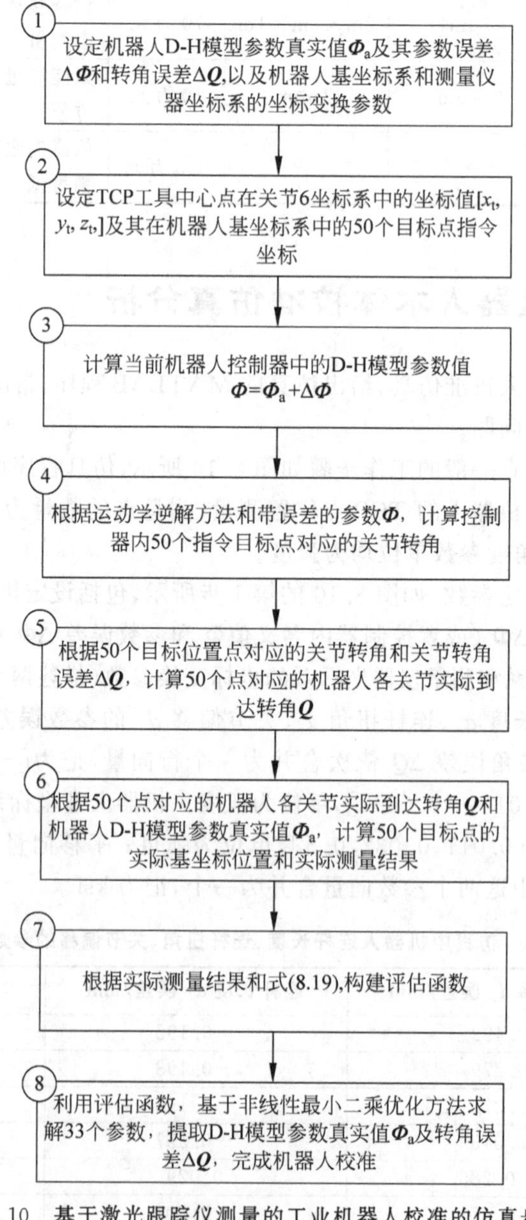
1
设定机器人D-H模型参数真实值$\boldsymbol{\Phi}_a$及其参数误差$\Delta\boldsymbol{\Phi}$和转角误差$\Delta\boldsymbol{Q}$,以及机器人基坐标系和测量仪器坐标系的坐标变换参数
2
设定TCP工具中心点在关节6坐标系中的坐标值[x_t, y_t, z_t]及其在机器人基坐标系中的50个目标点指令坐标
3
计算当前机器人控制器中的D-H模型参数值
$\boldsymbol{\Phi}=\boldsymbol{\Phi}_a+\Delta\boldsymbol{\Phi}$
4
根据运动学逆解方法和带误差的参数$\boldsymbol{\Phi}$，计算控制器内50个指令目标点对应的关节转角
5
根据50个目标位置点对应的关节转角和关节转角误差$\Delta\boldsymbol{Q}$，计算50个点对应的机器人各关节实际到达转角$\boldsymbol{Q}$
6
根据50个点对应的机器人各关节实际到达转角$\boldsymbol{Q}$和机器人D-H模型参数真实值$\boldsymbol{\Phi}_a$，计算50个目标点的实际基坐标位置和实际测量结果
7
根据实际测量结果和式(8.19),构建评估函数
8
利用评估函数，基于非线性最小二乘优化方法求解33个参数，提取D-H模型参数真实值$\boldsymbol{\Phi}_a$及转角误差$\Delta\boldsymbol{Q}$，完成机器人校准

图 8.10 基于激光跟踪仪测量的工业机器人校准的仿真步骤

仿真第 3 步为计算控制器内名义值$\boldsymbol{\Phi}$，本仿真设计的程序中已经在第 1 步给定。仿真第 4 步是根据设定的模型参数，求解各个测量点对应的关节转角。由于机器人控制器中存储的 D-H 模型参数是带误差的，因此这一步中求解相关的关节转角应当使用带误差的模型参数，其中每个测量点对应 6 个关节转角值。求解得到的关节转角值是控制器期望的关节转角，并不是实际的关节转角。机器人校准中认为这两者之间始终存在一个系统误差，称为关节转角误差。在仿真程序示例中，利用 Robotics Toolbox 的 SerialLink()函数构建控制器内采用的 6 自由度工业机器人模型 robot6InControlBox；然后利用逆解函数 ikine()计算控制器计划控制各关节达到的关节转角 q_i，其中 q_i 一共 50 行，每行对应某个测量位置点的 6 个关节转角。

因此，在仿真第 5 步中，应当根据 50 个目标测量点对应的关节转角和关节转角误差 $\Delta\boldsymbol{Q}$，计算 50 个点对应的机器人各关节实际到达转角 $\boldsymbol{Q}$。在仿真程序示例中，将 1×6 的行向量 Delta_theta 变为 50×6 的矩阵之后与控制器在各测量点计划到达的各关节转角 qi 相加，得到各测量点对应的实际的各关节转角 QiUse。

然后，仿真第 6 步根据 50 个点对应的机器人各关节实际到达转角 $\boldsymbol{Q}$(即仿真程序示例中的 QiUse)和机器人 D-H 模型参数真实值$\boldsymbol{\Phi}_a$，计算 50 个目标点的实际基坐标位置和实际测量结果。仿真程序实例中：基于没有误差的真实参数，建立 6 自由度机器人 robot6_Real；然后，采用正解 fkine()函数，根据实际的各关节转角 QiUse，计算工业机器人的 TCP 点在基座坐标系统的实际到达的某点位置 TCPxyzInJoint0Exact，并将所有 50 个点存储在矩阵 BasePoints 中。最后根据坐标变换求得测量坐标系中的坐标存储在矩阵 MeasuredPoints 中。

仿真中第 7 步根据实际测量结果和式(8.19)，构建评估函数 Eval4bookDemo2()。该评估函数的程序示例介绍见本节后续部分。

仿真中第 8 步则利用评估函数，基于非线性最小二乘优化方法求解 27 个参数，提取 D-H 模型参数真实值$\boldsymbol{\Phi}_a$ 及转角误差 $\Delta\boldsymbol{Q}$，完成机器人校准。其中采用非线性最小二乘函数 lsqnonlin()进行参数优化辨识，optimset()函数用于设定寻优算法参数。优化辨识之后输出结果。

基于上述程序和参数设定，可以得到 6 自由度工业机器人的参数优化辨识结果如表 8.4～表 8.7 所示，并同时给出原来设定的参数真值作为比较。

表 8.4　仿真优化得到的 D-H 模型参数和真实设定的 D-H 模型参数

对应关节	优化得到的 D-H 模型参数			真实设定的 D-H 模型参数		
	关节偏移 d_i 误差/mm	连杆长度 a_i 误差/mm	连杆扭角α_i 误差/rad	关节偏移 d_i 误差/mm	连杆长度 a_i 误差/mm	连杆扭角α_i 误差/rad
基座-1	477.3206	170.1950	−1.4351	474.5080	170.1950	−1.4351
1-2	−0.2790	600.1930	−0.0495	−0.2790	600.1930	−0.0495
2-3	−0.2790	120.1930	1.6208	−0.2790	120.1930	1.6208
3-4	−720.0450	0.5570	1.5048	−720.0450	0.5570	1.5048
4-5	0.2850	−0.0290	1.5622	0.2850	−0.0290	1.5622
5-6	86.4373	0.5735	0.0334	85.4710	0.0010	−0.0176

如表 8.4 所示，绝大多数的 D-H 模型的辨识结果较为准确，关节 1-2、2-3、3-4、4-5 的 D-H 模型参数几乎和真实值完全相同。基座和关节 1 之间的关节偏移，以及关节 5 和关节 6

之间的关节偏移、连杆长度这3个参数的辨识误差稍大。

表8.5 仿真优化得到的关节转角误差和真实设定的关节转角误差

对应关节	优化得到的关节转角误差 ΔQ	真实设定的关节转角误差 ΔQ
基座-1	−0.0299	−0.0005
1-2	0.0000	−0.0001
2-3	−0.0000	0.0004
3-4	−0.0000	0.0003
4-5	−0.0000	0.0001
5-6	0.0141	−0.0002

表8.6 仿真优化得到的基座坐标系-测量坐标系之间的坐标变换参数ξ和真实设定的坐标变换参数ξ

坐标变换参数	优化得到的坐标变换参数ξ	真实设定的坐标变换参数ξ
θ_X	0	0
θ_Y	0	0
θ_Z	0.5	0.5
T_X	2231.9	2232.0
T_Y	803.0	803.0
T_Z	−256.8	−254.0

表8.7 仿真优化得到的TCP工具中心点坐标和真实设定的TCP工具中心点坐标（在关节6坐标系中）

坐标参数	优化得到的TCP工具中心点	真实设定的TCP工具中心点
X	18.9603	20.0000
Y	33.3050	33.0000
Z	−0.6571	2.0000

如表8.5所示，关节转角误差的辨识结果和设定真实值有差异，这可能是由关节转角误差设定值较小，而优化方法对其灵敏度较小造成的。表8.6仿真优化得到的基座坐标系-测量坐标系之间的坐标变换参数ξ和真实设定的坐标变换参数ξ辨识结果十分接近，只在Z方向有2mm左右的平移误差。TCP工具中心点在关节6坐标系中的坐标校准结果如表8.7所示，误差也在2mm左右。

上述工业机器人校准仿真结果说明，采用的校准优化方法并不能完全准确地辨识得到模型参数，这一方面是由于待优化辨识参数多，测量点的位置和姿态需要改进，同时优化结果容易出现局部最优解也是问题，并且上述校准仿真的优化速度也较慢。然而，本章给出的工业机器人校准优化方法的主要优点是简单和易实现。

上述为基于激光跟踪仪或者三坐标测量机等可以获取机器人位置三维坐标的测量设备的仿真，说明了数据采集和参数辨识的原理。理解上述工业机器人校准仿真步骤和原理之后，可以得出实际的基于激光跟踪仪的工业机器人校准步骤主要为：

(1) 使用激光跟踪仪测量50个点（也可以更多的点），并记录各点对应的各个关节转角；

(2) 根据实际测量结果和式(8.14)，构建评估函数。

(3) 利用评估函数，基于非线性最小二乘优化方法求解 33 个参数，提取 D-H 模型参数真实值$\boldsymbol{\Phi}_a$ 及转角误差 ΔQ，完成机器人校准。

对于基于点约束(顶尖对齐)的机器人校准，如图 8.11 所示，校准原理和步骤与采用激光跟踪仪类似，主要步骤包括：

(1) 在保证机器人端部 TCP 点和固定点始终对齐的情况下，使用示教器调整机器人的各关节转角，找到满足条件的姿态(也可以有更多的姿态)，并记录各点对应的关节转角。

(2) 根据实际测量结果和式(8.20)所示的优化问题，构建评估函数：

$$\begin{aligned}&\min f(\boldsymbol{\Phi}_a, \Delta \boldsymbol{Q}, \boldsymbol{C}_{TCP})\\&=\min\sum_{j=1}^{n}[(\bar{x}-x_j)^2+(\bar{y}-y_j)^2+(\bar{z}-z_j)^2]\end{aligned} \tag{8.20}$$

其中，n 表示点数，$\bar{x}=\sum_{j=1}^{n}x_j/n$，$\bar{y}=\sum_{j=1}^{n}y_j/n$ 和$\bar{z}=\sum_{j=1}^{n}z_j/n$ 为机器人绕着同一位置不同姿态的 n 次指令时坐标均值，(x_j, y_j, z_j)为根据$\boldsymbol{\Phi}_a$、$\Delta \boldsymbol{Q}$ 等参数和各关节转角数据，计算得到 TCP 点三维坐标，$\boldsymbol{C}_{TCP}$ 为 TCP 点在关节 6 坐标系中的三维坐标。也就是说，基于点约束(顶尖对齐)的机器人校准优化目标是各姿态下该点的坐标差异尽可能小(在同一点上)。

(3) 利用评估函数，基于非线性最小二乘优化方法求解 33 个参数，提取 D-H 模型参数真实值$\boldsymbol{\Phi}_a$ 及转角误差 ΔQ，完成机器人校准。也可以采用遗传算法、退火算法等其他优化方法。

同理，也可以很容易地得出基于球面约束的工业机器人校准优化原则。例如，采用球面约束，即在机器人端部安装一个标准球作为 TCP 工具，并在适当高度固定安装另一个标准球。两个标准球的半径已知。校准时，控制机器人到达不同的位置和姿态，这些位姿下必须满足两个球面接触的条件，如图 8.12 所示。然后变换机器人位姿，获取几十个这种条件下位姿对应的各关节转角。待优化参数也包括$(\boldsymbol{\Phi}_a, \Delta \boldsymbol{Q}, \boldsymbol{C}_{TCP})$，其中 $\boldsymbol{C}_{TCP}$ 为机器人端部标准球球心在关节 6 坐标系中的三维坐标，优化目标为基于参数$(\boldsymbol{\Phi}_a, \Delta Q, \boldsymbol{C}_{TCP})$计算的 TCP 点拟合一球面的拟合误差尽可能小，该球面半径为两个标准球的半径之和。

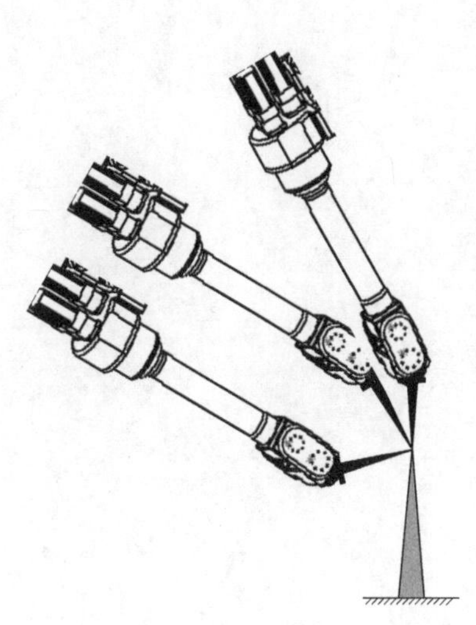

图 8.11　顶尖对齐的机器人校准动作

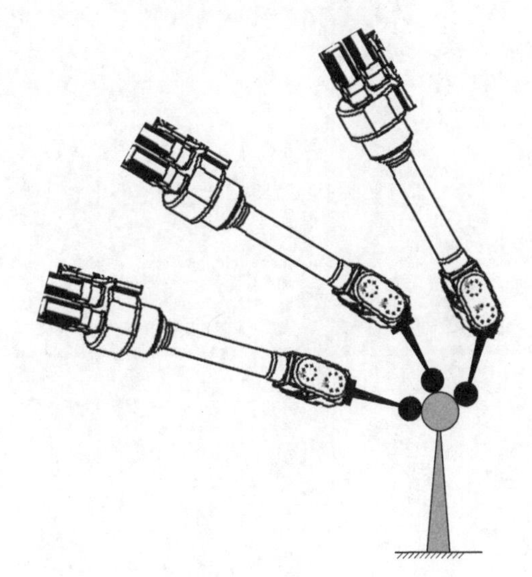

图 8.12　基于球面约束的机器人校准示意图

利用顶尖对齐方式或者球面约束进行机器人校准成本低廉、操作方便,但是缺点也显而易见,即依靠肉眼观察,校准精度较差。因此,可以采用球杆仪或者PSD位置传感器进行校准,校准原理类似,校准精度则可以有效提高。

习题

8.1 工业机器人本体校准工作包括哪4个步骤?

8.2 目前工业机器人校准可分为哪两个级别?

8.3 工业机器人校准的参数辨识可以建模为优化问题,优化目标是机器人某位姿下其TCP点的位置测量结果$[x_{\mathrm{tm}}, y_{\mathrm{tm}}, z_{\mathrm{tm}}]^{\mathrm{T}}$和坐标变换结果$[x_{\mathrm{tt}}, y_{\mathrm{tt}}, z_{\mathrm{tt}}]^{\mathrm{T}}$尽可能接近。假定TCP点测量位置共$N$个,请写出该优化问题的表达式。

8.4 列举几种常见的工业机器人校准系统。

8.5 假定机器人校准时,使用测量设备测量机器人末端(或TCP点)位置,而机器人基坐标系(关节0坐标系)到测量坐标系的坐标变换可以用旋转向量和平移向量来刻画,其中先后绕着Z轴、Y轴、X轴旋转,然后完成平移。若基坐标为[10,10,10],旋转向量$[\theta_x, \theta_y, \theta_z]$=[pi/6,pi/3,pi/4],平移向量$[T_X, T_Y, T_Z]$=[12,13,14]。若绕着$Z$轴、$Y$轴、$X$轴的旋转矩阵分别记为$\boldsymbol{R}_Z$、$\boldsymbol{R}_Y$、$\boldsymbol{R}_X$,表示如下,使用MATLAB求出变换到测量坐标系的点。

$$\boldsymbol{R}_Z = \begin{bmatrix} \cos\theta_Z & -\sin\theta_Z & 0 \\ \sin\theta_Z & \cos\theta_Z & 0 \\ 0 & 0 & 1 \end{bmatrix};\ \boldsymbol{R}_Y = \begin{bmatrix} \cos\theta_Y & 0 & \sin\theta_Y \\ 0 & 1 & 0 \\ -\sin\theta_Y & 0 & \cos\theta_Y \end{bmatrix};\ \boldsymbol{R}_X = \begin{bmatrix} 1 & 0 & 0 \\ 0 & \cos\theta_X & -\sin\theta_X \\ 0 & \sin\theta_X & \cos\theta_X \end{bmatrix}$$

第9章 机器人仿真平台

CHAPTER 9

9.1 ADAMS 简介

ADAMS(Automatic Dynamic Analysis of Mechanical Systems)是由MSC公司研发的一款多体动力学仿真分析软件，可进行虚拟样机分析。MSC是美国一家全球领先的计算机辅助工程(CAE)方案供应商，其主要产品包括进行虚拟产品和制造过程开发的模拟软件。该公司于2017年被海克斯康集团全资收购。海克斯康是全球领先的信息技术提供商，致力于在地理信息和工业应用领域驱动品质和生产力的提升。

ADAMS包括核心模块、功能扩展模块、专业模块、接口模块和工具箱模块共5类，其构成如图9.1所示。其中核心模块由用户界面模块(ADAMS/View)、求解器模块(ADAMS/Solver)和后处理模块(ADAMS/PostProcessor)构成。相应的用户界面模块利用交互式的图形环境和零件库、约束库、力库，创建完整的参数化的机械系统动力学模型；求解器模块基于多刚体系统动力学理论中的欧拉-拉格朗日方程建立系统最大坐标动力学微分代数方程，求解器算法稳定，可以对虚拟样机系统进行静力学、运动学和动力学分析；后处理模块可输出位移、速度、加速度和关节力矩值曲线，用于用户数据分析处理。功能扩展模块包含液压系统模块ADAMS/Hydraulics和振动分析模块ADAMS/Vibration等。专业模块包含轿车模块ADAMS/Car、悬架设计软件包Suspension Design和概念化悬架模块CSM等。接口模块包含柔性分析模块(ADAMS/Flex)和控制模块(ADAMS/Controls)等。工具箱模块包含工具箱软件开发工具包(ADAMS/SDK)和虚拟试验工具箱(Virtual Test Lab)等。

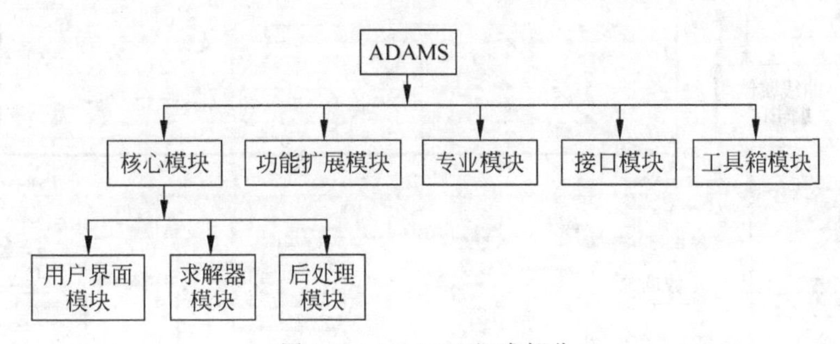

图9.1 ADAMS组成部分

9.1.1 ADAMS界面简介

1. 用户界面模块

用户界面模块(ADAMS/View)的界面包括位于顶部的主菜单和建模工具条;左侧的模型树;位于中间的可视化图形区,其左上角显示模型名称,左下角显示全局坐标系,右下角为状态工具条。具体如图9.2所示。

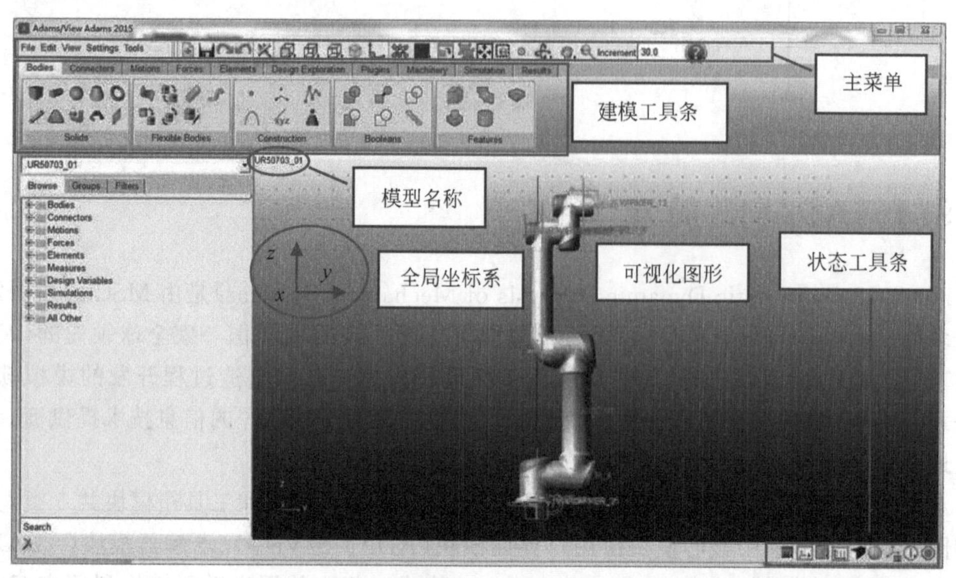

图9.2 用户界面模块ADAMS/View的界面

2. 后处理模块

后处理模块(ADAMS/PostProcessor)的界面左上角可选择数据处理类型,左下方为曲线属性编辑区,在下方可选择相应的数据源,具体如图9.3所示。

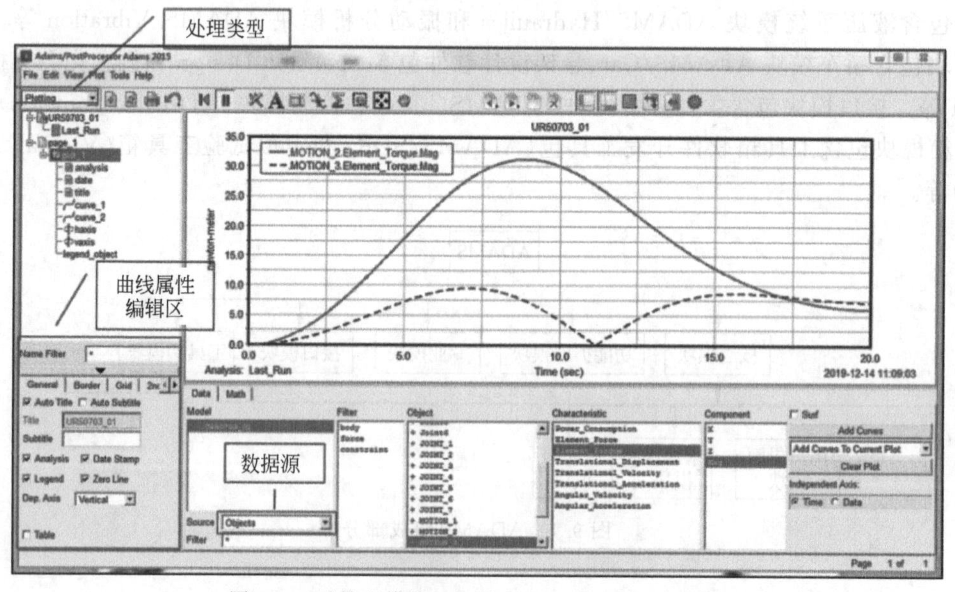

图9.3 后处理模块ADAMS/PostProcessor界面

下面初步以建立简单的二连杆模型为例，说明在ADAMS中建立简单的虚拟样机的具体步骤。

1）ADAMS/View欢迎界面

在ADAMS/View欢迎界面选择New Model，如图9.4所示。

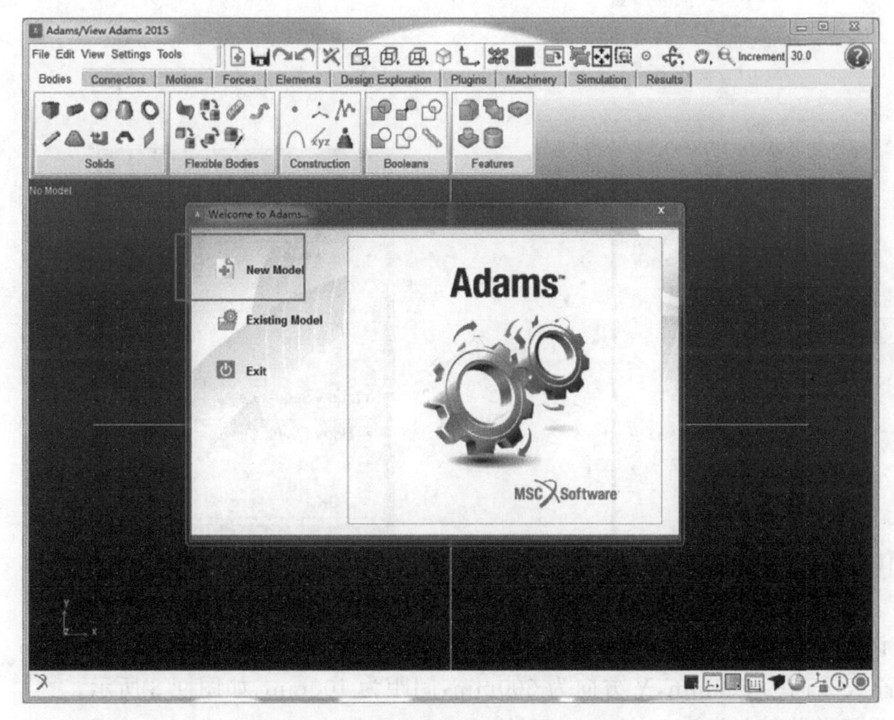

图9.4 ADAMS/View欢迎界面

2）新建一个模型

如图9.5所示，设置模型名称及存储路径。

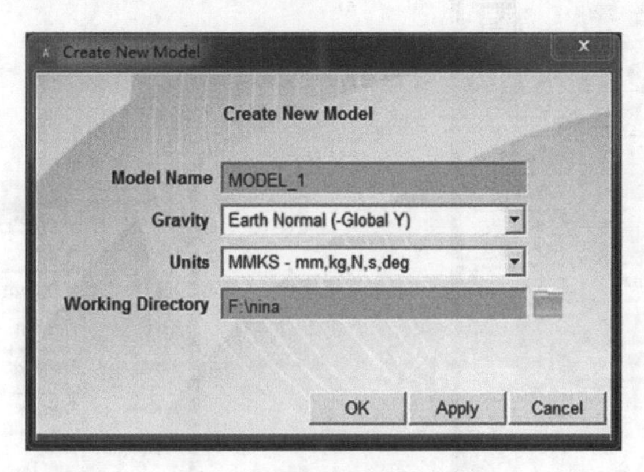

图9.5 创建新模型界面

3）设置工作环境

在ADAMS使用过程中，建立虚拟样机前需做准备工作——设置工作环境，如工作环境的坐标系、工作栅格、单位制、重力加速度等，如图9.6所示。

4）设置坐标系：主菜单 Settings→Coordinate System Settings

在弹出的 Coordinate System Settings 界面选择笛卡儿坐标系，选择序列选择 313，如图 9.7 所示。

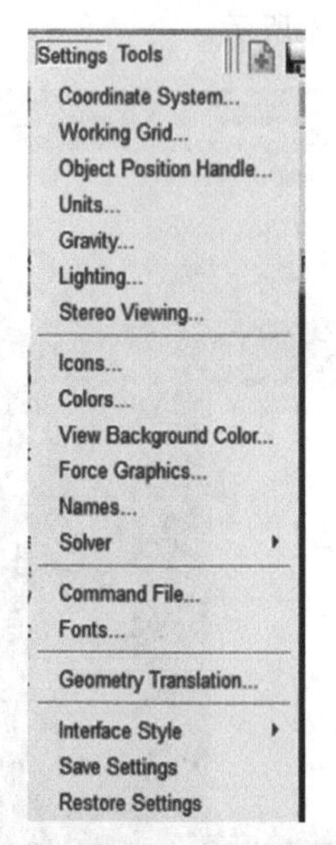

图 9.6 设置工作环境菜单

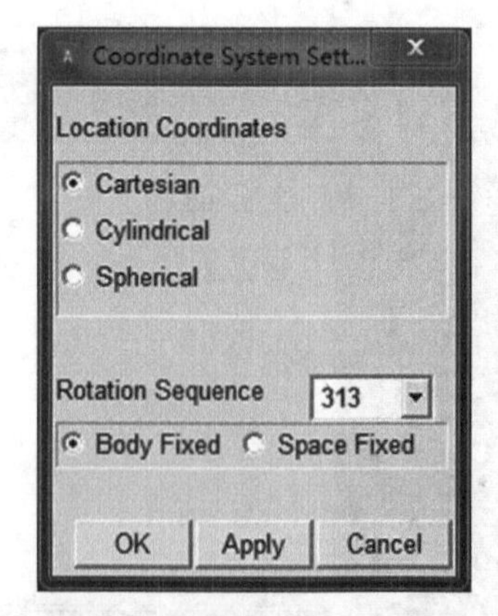

图 9.7 设置坐标系界面

5）设置工作栅格：主菜单 Settings→Working Grid Settings

设置 X 方向为 800mm，Y 方向为 500mm，间距为 100mm，如图 9.8 所示。

6）设置单位：主菜单 Settings→Units Settings

设置单位界面如图 9.9 所示。

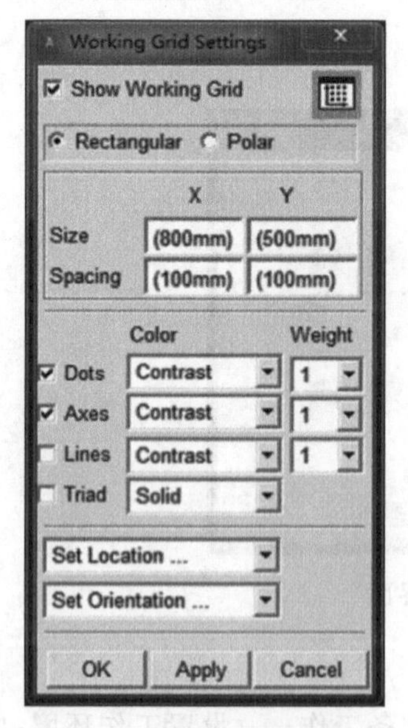

图 9.8 设置工作栅格界面

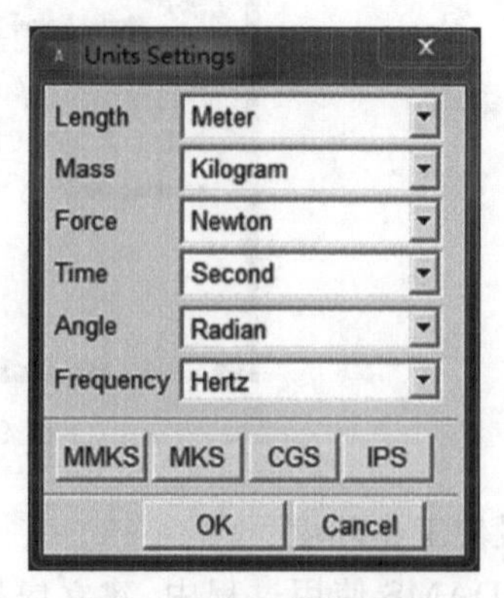

图 9.9 设置单位界面

7) 设置重力加速度：主菜单 Settings→Gravity Settings(模型建好后再设置)

设置在 Y 轴上的重力加速度为－9.80665，如图 9.10 所示。

8) 创建连杆：建模工具条 Bodies→Solids→Link

(1) 连杆 1。

设置连杆 1 的长宽深分别为 40cm、4cm 和 2cm，如图 9.11 所示；按 F4 键显示工作栅格坐标，使得连杆 1 右端位于(0.3,0,0)空间点，图 9.12 为创建连杆 1 的界面图。

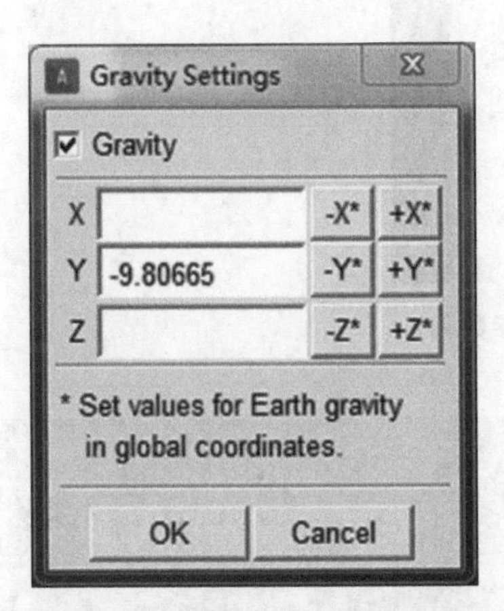

图 9.10 设置重力加速度界面

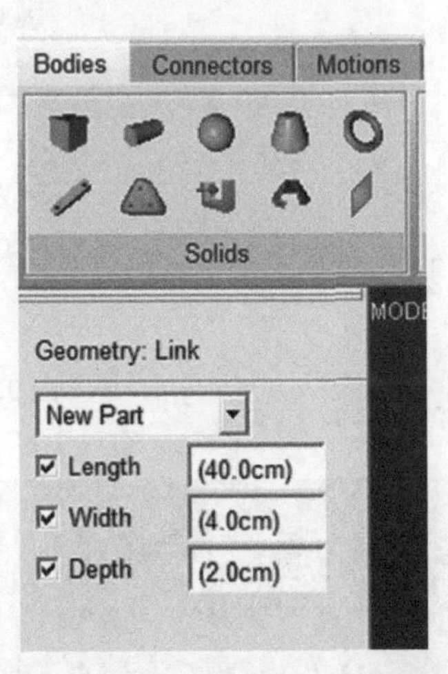

图 9.11 设置连杆 1 参数界面

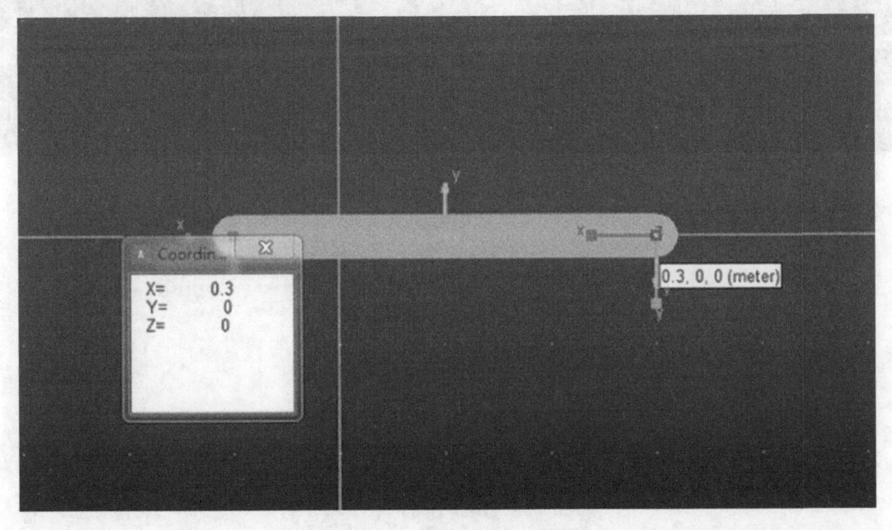

图 9.12 创建连杆 1 界面

(2) 连杆 2。

设置连杆 2 的长宽深分别为 40cm、4cm 和 2cm，如图 9.13 所示；按 F4 键显示工作栅格坐标，使得连杆 2 右端位于(－0.1,0,0)空间点，图 9.14 为创建连杆 2 的界面图。

9) 添加约束：建模工具条 Connections→Joints→Revolute

添加约束规则使第一个构件相对于第二个构件运动，如图 9.15 所示。

Bodies
Connectors
Motions
Solids
MODE
Geometry: Link
New Part
Length
(40.0cm)
Width
(4.0cm)
Depth
(2.0cm)

图 9.13　设置连杆 2 参数界面

-0.1, 0, 0 (meter)

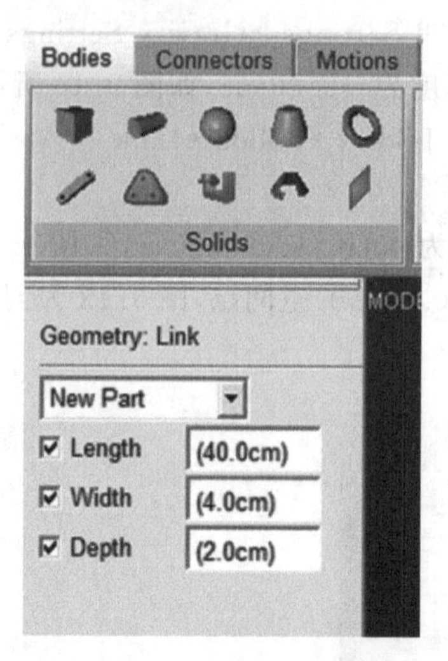

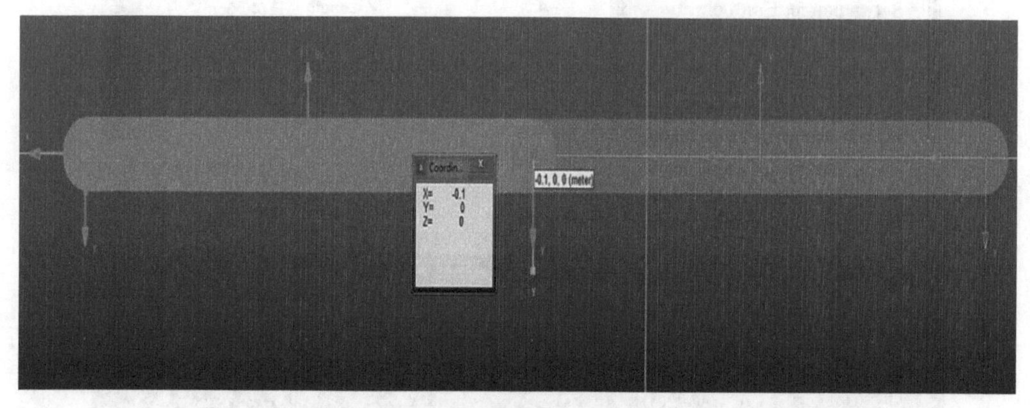

图 9.14　创建连杆 2 界面

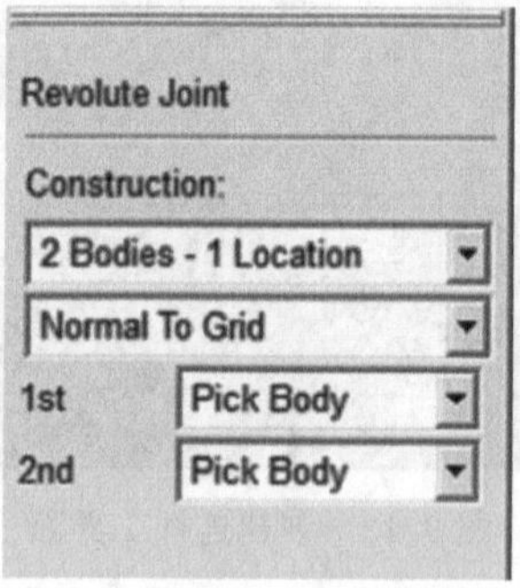

Revolute Joint
Construction:
2 Bodies - 1 Location
Normal To Grid
1st
Pick Body
2nd
Pick Body

图 9.15　设置约束参数界面

约束 1：在图形区分别单击连杆 1 和地面，使得连杆 1 相对地面的运动如图 9.16 所示。

约束 2：在图形区分别单击连杆 2 和连杆 1，使得连杆 2 相对连杆 1 的运动如图 9.17 所示。

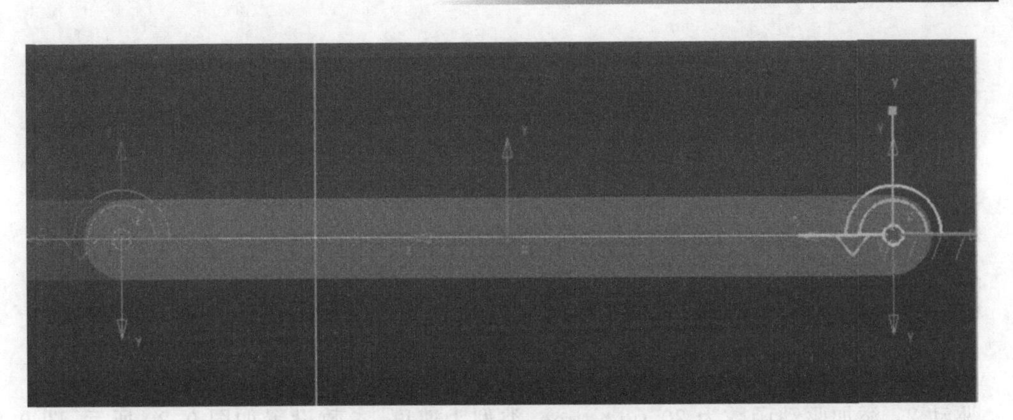

图 9.16　设置约束 1 界面

图 9.17　设置约束 2 界面

10）添加驱动：建模工具条 Motions→Joint Motions→Rotational Joint Motion

驱动 1：添加驱动函数为 30.0d * time，类型为速度，参数设置如图 9.18 所示，图 9.19 为驱动 1 界面。

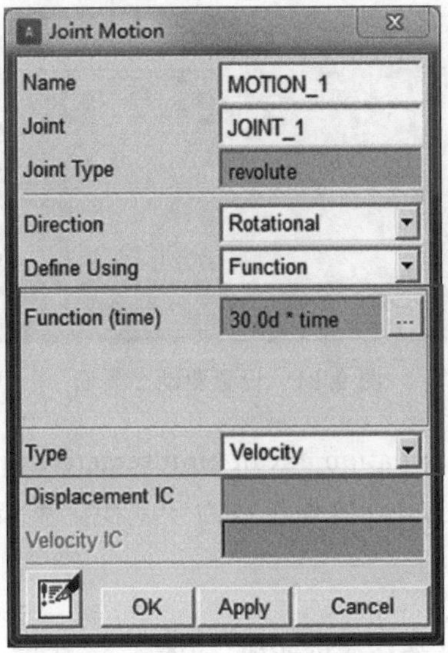

Joint Motion

Name	MOTION_1
Joint	JOINT_1
Joint Type	revolute
Direction	Rotational
Define Using	Function
Function (time)	30.0d * time
Type	Velocity
Displacement IC	
Velocity IC	

OK　Apply　Cancel

图 9.18　设置驱动 1 参数界面

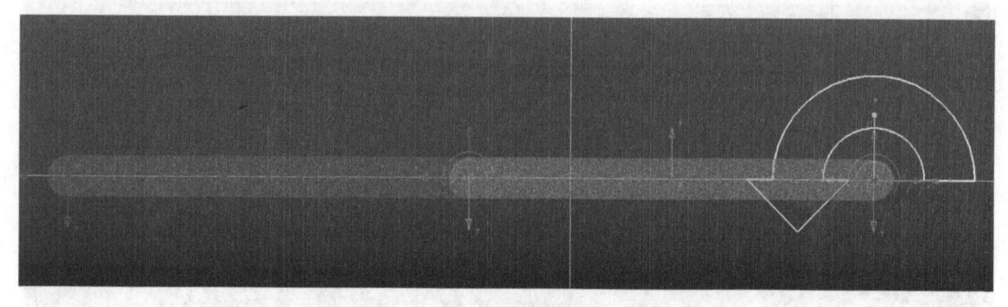

图 9.19　设置驱动 1 界面

驱动 2：添加驱动函数为 20.0d * time，类型为速度，参数设置如图 9.20 所示，图 9.21 为驱动 2 界面。

Joint Motion

Name	MOTION_2
Joint	JOINT_2
Joint Type	revolute
Direction	Rotational
Define Using	Function
Function (time)	20.0d * time
Type	Velocity
Displacement IC	
Velocity IC	

OK　Apply　Cancel

图 9.20　设置驱动 2 参数界面

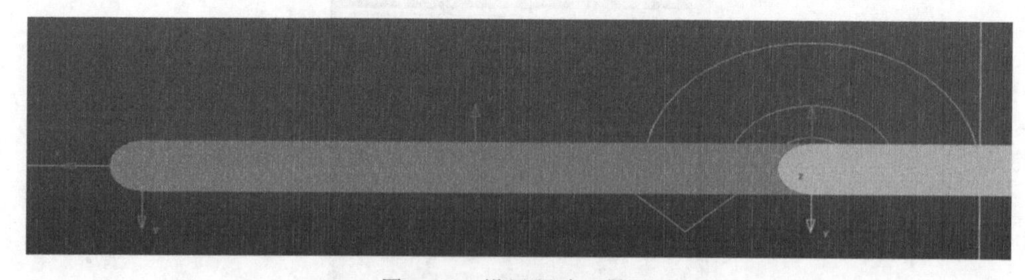

图 9.21　设置驱动 2 界面

11）仿真：建模工具条 Simulation→Run an interactive simulation

设置仿真参数，仿真时间为 1s，仿真步数为 300 步。单击图 9.22 中的▶按钮可启动仿真。

12）仿真结果处理分析

数据源选择关节 1，得到总的角速度曲线，如图 9.23 所示。

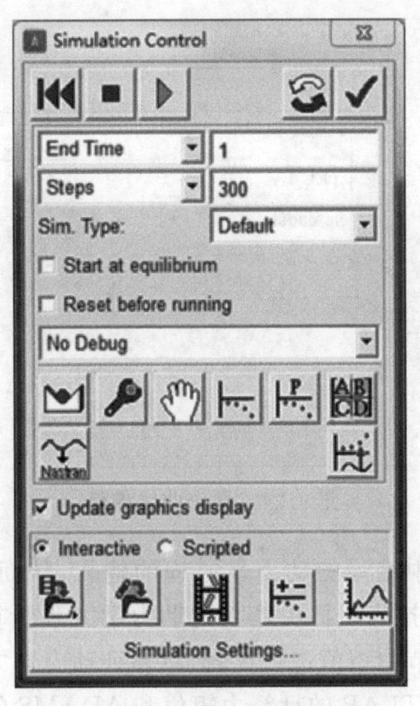

图 9.22 设置仿真参数界面

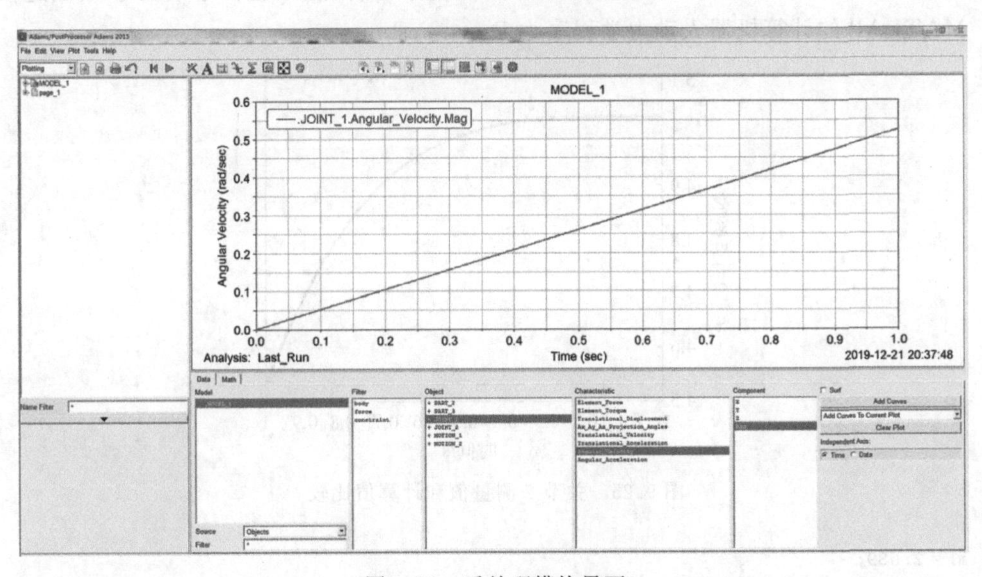

图 9.23 后处理模块界面

相应地得到关节 1 的角度、角速度和角加速度曲线以及关节 2 的角度、角速度和角加速度曲线。选择 File→Export→Table,得到如图 9.24 所示界面,单击 OK 按钮可导出上述各曲线。

13) MATLAB 计算

将机器人在 ADAMS 中仿真得到的运动学信息输出作为 MATLAB 中动力学方程的输入,可实现动力学仿真验证过程。在 MATLAB 中编写基于欧拉-拉格朗日方法的逆动力学方程。将 ADAMS 中机器人的动力学参数以及各关节运动的角度、角速度、角加速度等

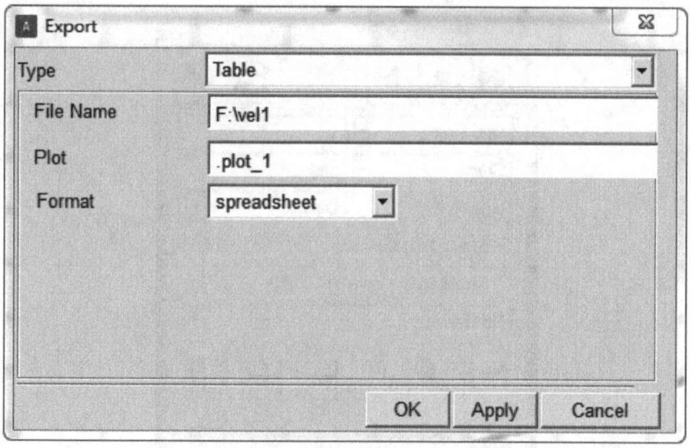

Export
Type Table
File Name F:\vel1
Plot .plot_1
Format spreadsheet
OK Apply Cancel

图 9.24 导出曲线界面

物理量导出作为 MATLAB 中编写的动力学方程的输入,从而计算得到各关节的力矩值。将在 MATLAB 中基于欧拉-拉格朗日法建立的动力学方程计算得到的各关节力矩值同在 ADAMS 中测量得到的各关节力矩值进行比较,可验证动力学方程建模准确与否。

以关节 2 为例,获取 MATLAB 的计算力矩值和 ADAMS 的测量力矩值,其对比结果示意图如图 9.25 所示,可以看到,测量值和计算值基本吻合,从而验证了动力学方程建模准确。MATLAB 的计算机器人动力学程序为 Dynamics. m。

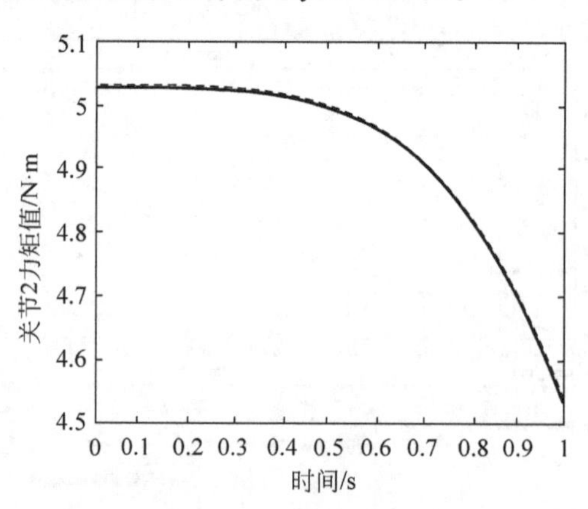

彩色图片

图 9.25 关节 2 测量值和计算值比较

```
m1 = 2.689;
m2 = 2.689;
l = 0.4;
g = 9.80665;
M = zeros(2,2,301);
C = zeros(2,2,301);
D1 = zeros(1,301);
D2 = zeros(1,301);
actor = zeros(2,1,301);
 % inertia matrix
for k = 1:301
    M(1,1,k) = 1/3 * m1 * l * l + 4/3 * m2 * l * l + m2 * l * l * cos(ang2(k));
```

```
        M(1,2,k) = 1/3 * m2 * l * l + 1/2 * m2 * l * l * cos(ang2(k));
        M(2,1,k) = 1/3 * m2 * l * l + 1/2 * m2 * l * l * cos(ang2(k));
        M(2,2,k) = 1/3 * m2 * l * l;
end
 % centrifugal and Coriolis term
for i = 1:301
        C(1,1,i) = - 1/2 * m2 * l * l * sin(ang2(i)) * vel2(i);
        C(1,2,i) = - 1/2 * m2 * l * l * sin(ang2(i)) * vel2(i) - 1/2 * m2 * l * l * sin(ang2(i)) *
vel1(i);
        C(2,1,i) = 1/2 * m2 * l * l * sin(ang2(i)) * vel1(i);
        C(2,2,i) = 0;
end
for j = 1:301
D1(j) = 1/2 * l * m1 * g * cos(ang2(j)) + 1/2 * l * m2 * g * cos(ang1(j) + ang2(j)) + m2 * g * l *
cos(ang1(j));
        D2(j) = 1/2 * l * m2 * g * cos(ang1(j) + ang2(j));
end
for q = 1:301
actor(1,1,q) = M(1,1,q) * acc1(q) + M(1,2,q) * acc2(q) + C(1,1,q) * vel1(q) + C(1,2,q) * vel2(q) + D1(q);
actor(2,1,q) = M(2,1,q) * acc1(q) + M(2,2,q) * acc2(q) + C(2,1,q) * vel1(q) + C(2,2,q) * vel2(q) + D2(q);
end
actor1 = actor(1,1,:);
actor2 = actor(2,1,:);
Actor1 = actor1(:);
Actor2 = actor2(:);
plot(time,Actor1,time,tor1);
plot(time,Actor2,time,tor2);
```

9.1.2 设计基于 ADAMS 和 MATLAB 的联合仿真

本节基于 ADMAS 和 MATLAB 的联合仿真实现人机碰撞检测功能。基于 ADAMS 和 MATLAB 的联合仿真是在 ADAMS 中建立多刚体动力学系统，同时得到描述系统方程的相关参数。在 MATLAB 中读入 ADAMS 输出的参数信息并建立控制方案。在控制算法执行阶段，在 ADAMS 中建立系统方程，利用 ADAMS 接口模块的控制模块（ADAMS/Controls）与 MATLAB 控制程序数据接口进行数据交换，在 MATLAB/Simulink 中建立碰撞检测方案，从而完成基于 ADAMS 和 MATLAB 的联合仿真，实现实时碰撞检测。联合仿真示意图如图 9.26 所示。

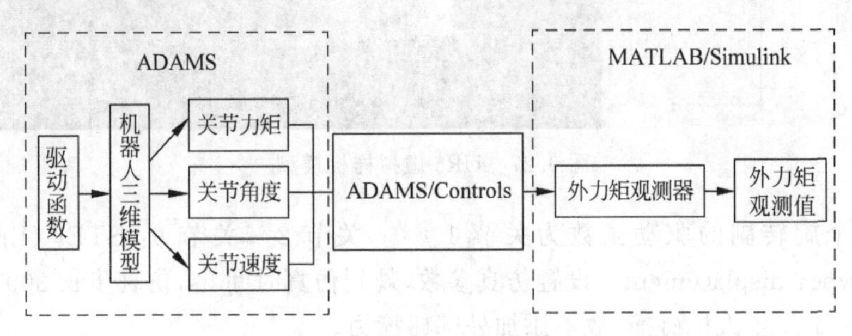

图 9.26 联合仿真示意图

1. UR5 6 自由度机器人虚拟平台搭建

鉴于可在 Universal Robots 官方网站下载 UR5 6 自由度协作机器人三维模型，为简化仿真验证过程，本节没有选择在 ADAMS 中构建 UR5 6 自由度协作机器人虚拟样机，而是选择利用 ADAMS 提供的 CAD 模型数据接口导入 CAD 软件的模型。首先将三维模型导入 SolidWorks 中，然后输出 ADAMS 支持的模型数据交换接口格式 Parassolid、STEP、IGES、SAT、DXF 和 DWG 等，最后将 CAD 模型导入到 ADAMS 完成构件建立。

本节以 UR5 6 自由度协作机器人为研究参考，其 6 个关节均为旋转关节。故将 6 个关节设置为旋转副，同时在基座和地面之间设置固定副，如图 9.27 所示。为使系统具有确定运动，可采用为系统添加与系统自由度相等的驱动约束。同时为简化机构物理量的加载过程，减少约束，利用布尔加操作将不存在相对运动的构件整合成为一个部分。对导入的模型定义材料属性，特别是质量信息，以确保质心和转动惯量与三维模型一致并使系统具有确定运动，可采用为系统添加与系统自由度相等的驱动约束。ADAMS 中驱动约束是属于约束的一个分类，而约束是用来连接两个部件的，使它们之间具有一定相对运动关系。通过约束，使模型中各个独立的部件联系起来形成有机的整体，驱动表明一个部件的运动是时间的函数。在 6 个旋转副分别添加旋转驱动，此时系统自由度为零，为系统在运动学上确定的，可以求解系统中的反约束力，即已知运动求作用力，这属于逆动力学问题。

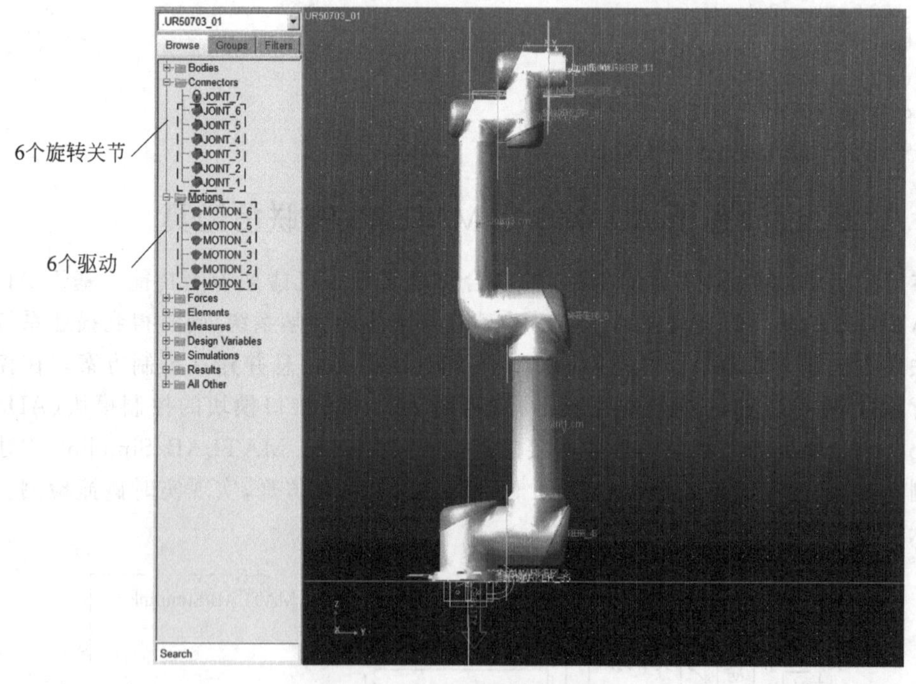

图 9.27 UR5 虚拟样机模型

设置 6 个旋转副的驱动函数为关节 1：0；关节 2～关节 6：STEP(time,0,0,5,44.7569d) Type：displacement。设置仿真参数，规划仿真时间 5s，仿真步长 300。假定机器人运动过程中不发生人机碰撞，故不添加外部碰撞力。

2. 联合仿真步骤

(1) 在 ADAMS 中定义用于输出的状态变量，依次选择建模工具条中的 Elements→

System Elements 命令。状态变量在计算过程中是一个数组，其包含一系列数值，一般用于输出的状态变量是系统模型元素的函数。这里定义 18 组输出状态变量，分别是 6 个关节在运动过程中各关节角度值、关节角速度值和关节力矩值，如图 9.28 所示。

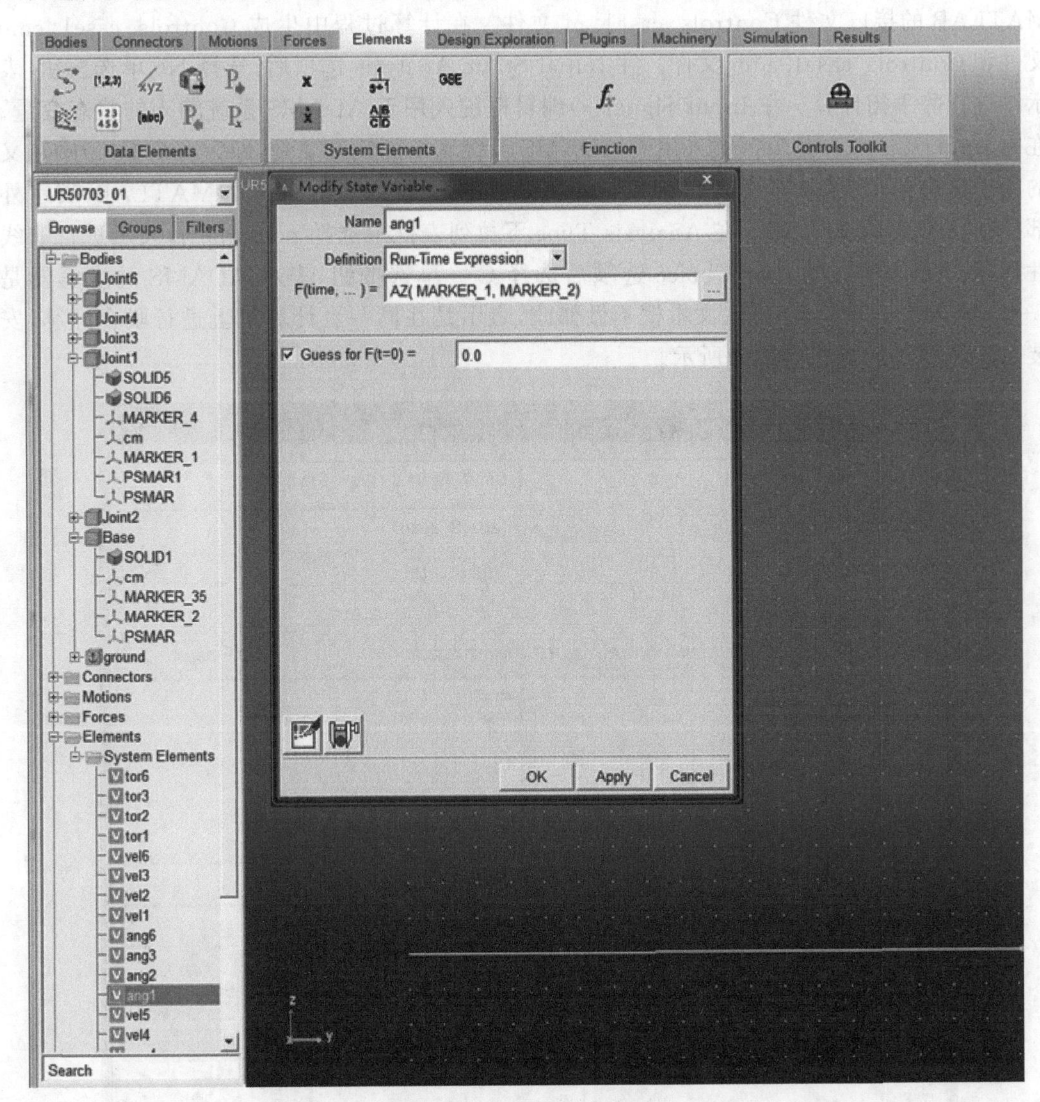

图 9.28 定义状态变量界面

定义用于输出的状态变量，具体参考图 9.29。

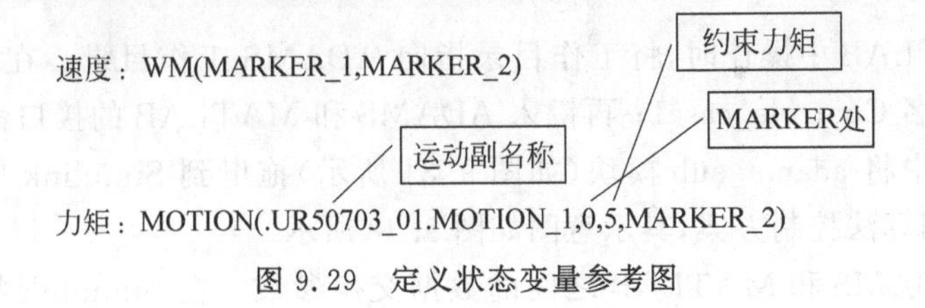

图 9.29 定义状态变量参考图

(2) 设置控制系统导出对话框，在后处理模块 ADAMS/PostProcessor 的界面依次选择 Plant Export→Controls→Plant Export。在 File Prefix 文本框键入文件名，如图 9.30 所示为 Controls_case1。ADAMS 根据所选择的控制程序是 MATLAB，生成用于输出到 MATLAB 的接口文件 Controls_case1.m 文件。在计算过程中生成 Controls_case1.cmd 文件和 Controls_case1.adm 文件。在 Initial Static Analysis 选项后，选择 No 单选按钮，表示不进行静平衡计算。在 Input Signal(s)编辑框键入用于 ADAMS 系统输入的状态变量。在 Output Signal(s)编辑框键入用于 ADAMS 系统输出的状态变量，即为在步骤(1)中定义的用于输出的 18 组状态变量。在 Target Software 下拉列表框中选择 MATLAB，表示外部控制程序是 MATLAB。在 Analysis Type 下拉列表框中选择 non_linear，表示进行非线性计算。在 Adams/Solver Choice 选项后选择 C++单选按钮，表示 ADAMS 的求解器是 C++。对 Adams Host Name 文本框不做修改，表示是在同一台计算机上进行联合计算，安装 ADAMS 的计算机名即为所示。

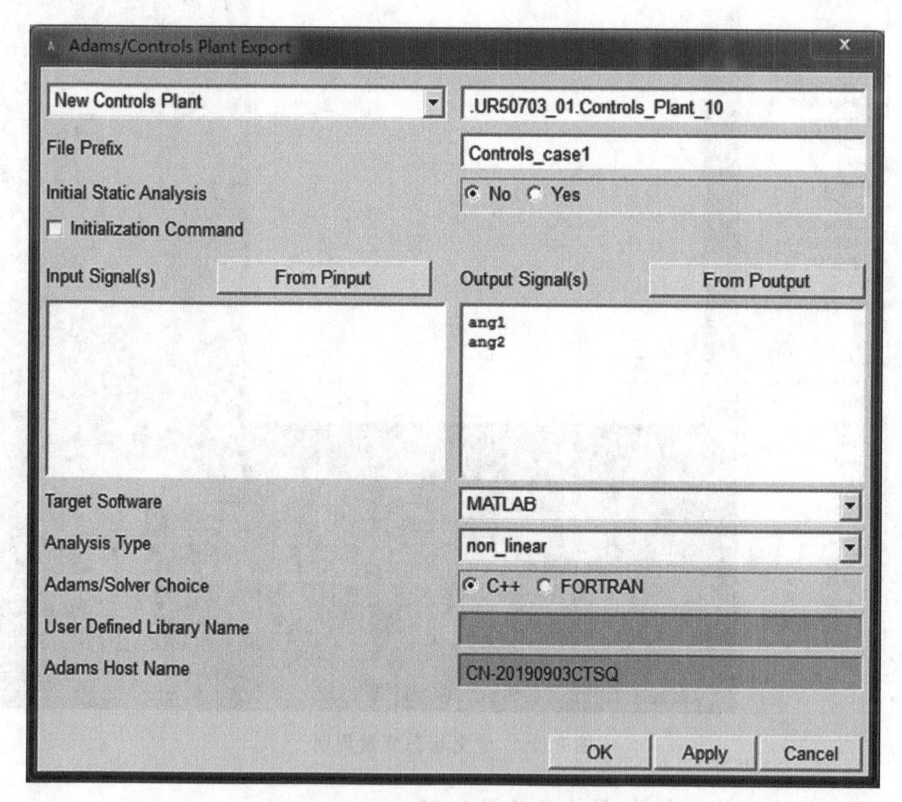

图 9.30 控制系统导出对话框界面

(3) 在 MATLAB 中操作时，将工作目录指向 ADAMS 工作目录。在 MATLAB 的命令窗口键入文件名 Controls_case1；再键入 ADAMS 和 MATLAB 的接口命令 adams_sys；在弹出的新窗口中将 adams_sub 模块(如图 9.31 所示)拖曳到 Simulink 中新建的模型窗口，构建碰撞检测算法控制方案，其示意图如图 9.32 所示。

(4) 设置 ADAMS 和 MATLAB 之间的数据交换参数。在 Simulink 控制方案中双击 adams_sub 模块或双击 MSCSoftware。在 MATLAB 中设置 ADAMS 和 MATLAB 之间进

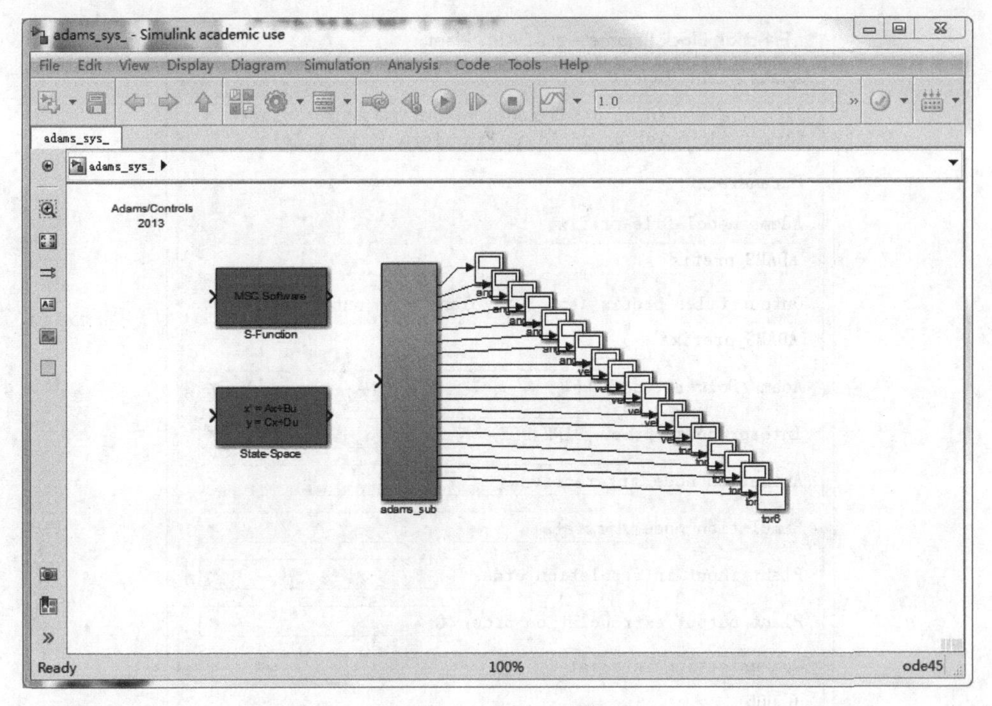

图 9.31 adams_sub 模块

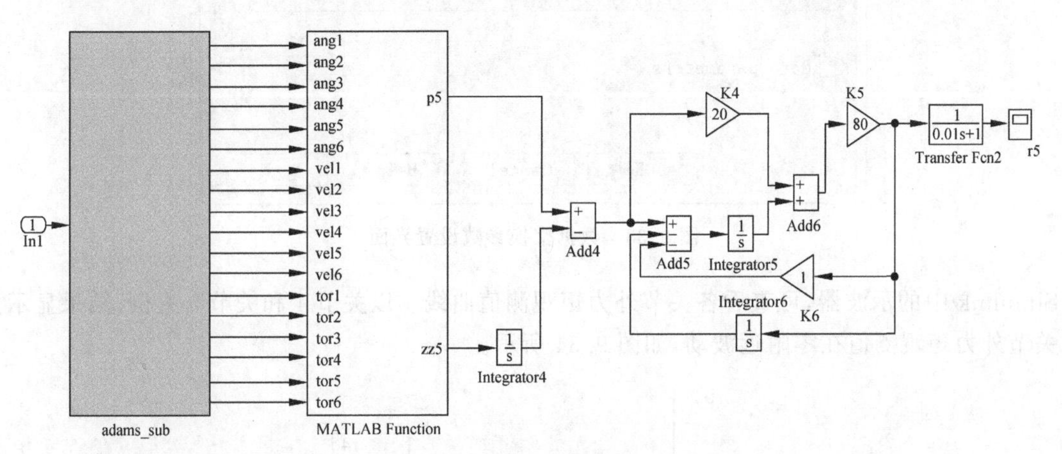

图 9.32 碰撞检测算法控制方案

行数据交换的参数，在 Interprocess option 下拉列表框中选择 PIPE(DDE)，鉴于此处 ADAMS 与 MATLAB 安装在同一台计算机上，故选择此选项；在 Communication interval 文本框键入 0.005，表示每隔 0.005s 在 ADAMS 和 MATLAB 之间进行一次数据交换；在 Simulation mode 下拉列表框中选择 discrete；在 Animation mode 下拉列表框中选择 interactive，表示进行交互式计算，在联合仿真过程可观察到仿真运行的动画，实时交互。ADAMS 和 MATLAB 之间数据交换参数设置界面如图 9.33 所示。

(5) 在 Simulink 中完成仿真过程中会启动 ADAMS。在 MATLAB/Simulink 中启动仿真，联合仿真过程会同时启动 ADAMS 显示机器人运动过程的动画，仿真结束后双击

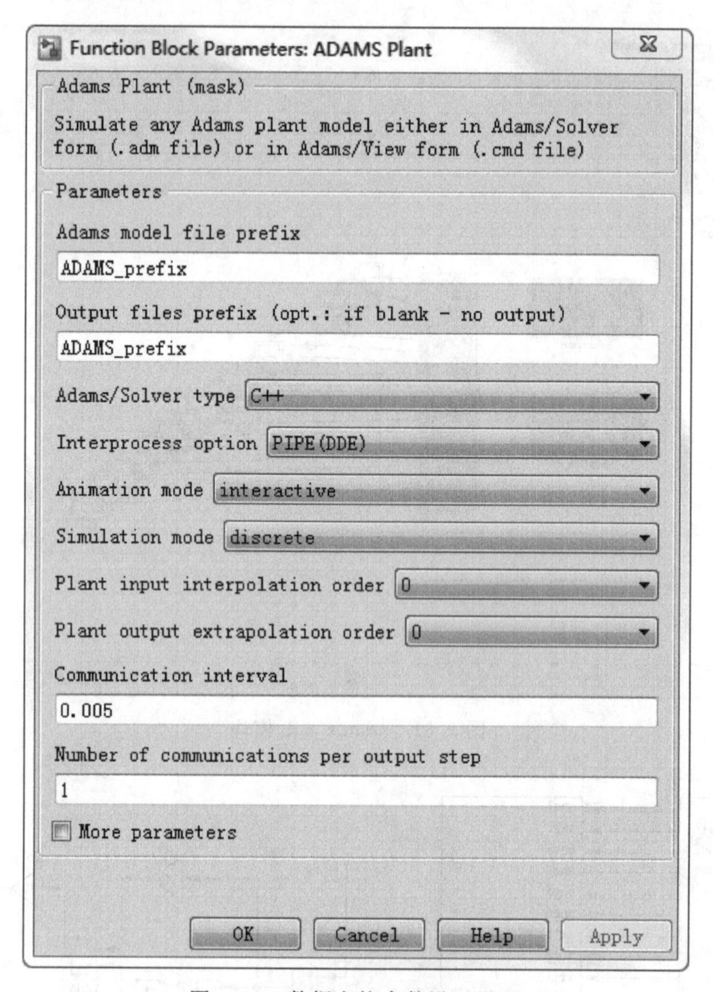

图 9.33 数据交换参数设置界面

Simulink 中的示波器，可查看各关节外力矩观测值曲线。以关节 4 和关节 5 为例，结果显示关节外力矩观测值在零附近波动，如图 9.34 所示。

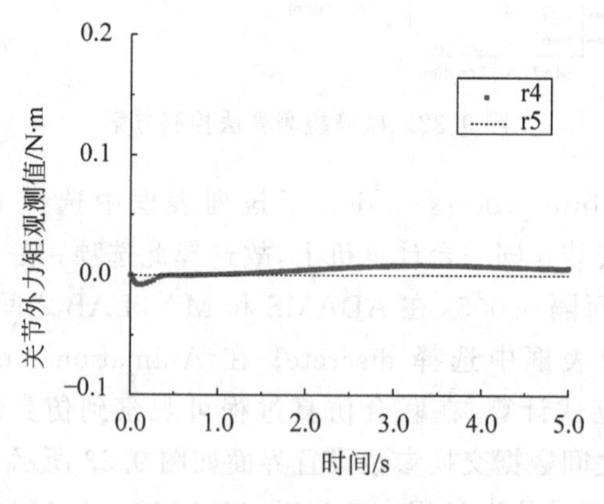

图 9.34 关节外力矩观测值

9.2 Webots 仿真环境介绍

9.2.1 Webots 平台简介

Webots 是一款专业的移动机器人仿真软件平台。它提供机器人快速建模的软件环境，让用户能够基于虚拟的 3D 环境和物理属性(质量、关节、摩擦系数等)建立简单的机器人，如图 9.35 所示为足式机器人、轮式机器人和飞行机器人。

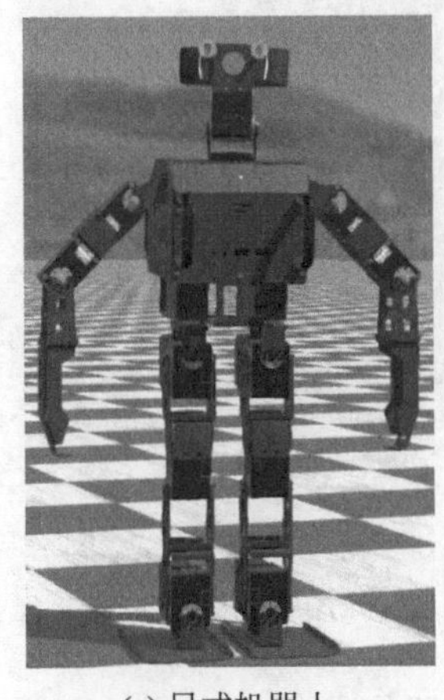

(a) 足式机器人

(b) 轮式机器人

(c) 飞行机器人

图 9.35 基于 Webots 的机器人

Webots 作为一款基于 ODE 开源动力学仿真软件，以场景树中的节点作为机构的各项零件，通过配置零件参数建立机器人的整体 3D 模型。建模无须经历 SolidWorks 中的零件装配过程，同时可设定密度、质量和摩擦系数等参数，并配备各种传感器用来观测虚拟样机的运行状态，例如，触地传感器 TouchSensor 节点可以获取虚拟样机与地面的接触力信息，陀螺仪 Gyro 节点可以获取角速度信息，定位 GPS 节点可以获取位移信息等。在这些机器人身上添加一系列电机和传感器(如摄像头、角度传感器、距离传感器等)，使得用户能够给每个机器人编程以展示想要的行为和动作。

同时 Webots 非常适合移动机器人的研究和教育项目。许多移动机器人的项目长久地依赖 Webots，如以下项目：

(1) 移动机器人的原型设计；

(2) 机器人(足式机器人、类人机器人、四足机器人等)运动研究；

(3) 多机器人(群智能、合作的移动机器人组等)的研究；

(4) 自适应行为研究(遗传算法、神经网络、人工智能等)；

(5) 教学机器人(机器人讲座、C/C++/Java/Python 编程教学等)；

(6) 机器人竞赛。

9.2.2 Webots 界面介绍

1. Webots 仿真平台

Webots R2019b 对机器人进行建模的实质是创建完整世界的过程，包括了建立虚拟光、地面以及需要建模的机构。将机构的装配零件进行拆分定义为各类节点(Node)，之后可在父节点的下方定义不同的子节点(Children)，同时可定义零件间的相互作用力等，最后以.wbt 为扩展名存储整个世界，文件为 VRML97 格式。

图 9.36 是 Webots R2019 开发环境的截图，大致分为 5 部分。

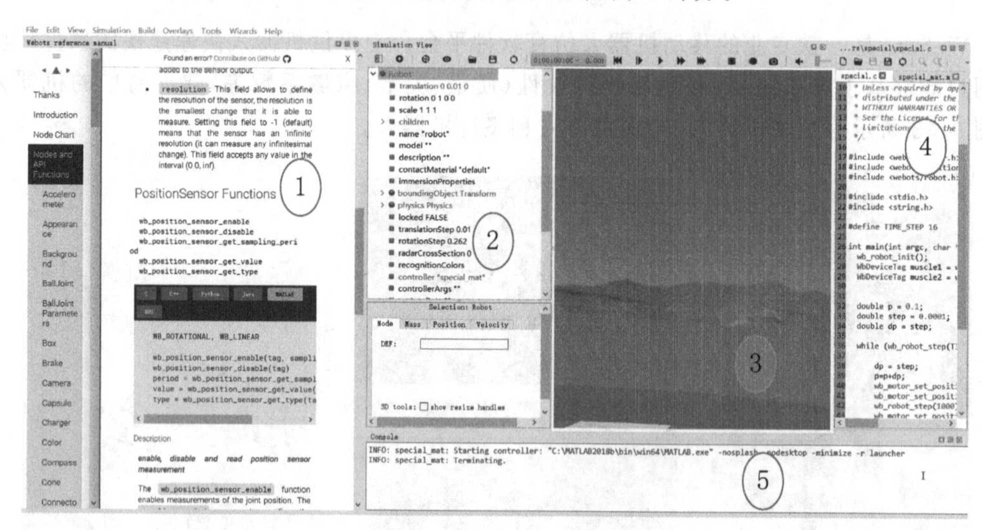

图 9.36 Webots 仿真平台

- 第 1 部分为帮助菜单。用来查找节点信息以及节点控制器信息。
- 第 2 部分为场景树。主要用来模型和环境的建模，场景树由多个节点组成，节点又可以展开新节点，最上面的 3 个节点是 WorldInfo(世界信息)、Viewpoint(视角)、Background(背景)，这 3 项是无法删除的。WorldInfo 中有仿真物理学的一些参数。
- 第 3 部分是 3D 窗口。用于直观地展示构建的机器人虚拟样机模型及其运动变化过程。
- 第 4 部分是控制器编辑区。主要是通过选择不同的计算机语言对机器人的传感器和驱动器进行编程和控制。
- 第 5 部分是控制台。用于判断仿真运行的情况，输出显示机器人运动期间各种参数的变化情况。

Webots 中每个部分的工具按钮的功能见用户指南和参考手册(按 F3 键和 F4 键即可调出)，此处不再赘述。

2. Webots 工具介绍

在仿真视图中有一排工具(如图 9.37 所示)，前 7 个分别是隐藏场景树、新建节点、两个视图方位调整工具、打开、保存、重置(退回为保存时的状态)，这些都是对世界模型的操作。接下来是仿真时间和仿真速度。最后是各种播放按钮，代表快速仿真、单步仿真、实时仿真、加速仿真，然后是录制、暂停、拍照以及音量大小。

图 9.37 工具栏

在界面的左边的窗口是场景树(Scene Tree),如图 9.38(a)所示,模型和环境的建模都在这个窗口。场景树由多个节点组成,节点又可以展开新节点。场景树中一定要存在的两个节点:WorldInfo(世界信息)、Viewpoint(视角)。其中,basicTimeStep 代表仿真最小的时间单元,当它为 32 时,即每次仿真的时间步长为 32ms;gravity 是重力的大小和方向。Viewpoint 中的参数记录了可在仿真视图中观察的角度和位置,除非特殊需要,可以直接单击仿真视图通过拖曳进行视图调整。其他的参数含义可以自行查看参考手册(reference.pdf)。

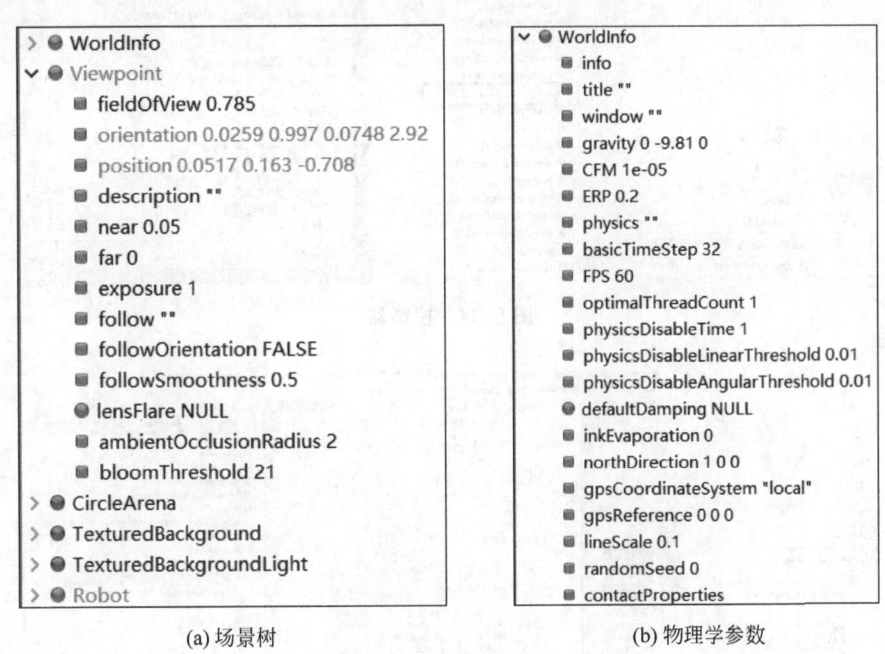

(a) 场景树　　(b) 物理学参数

图 9.38　场景树及物理学参数

3. 控制器介绍

一个完整的仿真中需要控制器部分的搭建。控制器是一个计算机程序,它可以控制在文件中指定的机器人。控制器可以使用任意 Webots 支持的语言进行编程,如 C、C++、Java、Python、MATLAB。当一个仿真运行时,Webots 启动指定的控制器,每个控制器的源文件和二进制文件被一起存储到控制器的目录下。

如图 9.39 所示,当在控制器编辑区编写程序后,先进行编译,无误后,在场景树中寻找 controller 节点,单击后在下方编辑区域(单击"选择"按钮,找到自己编写的程序名后单击)进行程序与模型之间的关联。控制器目录放在每个 Webots 项目的 controllers 子目录下。

4. help 命令的应用

help 命令下有各类机器人建模指南,在场景树建立过程中,对于不明确的节点,通过 help 命令可以查找每一个节点的搭建方法以及父子节点的使用规则,如图 9.40 所示。

Webots 中已经有许多机器人模型和控制器程序例程供用户使用,如图 9.41 所示。图 9.41(a)为 Webots 中已经建模好的仿真实验,展示了执行抓取命令的机器人。在 Webots 中还可以建立视觉机器人模型,如图 9.41(b)所示,它能够识别出不同颜色,并可以在控制台上进行实时显示。

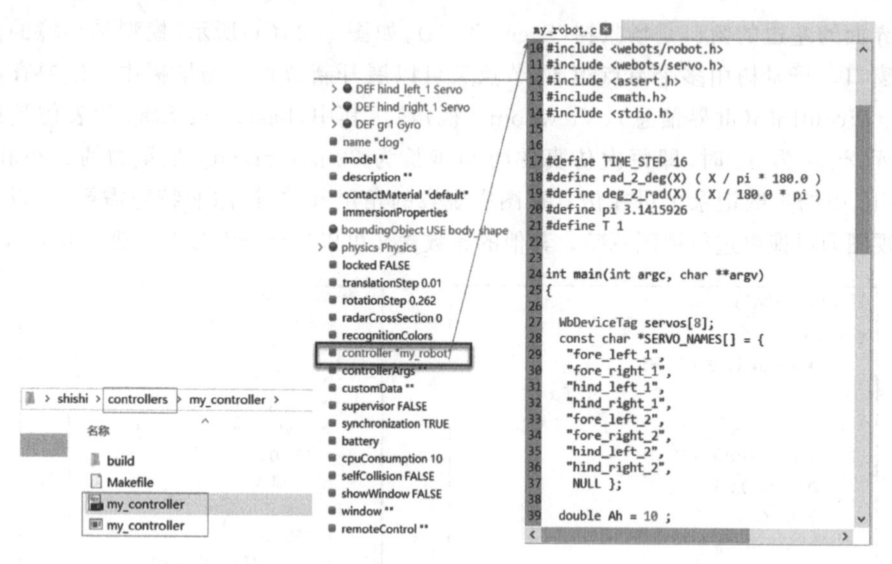

图 9.39 控制器

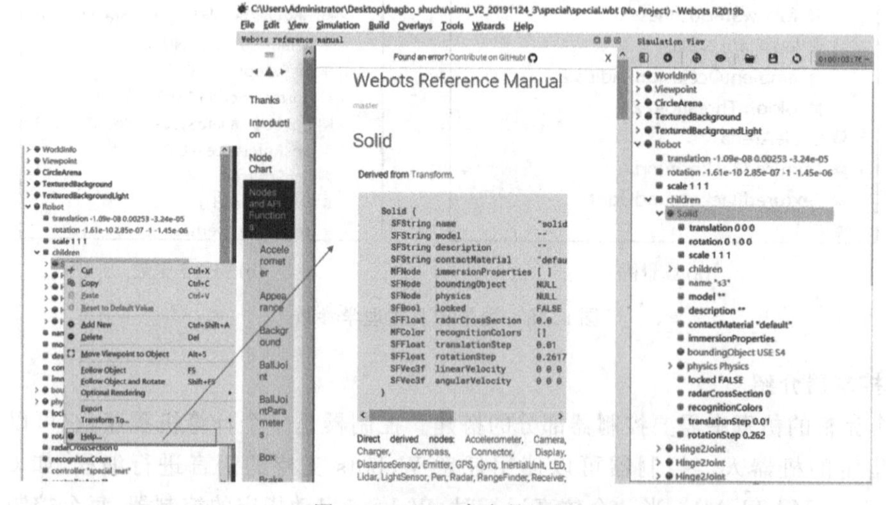

图 9.40 help 命令的调用

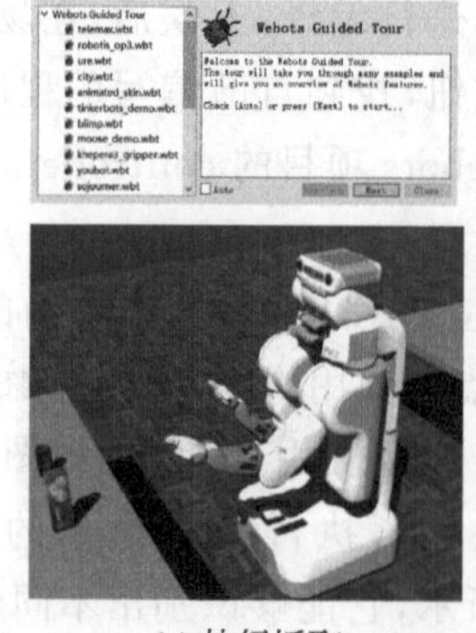

(a) 执行抓取

(b) 进行视觉辨识

图 9.41 help 命令的应用

9.2.3 建立简单模型

1. Webots 平台中世界的建立

下面初步建立一个简单的模型，用于实现防碰撞功能（这个模型先不介绍复杂的场景树样机节点建立，而是先了解程序与模型之间是如何进行相互关联的）。

世界的搭建：首先，要有光源。单击工具栏的加号按钮，如图 9.42(a)所示，出现添加节点界面，选择 DirectionalLight 单击添加，接下来，要有地面。添加 CircleArena（圆地面）。这时便出现了放置设备的舞台，如图 9.42(b)所示。在 3D 界面，可以通过鼠标拖曳对视图进行旋转和平移。同时，建立的两个节点会显示在场景树下。

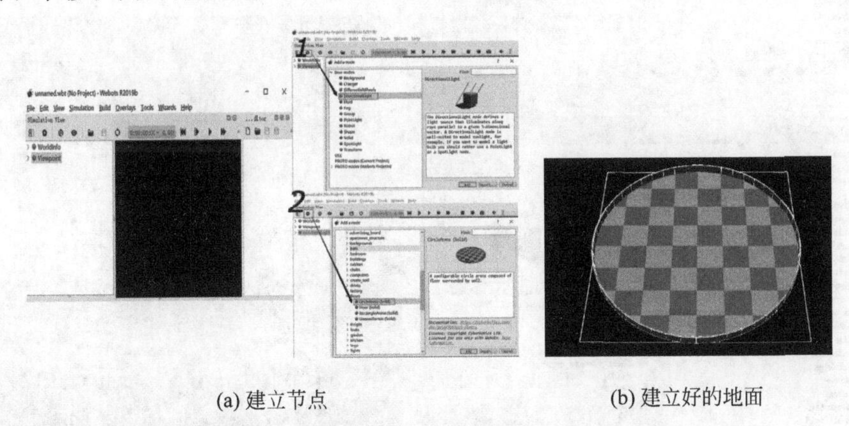

(a) 建立节点　　(b) 建立好的地面

图 9.42　建立光源与地面

添加背景以及背景光线。此刻的场景树是分层的，双击每个节点可以显示对应的属性参数，对节点进行编辑，如图 9.43 所示。

2. 节点的建立

接下来，添加一个现有的机器人节点——E-puck Robot（不需要从头开始创建 E-puck 机器人，只需要导入一个 E-puck 节点），如图 9.44(a)所示。E-puck 是一款小型机器人，配有差动轮，图 9.44(b)为 10 个 LED 和几个传感器（8 个距离传感器和 1 个摄像头）。

添加了一个现有的机器人节点后，也可以在原型设计的基础上按需对它进行改造。单击菜单栏中的 Show Joint Axes，如图 9.45 所示，可以观察机器人各项方位信息。

3. 控制器的建立

控制程序的添加在 Webots 中表现为添加控制器。如图 9.46 所示，选择 Wizards→New Robot Controller，用 C 语言新建一个文件，在编辑器窗口中，可以看到新建的文件模板。注意，控制器和机器人的关系是多个机器人可以用同一个控制器，但一个机器人不能用多个控制器。

每个控制器都在一个单独的子进程中执行，该进程通常由 Webots 生成。因为它们是独立的进程，所以控制器不共享相同的地址空间，并且可以在不同的处理器核心中运行。编写需要的代码，单击保存、编译按钮，编译成功后在场景树机器人节点中更改 controller，选择已命名的控制器，单击 OK 按钮后保存。再单击 Pause 按钮，就会发现机器人向前运动了一段距离。在机器人行进过程中依然可以从各个方位观察机器人的运行状态。

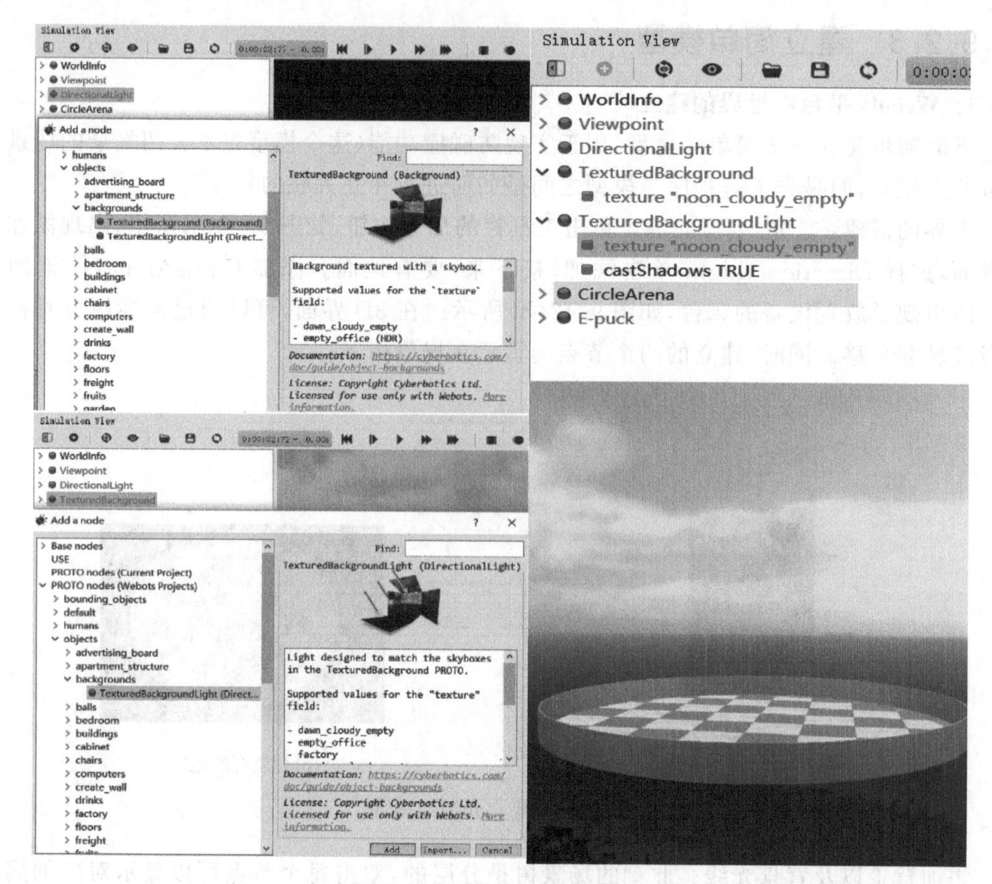

图 9.43　光源与背景的建立

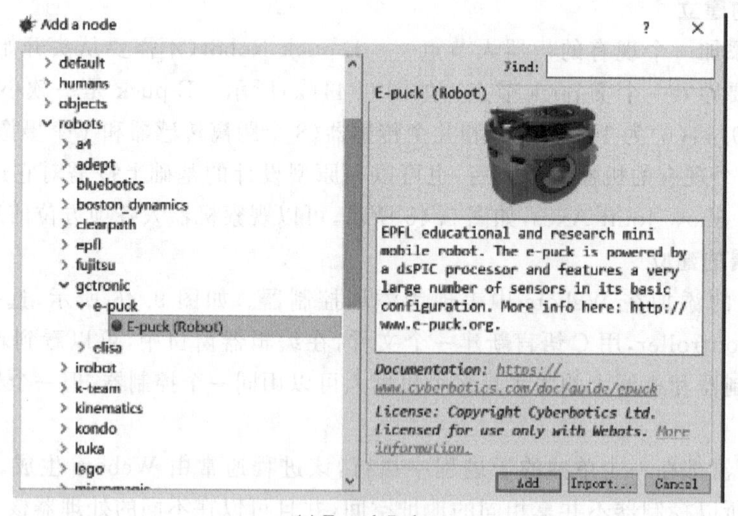

(a) E-puck Robot

图 9.44　光源与背景的建立

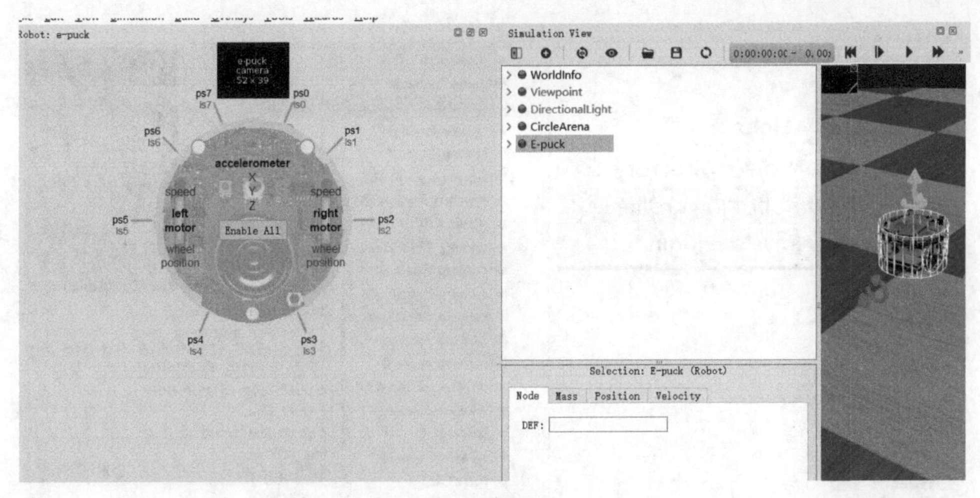

(b) 传感器信息

图 9.44 (续)

图 9.45 查看方位信息

4. 添加防碰撞程序

下一步来改进程序。添加防碰撞检测的控制器,同时进行程序分析。算法思路是直行到检测到前方有障碍物,然后 E-puck 机器人调整方向,转向无障碍方向,继续直行,重复这个循环。距离传感器由机器人层级中的 8 个 DistanceSensor 节点实现,这些节点通过引用 name 领域(从 PS0～PS7),并需在代码中定义。可以通过 Webots API 的相关模块(通过包含文件)访问 DistanceSensor 节点 webots/distance_sensor.h。

在控制器文件的开头,添加与 Robot、distance sensor 和 motor 节点对应的 include 头文件,以便能使用相应的 API,实现机器人防碰撞检测,程序如下所示:

```
#include <webots/robot.h>
```

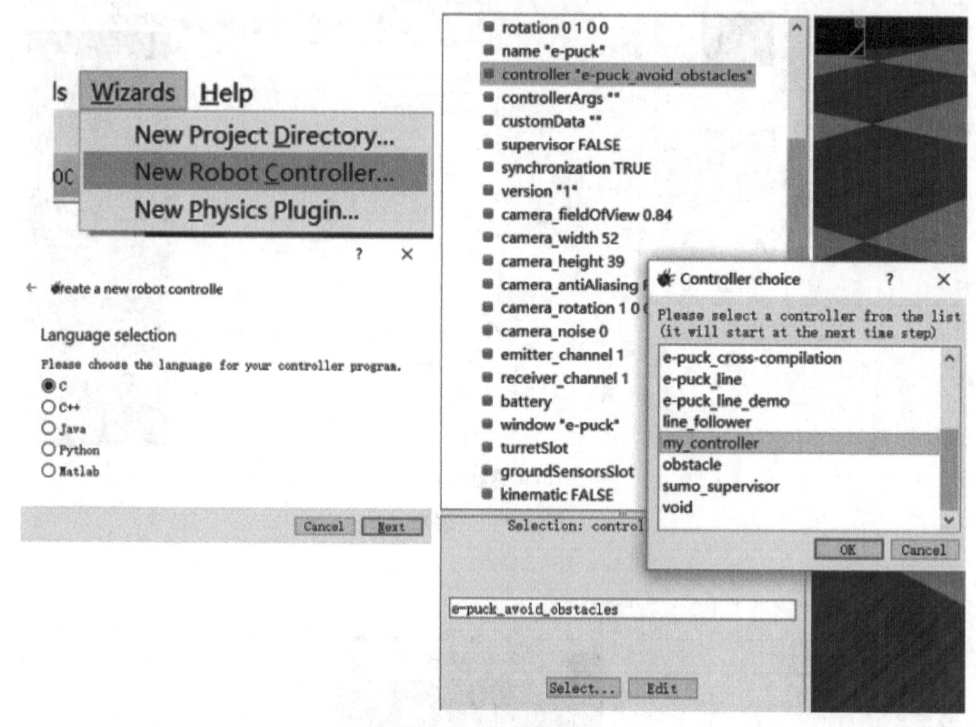

图 9.46　添加控制器

```
#include <webots/distance_sensor.h>
#include <webots/motor.h>
```

添加一个宏来定义每个物理步骤的持续时间#define TIME_STEP 64。定义速度#define MAX_SPEED 6.28。

在 main()函数中，webots API 必须要用 wb_robot_init 函数进行初始化。

用 wb_robot_cleanup()清理过往数据。编写的 main()函数的原型如下：

```
int main(int argc, char ** argv) {
    wb_robot_init(); %添加初始化信息
 // initialize devices
 // feedback loop: step simulationuntil receiving an exit event
 while(wb_robot_step(TIME_STEP) != -1) {
  // read sensors outputs
  // process behavior %添加传感信息及运行条件
  // write actuators inputs
  }
  // cleanup the Webots API
  wb_robot_cleanup();
  return 0;
}
```

接下来，添加各类初始化信息。在使用传感器节点前，要先定义一些 WbdeviceTag 变量，用来引用 WbdeviceTag 检索的 wb_robot_get_device 功能，程序如下所示：

```
int i;
WbDeviceTag ps[8];
```

```
    char ps_names[8][4] = {
      "ps0", "ps1", "ps2", "ps3",
      "ps4", "ps5", "ps6", "ps7"
    };
  for (i = 0; i < 8; i++) {
      ps[i] = wb_robot_get_device(ps_names[i]);
      wb_distance_sensor_enable(ps[i],TIME_STEP); %初始化传感器
    }
    WbDeviceTag left_motor = wb_robot_get_device("left wheel motor");
    WbDeviceTag right_motor = wb_robot_get_device("right wheel motor");
    wb_motor_set_position(left_motor, INFINITY);
    wb_motor_set_position(right_motor, INFINITY); %初始化电机
    wb_motor_set_velocity(left_motor, 0.0);
    wb_motor_set_velocity(right_motor, 0.0);
```

最后,使用 Robot 节点添加传感器信息,程序如下所示:

```
double ps_values[8];
    for (i = 0; i < 8; i++)      %判断距离是否太近
ps_values[i] = wb_distance_sensor_get_value(ps[i]);
 % wb_distance_sensor_get_value 读取传感器的值
bool right_obstacle = ps_values[0] > 70.0 ||
  ps_values[1] > 70.0 ||
ps_values[2] > 70.0;
    bool left_obstacle = ps_values[5] > 70.0 ||
  ps_values[6] > 70.0 ||
ps_values[7] > 70.0;
    double left_speed = 0.5 * MAX_SPEED;
    double right_speed = 0.5 * MAX_SPEED;
if (left_obstacle)
 % 有了判断结果后,驱动车轮来执行最后的指令
{
      left_speed += 0.5 * MAX_SPEED;
      right_speed -= 0.5 * MAX_SPEED;
    }
    else if (right_obstacle) {
      left_speed -= 0.5 * MAX_SPEED;
      right_speed += 0.5 * MAX_SPEED;
    }
    wb_motor_set_velocity(left_motor,left_speed);
    wb_motor_set_velocity(right_motor,right_speed);
```

单击“编译”按钮,编译成功后单击“运行”按钮,即可观察到机器人运行信息,如图 9.47 所示。此外,也可以通过单击“录制”按钮,对运行过程进行录制等操作。

9.2.4　建立并联机器人样机

在 Webots R2019b 仿真环境下搭建并联机器人虚拟样机实验平台,借助 Webots 中丰富的传感器元件观测机构运行性能,分析实验结果。

1. 并联机器人虚拟平台搭建

1) 并联机器人结构搭建

在 Webots 中搭建并联机器人虚拟样机需要以下 3 个节点:Robot 节点,用于构建机器人基础;Solid 节点,用于构建具有物理特性的实物模块;Hinge2Joint 节点,用于构建能够

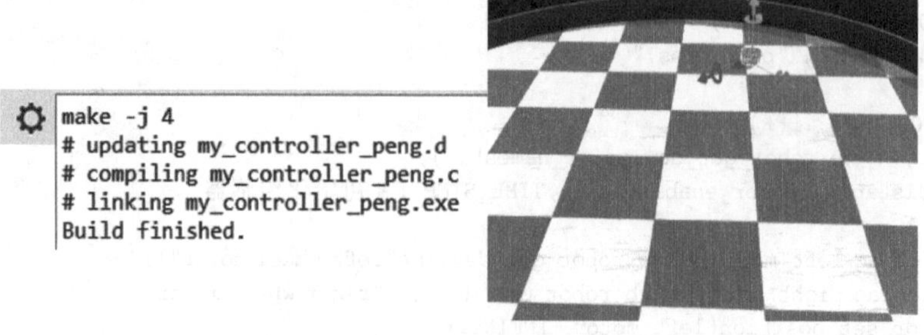

图 9.47 编译与运行

绕轴转动的关节，如图 9.48 所示。

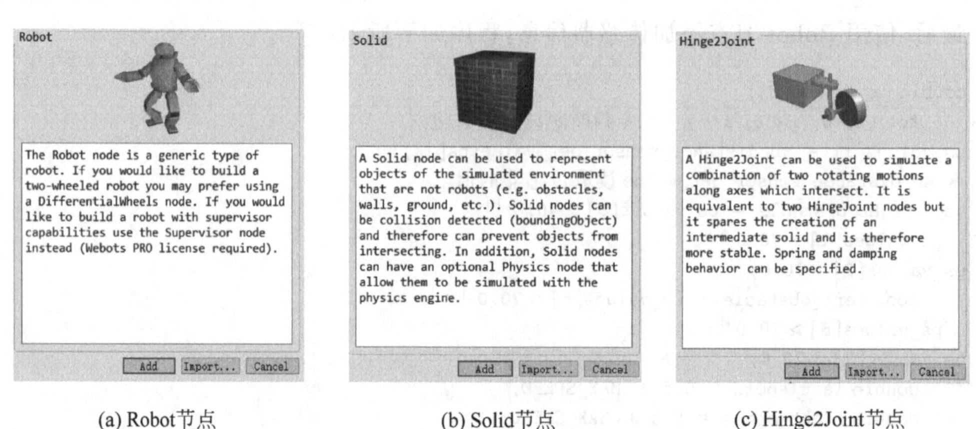

(a) Robot节点 (b) Solid节点 (c) Hinge2Joint节点

图 9.48 3 个节点模型

根据这 3 类主要节点可建立机器人样机，如图 9.49(a)所示，其中 1 为末端执行器，2 为类虎克铰型结构，3 为气动肌肉，4 为基座。其中类虎克铰型结构在 SolidWorks 中的设计如图 9.49(b)所示，1、2 代表两个正交方向的自由度，这里对应机器人的偏航、俯仰运动，解决机构自由度冗余问题。由于虎克铰的存在实际上是为了约束机构的自由度，因此在 Webots 中可通过在 Hinge2Joint 节点下添加两个 jointParameters 节点定义两个自由度，从而简化了建模流程。

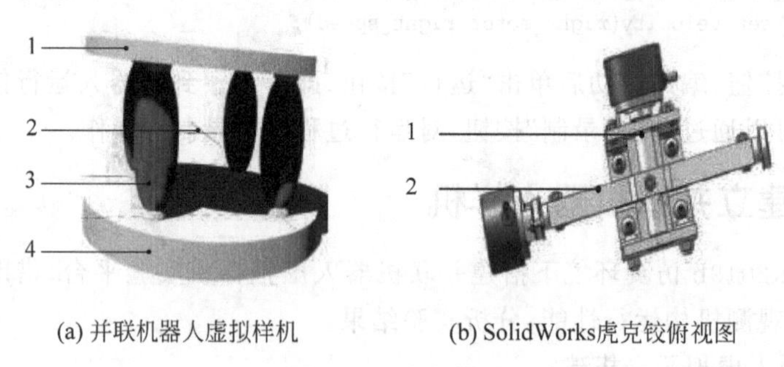

(a) 并联机器人虚拟样机 (b) SolidWorks虎克铰俯视图

图 9.49 虚拟样机

下面简述并联机器人虚拟样机在 Webots 环境下的建模流程，首先要建立 Robot 节点定义整体机器人机构，其次在 Robot 节点下建立三大类子节点，包括：

(1) 建立机器人基座 Solid 节点，在此节点下添加 Shape 节点并定义基座的形状、颜色以及其他物理信息。

(2) 用 Hinge2Joint 节点模拟虎克铰结构，通过添加两个 jointParameters 节点实现两个正交方向轴线相交的自由度，同时在两个轴线上定义两个角度传感器，用于获取两个转动方向上的角度信息。此外，还要在虎克铰节点位置的参考下，建立上顶盖 Solid 节点并定义物理信息。

(3) 用 Hinge2Joint 节点建立气动肌肉与上下球副的关系，依次由下到上建立的节点有：球副 Solid 节点、气动肌肉驱动器 LinearMotor 节点以及上球副 Solid 节点。同样，为了控制肌肉在两个自由度上运动，在上下球副上分别建立约束自由度的节点 jointParameters。最后为每个表示装配零件的节点设置 boundingObject 和 Physics 来定义它们的外边界及物理信息。

值得注意的是，节点搭建的驱动设备需要通过命名才能与控制程序进行有效关联，例如命名气动肌肉为 muscle1，需要调用 wb_robot_get_device()函数，返回与指定名称对应设备的唯一标识符。此标识符随后将用于启用、向该设备发送命令或从该设备读取数据。

机构建模中用到的父子节点逻辑流程如图 9.50 所示。

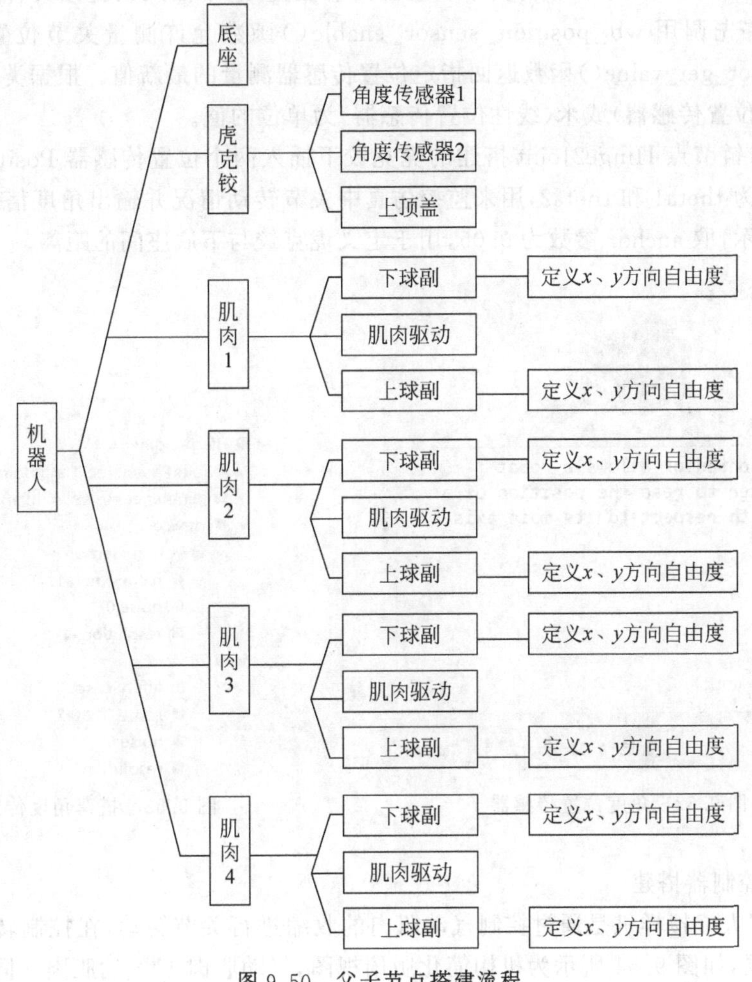

图 9.50　父子节点搭建流程

此外，虚拟样机的仿生性搭建要加入各零件间的相互作用力，包括建立气动肌肉与上端盖间的相互作用力，为此要在每个气动肌肉模块自带的 endPoint 节点下分别添加参考作用模块 SolidReference，如图 9.51 所示，选择 solidName“s2”以达到连接目的，并联机器人虚拟样机的相关参数见表 9.1。

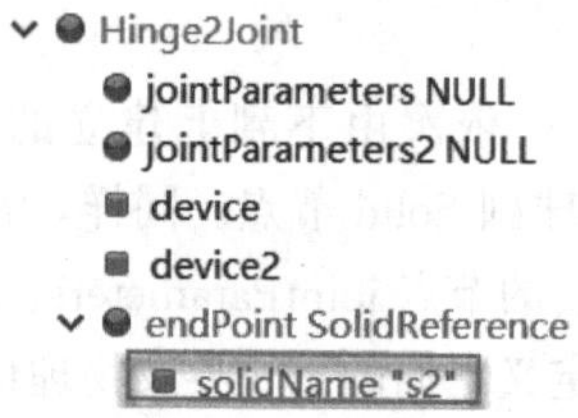

Hinge2Joint
jointParameters NULL
jointParameters2 NULL
device
device2
endPoint SolidReference
solidName "s2"

图 9.51　建立相互作用

表 9.1　虚拟模型参数

机器人相关参数	值
上/下端盖大小(r)	0.1m
气动肌肉(l)	0.085m
驱动力上限(F)	100N
角度极限(θ)	1rad
样机质量(M)	50g

2）角度传感器搭建

Webots 建模的优点是可在已定义自由度的节点上直接添加传感器节点。如图 9.52 所示，位置传感器节点可用于机械仿真中以监视关节位置，通常插入铰链接头、滑块接头或轨道等节点。首先调用 wb_position_sensor_enable()函数允许测量关节位置，再用 wb_position_sensor_get_value()函数返回指定位置传感器测量的最新值。根据类型，它将返回以弧度(角度位置传感器)或米(线性位置传感器)为单位的值。

这里在铰链节点 Hinge2Joint 搭建的虎克铰下插入两个位置传感器 PositionSensor 节点，分别命名为 theta1 和 theta2，用来监控仿真中关节转动情况并输出角度信息，建模思路如图 9.53 所示，取 anchor 参数为 0.05，用于定义虎克铰与下底座间的距离。

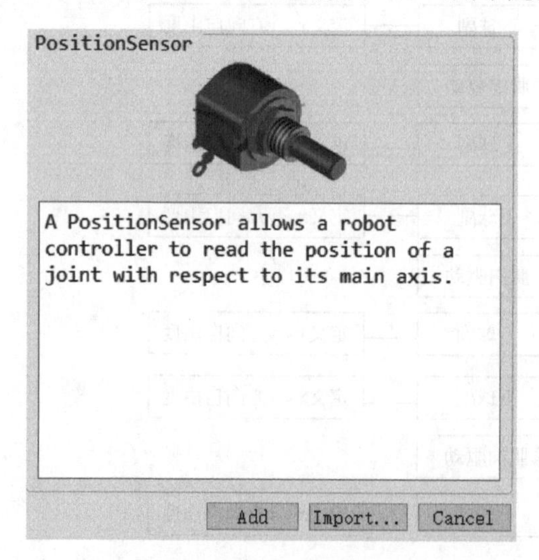
PositionSensor
A PositionSensor allows a robot controller to read the position of a joint with respect to its main axis.
Add
Import...
Cancel

图 9.52　角度位置传感器

Hinge2Joint
jointParameters HingeJointParameters
jointParameters2 JointParameters
device
PositionSensor
name "theta1"
noise 0
resolution -1
device2
PositionSensor
name "theta2"
noise 0
resolution -1

图 9.53　搭建角度传感器

3）仿真控制器搭建

并联机器人虚拟样机是通过控制气动肌肉的收缩进行关节转动，在控制转动布局方面选择 X 形布局，如图 9.54 所示为机构简化版俯视图，气动肌肉 1、气动肌肉 2 同步收缩或舒张时，气动肌肉 3、气动肌肉 4 同步舒张或伸缩，实现俯仰运动；同样，气动肌肉 1、气动肌肉

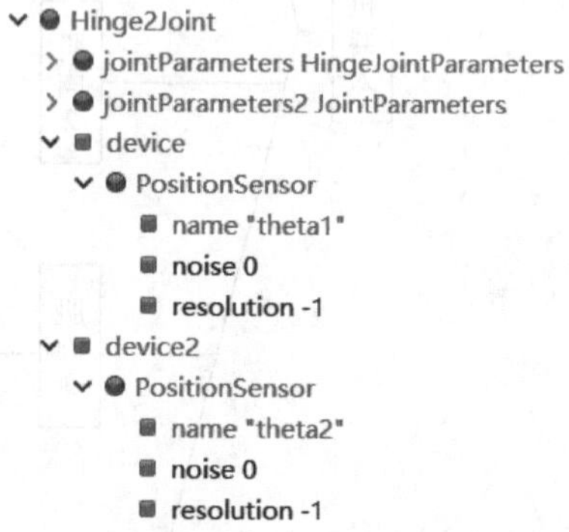

4 同步收缩或舒张时,气动肌肉 2、气动肌肉 3 同步舒张或伸缩,实现偏航运动。

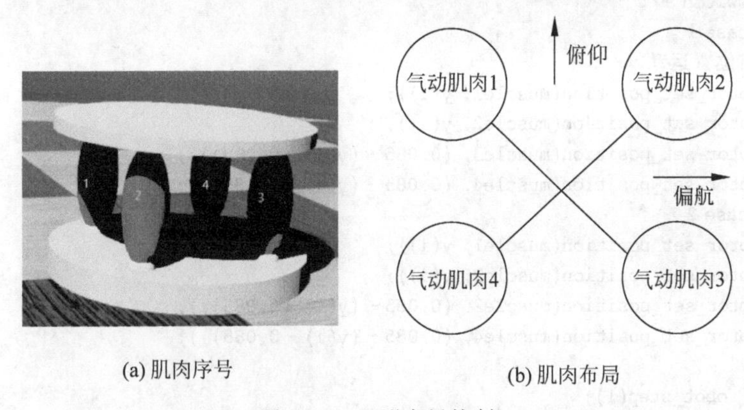

(a) 肌肉序号 (b) 肌肉布局

图 9.54 X形布局控制

为了将 Webots 中搭建的控制程序与仿真机构的驱动一一对应,定义 4 根气动肌肉,分别为 muscle1、muscle2、muscle3、muscle4,用于设备的逐一加载和调用。气动肌肉驱动的并联机器人仿真程序如下所示:

```
desktop;
 % keyboard;
TIME_STEP = 16;
//定义气动肌肉
   muscle1 = wb_robot_get_device('muscle1');
   muscle2 = wb_robot_get_device('muscle2');
   muscle3 = wb_robot_get_device('muscle3');
   muscle4 = wb_robot_get_device('muscle4');
   i = 1;
   j = 1;
   z = 0;                              //定义仅获取一遍角度值
   y = zeros(1,3000);
//定义时间长度
   t = [0:1:30];
//定义两个角度
   theta1 = [];
   theta2 = [];
//初始化
   wb_robot_init();
   theta1_position = wb_robot_get_device('theta1');
   theta2_position = wb_robot_get_device('theta2');
   wb_position_sensor_enable(theta1_position,16);
   wb_position_sensor_enable(theta2_position,16);
//定义输入角度为正弦曲线,其中 0.085 为肌肉长度
   while wb_robot_step(TIME_STEP) ~= -1
       y(i) = 0.02 * sin(2 * pi * i/100) + 0.085;
    m = floor(i/100);
    m = rem(m,2);
       if m~= 0
        a = 2;
    else
        a = 1;
```

```
        end
            switch a
            case 1
//气动肌肉位置运动
          wb_motor_set_position(muscle1, y(i));
          wb_motor_set_position(muscle2, y(i));
          wb_motor_set_position(muscle3, (0.085 - (y(i) - 0.085)));
          wb_motor_set_position(muscle4, (0.085 - (y(i) - 0.085)));
            case 2
          wb_motor_set_position(muscle1, y(i));
          wb_motor_set_position(muscle3, y(i));
          wb_motor_set_position(muscle2, (0.085 - (y(i) - 0.085)));
          wb_motor_set_position(muscle4, (0.085 - (y(i) - 0.085)));
          end
            wb_robot_step(1);
//获取角度信息
            theta1(j) = wb_position_sensor_get_value(theta1_position); theta2(j) = wb_position_
sensor_get_value(theta2_position);
        while i>= 30000
if z == 0
//将角度信息存储到 E 盘
        save('E:\theta1.mat','theta1','-ascii');
save('E:\theta2.mat','theta2','-ascii');
//z = 1 代表只记录一次角度值
        z = 1;
        end
            end
          i = i + 1;
         j = j + 1;
end
```

在仿真时,对每个个体完成了仿真获得其运动性能参数之后,还需要对机器人进行初始化等操作,以便进行下一个实验操作。控制器需要添加到仿真样机的场景树中,在定义的机器人的 controller 节点上加入上述控制程序的文件,添加好的效果如图 9.55 所示,通过场景树中的节点搭建和控制程序的添加,最终展现了一个完整的并联机器人仿真样机以及控制模块。

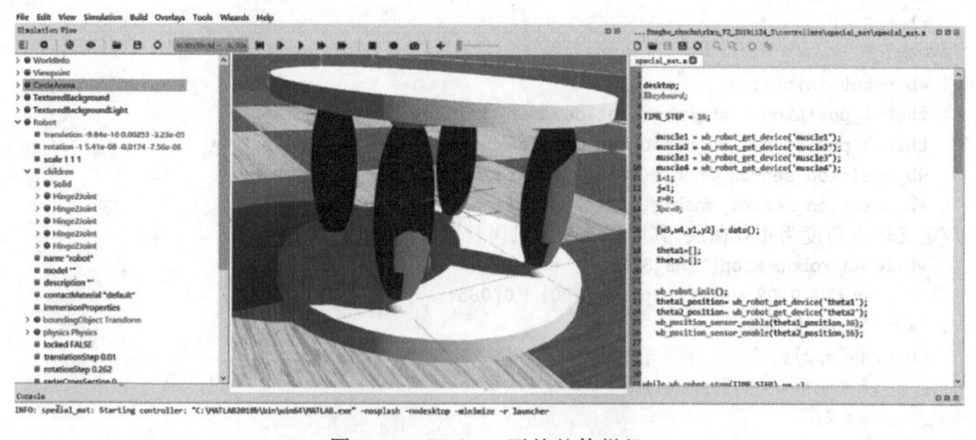

图 9.55 Webots 下的整体样机

2. 联合仿真

在 Webots 中建立仿真机器人样机免去了复杂的运动学建模过程，而且使得机器人的运动状态能够更加直观地反映出来。MATLAB 作为一款功能强大的数学软件，拥有大量爱好者共同研究和开发各种算法实现代码，因此能够方便地搭建各种模型算法。由于对双层 CPG 的模型分析是在 MATLAB 软件下进行的，为缩短开发时间，简化实验流程，选择对 Webots 与 MATLAB 进行联合仿真。

MATLAB 与 Webots 作为两个不同的进程无法通过传感器进行通信，要先在 Webots 的 Wizard 菜单下选择机器人控制器，选择 MATLAB 语言创建，命名后在程序中添加 desktop，用于显示 Webots 运行下自动跳出 MATLAB 界面的过程记录。在联合仿真过程中，流程如图 9.56 所示。

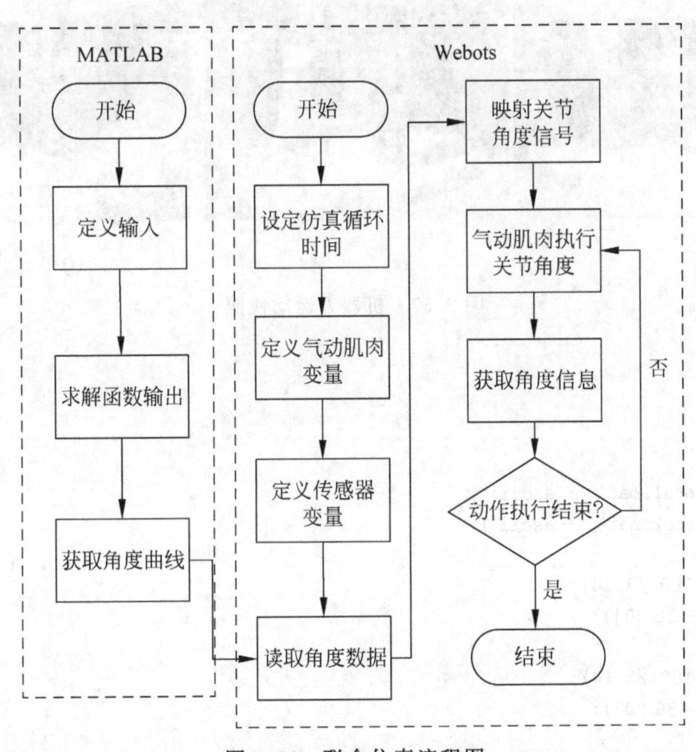

图 9.56　联合仿真流程图

首先，给定输入，确定目标输出曲线值；其次，在 Webots 中，通过机器人仿真循环时间 TIME_STEP，定义仿真控制器对机器人发送控制指令的循环时间，从而获取关节变量和传感器变量，同时使能角度位置传感器，通过并联机器人仿真模型 Robot 节点直接读取角度数据曲线中对应变量的数据，并映射到 4 根气动肌肉上，驱动器读取数据并执行相应的动作，实现并联机器人关节的节律运动。角度位置传感器获取状态信息并记录，采集到的数据借由 MATLAB 窗口输出两个自由度下的关节角度变化曲线。

3. 仿真结果及误差分析

图 9.57 展现了四关节机器人在一个周期两个自由度方向上的运动快照。

当输入为 $A=20$，周期 $T=\pi$ 的正弦信号时，根据本章得到的实验模型与数据代入 MATLAB 与 Webots 联合仿真的实验环境，在 MATLAB 窗口中输出采样数据，readmat 程

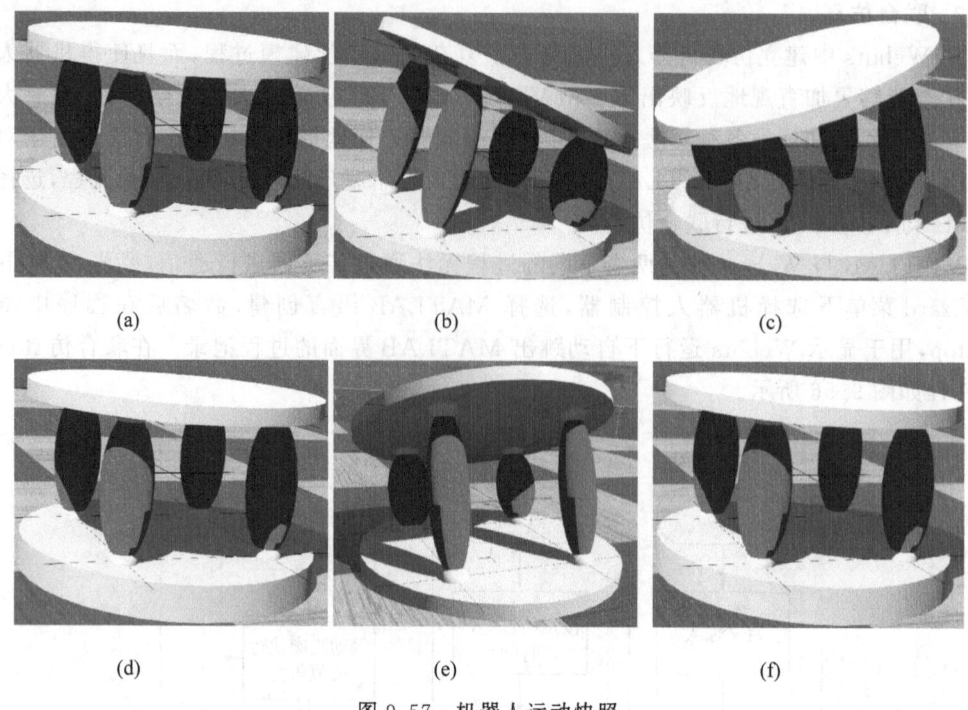

图 9.57　机器人运动快照

序如下：

```
clear all;
close all;
y1 = load('theta1.mat','-ascii');
y2 = load('theta2.mat','-ascii');
t = 1:30000;
plot(t,y1. * 180. /3.14);
axis([0 500 -30 30]);
figure;
plot(t,y2. * 180. /3.14);
axis([0 500 -30 30]);
```

如图 9.58 所示为并联机器人在正弦信号下的角度变化曲线。

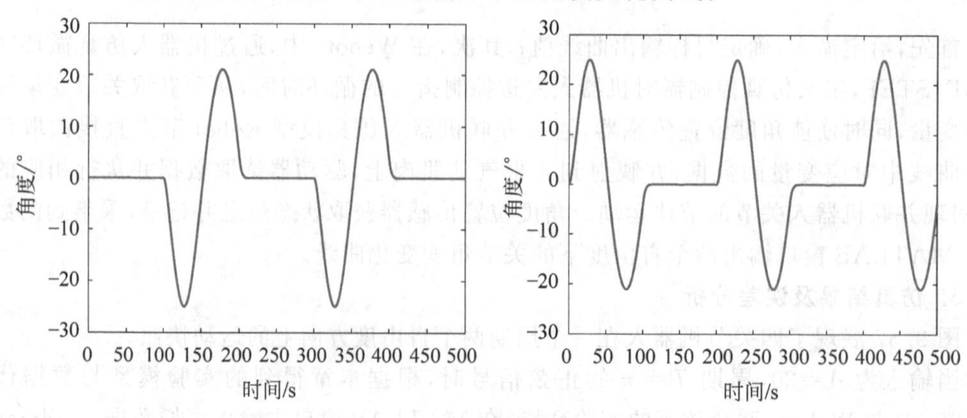

图 9.58　采样角度输出

ADAMS作为一款商业软件，常用于工业领域。对于机器人的本体开发，如材料选择、尺寸定型、最终静态刚度和动态刚度校验等工作都需要逼真的动力学仿真，这也是ADAMS所擅长的。另外，ADAMS通常和MATLAB进行联合仿真，可用于预测机械系统的性能、运动范围、碰撞检测、峰值载荷以及计算有限元的输入载荷等。

Webots仿真软件在移动机器人的研究开发中更为合适，其传感器类型相当丰富，有多种传感器可供客户选择。相比于其他机器人仿真软件，Webots的优势在于其功能强大，且其图形化操作界面易于使用，具有较好的视觉效果。

习题

9.1 针对一个简单的三连杆模型，尝试在ADAMS中建立简单的虚拟样机(参数自定)。

9.2 如图9.59所示，曲柄AC以角速度$\beta=60\text{rad/s}$匀速绕C点旋转，销A在半径为90mm的圆上移动。轴向带深孔的连杆OA绕O点转动，同时于销A相连的滑杆AO在其孔内往复运动，当在$\theta=30°$时，试确定滑杆AO的轴向速度r'和加速度r''以及连杆AO加速度θ'和角加速度θ''。

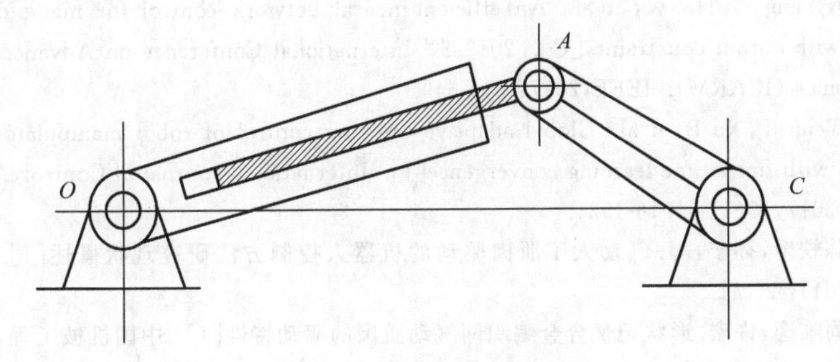

图9.59 曲柄滑杆模型

9.3 简述ADAMS和MATLAB的联合仿真。

9.4 Webots具有哪些功能？

参 考 文 献

[1] 熊有伦，丁汉，刘恩沧. 机器人学[M]. 北京：机械工业出版社，1996.

[2] Saha S K. 机器人学导论[M]. 付宜利，译. 哈尔滨：哈尔滨工业大学出版社，2017.

[3] 蔡自兴，谢斌. 机器人学[M]. 北京：清华大学出版社，2015.

[4] Corke P. Robotics. Vision and Control[M]. Berlin：Springer，2011.

[5] 杨辰光，李智军，许扬. 机器人仿真与编程技术[M]. 北京：清华大学出版社，2017.

[6] 刘金琨. 机器人控制系统的设计与 MATLAB 仿真：基本设计方法[M]. 北京：清华大学出版社，2008.

[7] 梁斌，徐文福. 空间机器人建模、规划与控制[M]. 北京：清华大学出版社，2017.

[8] 谭民，徐德，侯增广，等. 先进机器人控制[M]. 北京：高等教育出版社，2007.

[9] 李士勇. 模糊控制 · 神经控制和智能控制论[M]. 哈尔滨：哈尔滨工业大学出版社，1998.

[10] Huang D，Yang C，He W，et al. An efficient neural network control for manipulator trajectory tracking with output constraints[C]. 2017 2nd International Conference on Advanced Robotics and Mechatronics (ICARM). IEEE，2017：644-649.

[11] Yang C，Teng T，Xu B，et al. Global adaptive tracking control of robot manipulators using neural networks with finite-time learning convergence[J]. International Journal of Control，Automation and Systems，2017，15(4)：1916-1924.

[12] 梁定坤，陈轶珩，孙宁，等. 气动人工肌肉驱动的机器人控制方法研究现状概述[J]. 控制与决策，2021，36(01)：27-41.

[13] 王斌锐，周唯逸，许宏. 形状记忆合金编织网气动肌肉的驱动特性[J]. 中国机械工程，2009，20(04)：467-471.

[14] Ide S，Nishikawa A. Muscle coordination control for an asymmetrically antagonistic-driven musculoskeletal robot using attractor selection[J]. Applied Bionics and Biomechanics，2018：9737418(1-10).

[15] Al-Ibadi A，Nefti-Meziani S，Davis S. Valuable experimental model of contraction pneumatic muscle actuator[C]. 2016 21st International Conference on Methods and Models in Automation and Robotics (MMAR). IEEE，2016：744-749.

[16] Guo X，Liu Q，Zuo J，el at. A Novel Pneumatic Artificial Muscle-driven Robot for Multi-joint Progressive Rehabilitation[C]. 2018 Joint IEEE 8th International Conference on Development and Learning and Epigenetic Robotics (ICDL-EpiRob). IEEE，2018：78-83.

[17] Zinober A S I，Liu P. Robust control of nonlinear uncertain systems via sliding mode with backstepping design[C]. UKACC International Conference on Control '96 (Conf. Publ. No. 427). IET，1996：281-286.

[18] 吴雄喜. AGV 自主导引机器人应用现状及发展趋势[J]. 机器人技术与应用，2012，1(3)：16-17.

[19] Ravi V. Gandhi，Dipak M. Adhyaru. Takagi-Sugeno Fuzzy Regulator Design for Nonlinear and Unstable Systems Using Negative Absolute Eigenvalue Approach [J]. IEEE/CAA Journal of Automatica Sinica，2020，7(2)：482-493.

[20] Hwang C L，Yang C C. Path Tracking of an Autonomous Ground Vehicle With Different Payloads by Hierarchical Improved Fuzzy Dynamic Sliding-Mode Control[J]. IEEE Transactions on Fuzzy Systems，2017，26(2)：899-914.

[21] Zhao Y，Ning C，Tai Y. Trajectory tracking control of wheeled mobile robot based on fractional

order backstepping[C]. 2016 Chinese Control and Decision Conference (CCDC),2016,6730-6734.

[22] Herman C, Gordillo J L. Spatial Modeling and Robust Flight Control Based on Adaptive Sliding Mode Approach for a Quadrotor MAV[J]. Journal of Intelligent & Robotic Systems Theory & Applications,2019,93: 101-111.

[23] Labbadi M,Cherkaoui M. Robust adaptive backstepping fast terminal sliding mode controller for uncertain quadrotor UAV[J]. Aerospace Science and Technology,2019,93: 105306.

[24] 李慧洁,蔡远利.基于双幂次趋近律的滑模控制方法[J]. 控制与决策,2016,31(3): 498-502.

[25] Hadi R,Sima A. Neural network-based adaptive sliding mode control design for position and attitude control of a quadrotor UAV[J]. Aerospace Science and Technology,2019,91,12-27.

[26] Yang H,Cheng L,Xia Y,et al. Active Disturbance Rejection Attitude Control for a Dual Closed-Loop Quadrotor under Gust Wind[J]. IEEE Transactions on Control Systems. Technology,2018,26(4): 1400-1405.

[27] 郑俊浩,张秀丽.足式机器人生物控制方法与应用[M].北京:清华大学出版社,2011.

[28] Zhang X,Xiong J,Weng S,et al. A modified gait planning method for biped robot based on central pattern generators[C]. Lijiang: Information and Automation,2015 IEEE International Conference,2015: 1551-1555.

[29] 陈甫.六足仿生机器人的研制及其运动规划研究[D].哈尔滨:哈尔滨工业大学,2009.

[30] Liu H, Jia W,Bi L. Hopf oscillator based adaptive locomotion control for a bionic quadruped robot [C]. Mechatronics and Automation (ICMA),2017 IEEE International Conference on. IEEE,2017: 949-954.

[31] Faigl J. Čižek P,Adaptive locomotion control of hexapod walking robot for traversing rough terrains with position feedback only[J]. Robotics and Autonomous Systems,2019,116: 136-147.

[32] 黄婷,孙立宁,王振华,等.基于被动柔顺的机器人抛磨力/位混合控制方法[J]. 机器人,2017,39(6): 776-785.

[33] 张含阳.人机协作:下一代机器人的必然属性[J]. 机器人产业,2016(3): 37-45.

[34] 董慧颖.机器人原理与技术[M].北京:清华大学出版社,2014.

[35] 冯旭,宋明星,倪笑宇,等.工业机器人发展综述[J]. 科技创新与应用,2019,24: 52-54.

[36] Niku S B.机器人导论:分析、系统及应用[M].孙富春,译.北京:电子工业出版社,2004.

[37] 贾扎尔.应用机器人学:运动学、动力学与控制技术(原书第2版)[M].周高峰,译.北京:机械工业出版社,2018.

[38] 田媛.工业机器人视觉测量系统的在线校准技术研究[J]. 南方农机,2019,50(06): 167-168.

[39] Yang C,Chen C, He W, et al. Robot Learning System Based on Adaptive Neural Control and Dynamic Movement Primitives[J]. IEEE Transactions on Neural Networks,2019,30(3): 777-787.

图书资源支持

感谢您一直以来对清华大学出版社图书的支持和爱护。为了配合本书的使用，本书提供配套的资源，有需求的读者请扫描下方的“书圈”微信公众号二维码，在图书专区下载，也可以拨打电话或发送电子邮件咨询。

如果您在使用本书的过程中遇到了什么问题，或者有相关图书出版计划，也请您发邮件告诉我们，以便我们更好地为您服务。

我们的联系方式：

地　　址：北京市海淀区双清路学研大厦 A 座 714

邮　　编：100084

电　　话：010-83470236　010-83470237

资源下载：http://www.tup.com.cn

客服邮箱：tupjsj@vip.163.com

QQ：2301891038（请写明您的单位和姓名）

教学资源 · 教学样书 · 新书信息

人工智能科学与技术
人工智能|电子通信|自动控制

资料下载 · 样书申请

书圈

用微信扫一扫右边的二维码，即可关注清华大学出版社公众号。